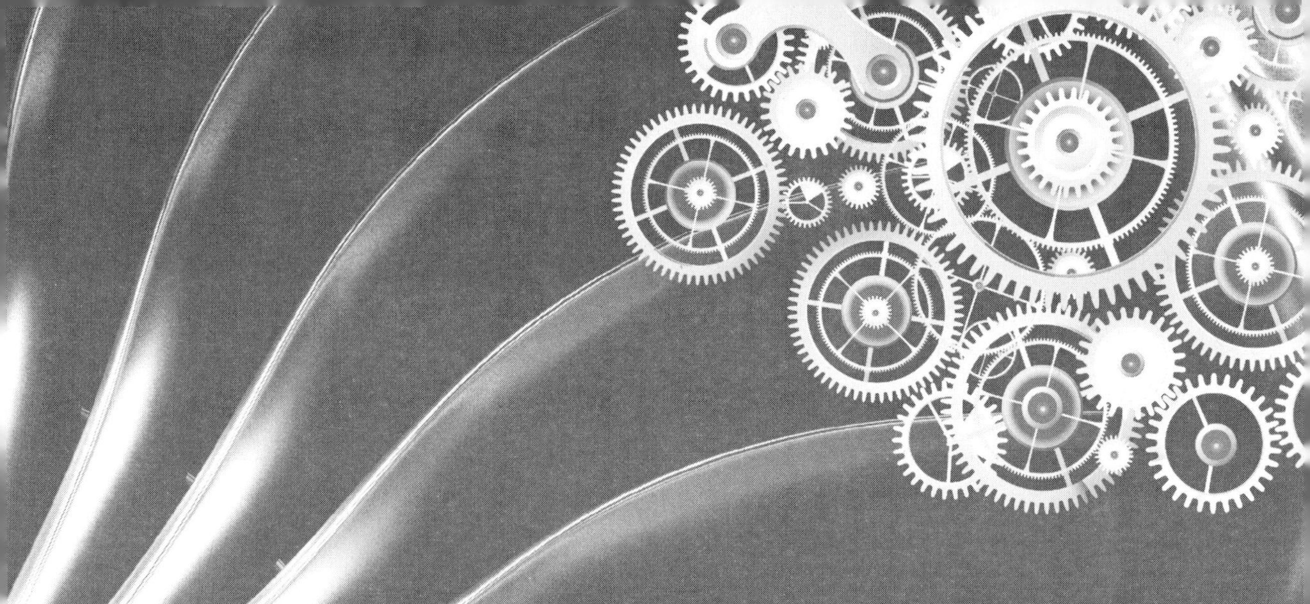

기계정비산업기사 실·기·시·험 대비

기출 중심

기계 정비 실무

박동순 저

◉ 본서의 구성　　●● 기계정비산업기사 실기 정보
1 공유압회로 구성　　2 설비진단
3 기계요소 스케치 및 정비　　4 전기장치 측정

도서출판 건기원

머리말

최근 산업현장에서는 인건비 절감과 제품 품질의 균일화 및 고급화를 꾀하기 위해 정비 및 보전 기술을 기반으로 자동화 시스템 향상을 위한 연구와 투자를 아끼지 않고 있으며, 기술인력 확보에 꾸준한 노력을 기울이고 있다.

기계정비 기술은 자동화와 메카트로닉스 분야에 종사하는 기술자만의 분야가 아니라 전 산업분야에서 폭 넓게 응용되며 기술자들이 필수적으로 습득해야 할 기술로 바뀌어 가고 있다.

이에 본 교재는 '기계정비산업기사' 등 실기를 필수로 하는 자격시험에 응시하기 위한 수험생들의 이해와 합격을 돕고자 준비하였으며, 이론을 배제하고 기출문제 위주로 정리하였다.

본 교재는 회로도와 실사 위주로 구성하여 다음 사항의 내용으로 구성하였다.

❶ 시험에 꼭 출제되는 심벌과 실사, 도면만을 다루어 군더더기를 없앴다.
❷ 시험분야의 초보자도 쉽게 이해할 수 있도록 간략하게 구성하였다.
❸ 수험생들의 합격에 목표를 두고 실기시험을 중심으로 구성하였다.
❹ 기계정비산업기사 기출문제를 모두 수록하여 참조할 수 있게 하였다.

본 교재는 저자가 기존 도면을 재작성하여 집필하는 데 있어 노력하였습니다만 내용 중 미비한 사항이나 일부 잘못된 점이 있으면 독자 여러분의 조언에 의해 수정하도록 하겠습니다.

끝으로 본 교재로 공부하는 수험생 여러분들이 자격증 취득을 통하여 개인의 발전과 사회적으로 공인받는 기능인으로 성장하는 시금석이 되길 바라며, 기계정비 분야와 전 산업분야 발전의 초석을 이루는 선구자 역할을 다해 주시길 바랍니다. 아울러 이 책을 출간하는 데 도움을 주신 한국폴리텍대학 정명교 교수, 구민영 교수, 권성용 학생 등 여러분들께 깊은 감사를 드리며 도서출판 건기원 전 직원 여러분께 감사드립니다.

CONTENTS

✖ 기계정비산업기사 실기 정보

1 기본정보   007
2 시험정보   008
3 우대현황   010
4 수험자 동향   013
5 출제기준   014

CHAPTER 1 | 공유압회로 구성

I 공압기기

1 공기압 발생 장치   021
2 공압 밸브   022
3 전기 공압 밸브   023
4 공압 실린더   024
5 기타   024

II 유압기기

1 유압 동력원   026
2 유압 밸브   027
3 전기 유압 밸브   029
4 유압 실린더   032
5 기타   032

III 제어기기 기호

1 스위치와 릴레이   034
2 솔레노이드   036
3 밸브의 표시   036
4 공압 심벌   037
5 유압 심벌   039

IV 전기회로 구성

1 접점   041
2 논리회로   042
3 릴레이 제어   043
4 시간지연회로   045

V 공유압회로 구성 및 조립

1 회로의 배치   046
2 단동 솔레노이드 밸브를 이용한 실린더 직접 제어   048
3 단동 솔레노이드 밸브를 이용한 실린더 간접 제어   049
4 복동 솔레노이드 밸브를 이용한 실린더 직접 제어   050
5 복동 솔레노이드 밸브를 이용한 실린더 간접 제어   051

6 복동 솔레노이드 밸브를 이용한 실린더 직접 자동복귀회로	052
7 복동 솔레노이드 밸브를 이용한 실린더 직접 자동왕복회로	053
8 단동 솔레노이드 밸브를 이용한 실린더 간접 자동복귀회로	054
9 복동 솔레노이드 밸브를 이용한 실린더 자동 연속 사이클회로	055
10 단동 솔레노이드 밸브를 이용한 실린더 간접 자동왕복회로	056
11 복동 솔레노이드 밸브를 이용한 실린더 간접 자동복귀회로	057
12 복동 솔레노이드 밸브를 이용한 실린더 간접 자동왕복회로	058
13 단동 솔레노이드 밸브를 이용한 자동단속 / 연속 사이클회로	059
14 복동 솔레노이드 밸브를 이용한 자동단속 / 연속 사이클회로	060

VI 공압회로의 과제

1 전기공압 1과제	061
2 전기공압 2과제	063
3 전기공압 3과제	065
4 전기공압 4과제	067
5 전기공압 5과제	069
6 전기공압 6과제	071
7 전기공압 7과제	073
8 전기공압 8과제	075
9 전기공압 9과제	077
10 전기공압 10과제	079
11 전기공압 11과제	081
12 전기공압 12과제	083
13 전기공압 13과제	085
14 전기공압 14과제	087
15 전기공압 15과제	089
16 전기공압 16과제	091
17 전기공압 17과제	093
18 전기공압 18과제	095
19 전기공압 19과제	097
20 전기공압 20과제	099

VII 유압회로의 과제

1 전기유압 1과제	101
2 전기유압 2과제	103
3 전기유압 3과제	105
4 전기유압 4과제	107
5 전기유압 5과제	109
6 전기유압 6과제	111
7 전기유압 7과제	113
8 전기유압 8과제	115

CONTENTS

9 전기유압 9과제	117
10 전기유압 10과제	119
11 전기유압 11과제	121
12 전기유압 12과제	123
13 전기유압 13과제	125
14 전기유압 14과제	127
15 전기유압 15과제	129
16 전기유압 16과제	131
17 전기유압 17과제	133
18 전기유압 18과제	135
19 전기유압 19과제	137
20 전기유압 20과제	139

CHAPTER 2 | 설비진단

I 회전기계 진단

1 진동발생 시뮬레이터   143
2 진동측정   144
3 측정결과 해석   181
4 측정결과 예시   188

II 소음측정

1 소음측정장치   195
2 소음측정   196
3 소음측정 결과 작성   197
4 소음측정 예시   198

CHAPTER 3 | 기계요소 스케치 및 정비

I 감속기 분해 조립

1 웜 기어 감속기   203
2 감속기 분해   204
3 가스켓 제작   210
4 감속기 조립   212

II 기계요소 스케치

1 웜 기어 감속기   215
2 유형별 스케치   218
3 문제 예시   222

CHAPTER 4 | 전기장치 측정

I 전기장치 측정

1 Logic Lab Unit   239
2 디지털 테스터기   240
3 저항 및 전압 측정   242
4 문제 예시   243

기계정비산업기사 실기 정보

1 기본정보

가. 개요

산업이 기계화, 공업화될수록 기계에 의조하는 비율이 높아지고 기계에 대한 보수 및 예방정비가 중요하게 되었다. 이에 산업현장의 생산부서, 검사부서 및 시설물의 조작부서에서 설비기계를 정비할 숙련기능인력 양성이 요구되므로 자격을 제정

나. 수행직무

산업활동에 쓰이는 각종 설비 및 기계에 의한 사고를 미연에 방지하고 원활한 기계가공을 위해 각종 기계설비를 점검, 분해, 보수, 정비하는 업무 수행 또는 생산설비를 유지 관리하는 지도직인 기능 업무 수행

다. 진로 및 전망

- 각종 설비 및 기계 제작업체 또는 수리업체, 대규모 생산설비를 이용하여 공업제품을 양산하는 업체, 금속소재 업체 등으로 진출가능하다.

- 기계공업의 발달로 공장자동화설비가 확산됨에 따라 고정밀도, 고성능, 다기능을 갖춘 산업기계설비가 제조업 분야로 확대되고 있고, 향후 무인화공장도 출현할 전망이다. 이러한 기계화 추세에 따라 기계정비 분야에서도 전문 기능인력이 필요할 것으로 보이는데, 특히 사업시설에 비해 인력이 부족한 편이어서 자격취득 시 전망은 밝아 보인다.

라. 종목별 검정현황

종목명	연도	필기			실기		
		응시	합격	합격률(%)	응시	합격	합격률(%)
기계정비 산업기사	2017	6,244	2,894	46.3%	3,281	2,406	73.3%
	2016	7,615	3,148	41.3%	3,332	2,544	76.4%
	2015	7,423	2,667	35.9%	2,769	2,137	77.2%
	2014	6,065	1,670	27.5%	1,757	1,539	87.6%
	2013	5,188	1,551	29.9%	1,618	1,382	85.4%
	2012	4,681	1,991	22.7%	2,087	1,907	91.4%
	2011	4,640	1,123	24.2%	1,191	1,034	86.8%
	2010	8,762	1,991	22.7%	2,087	1,907	91.4%

2 시험정보

가. 시행 및 실시기관
- 한국산업인력공단(http://www.q-net.or.kr 참조)

나. 시험수수료
- 필기 : 19,400원
- 실기 : 60,300원

다. 출제경향
전기장치측정 및 전자회로 스케치, 설비진단, 공유압회로구성, 기계요소 스케치 및 기계정비작업 능력평가

라. 취득방법
1) 시행처 : 한국산업인력공단

2) 시험과목

    (1) 필기

        (가) 공유압 및 자동화시스템

        (나) 설비진단 및 관리

        (다) 공업계측 및 전기전자제어

        (라) 기계정비 일반

    (2) 실기 : 기계정비작업

3) 검정방법

    (1) 필기 : 객관식 4지 택일형, 과목당 20문항(과목당 30분)

    (2) 실기 : 작업형(6시간 정도)

        (가) 제1과제 : 전기장치 측정작업(30분)

        (나) 제2과제 : 설비진단 측정작업(1시간 30분)

        (다) 제3과제 : 공유압회로 구성작업(2시간), 공압회로구성작업(1시간), 유압회로구성작업(1시간)

        (라) 제4과제 : 기계요소 정비작업(2시간)

4) 합격기준

    (1) 필기 : 100점을 만점으로 하여 과목당 40점 이상, 전 과목 평균 60점 이상

    (2) 실기 : 100점을 만점으로 하여 60점 이상

마. 연도별 실기 합격률

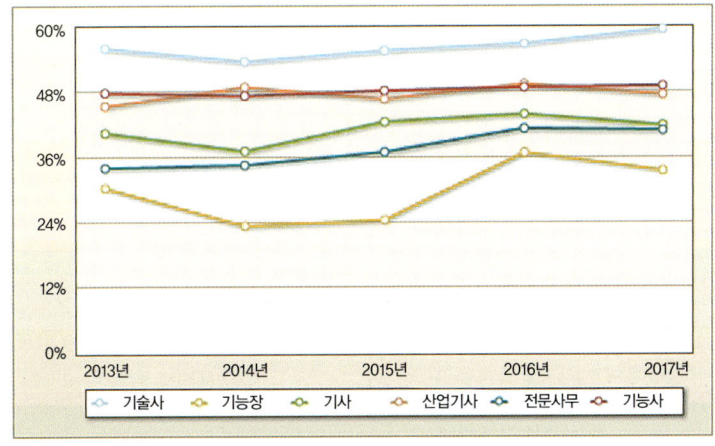

③ 우대현황

순번	법령명	조문내역	활용내용
1	건설기계관리법 시행규칙	제33조 검사대행자등(별표9)	건설기계검사대행자의 인력기준
2	건설기계관리법 시행규칙	제43조 시설 및 기술인력기준 (별표11)	건설기계를 제작 또는 조립하고자 하는 자의 기술인력기준
3	건설기계관리법 시행규칙	제54조 건설기계확인검사 (별표13의2)	구조성능확인서를 발급할 수 있는 시험기관
4	건설기계관리법 시행규칙	제56조 사후관리시설등의 기준 (별표13)	제작자 등이 확보하여야 할 사후관리에 필요한 기술인력
5	경찰공무원임용령 시행규칙	제34조 응시자격등의 기준(별표3)	경력경쟁채용등의 자격
6	공무원수당 등에 관한 규정	제14조 특수업무수당(별표11)	특수업무 수당 지급
7	공무원임용시험령	제27조 경력경쟁채용시험등의 응시자격 등(별표7, 별표8)	경력경쟁채용시험 등의 응시
8	공무원임용시험령	제31조 자격증 소지자 등에 대한 채용시험의 특전(별표 12)	6급 이하 공무원 채용시험 가산대상 자격증
9	공연법 시행령	제10조의2 안전진단기관의 지정요건(별표1)	안전진단기관의 지정요건
10	공연법 시행령	제10조의4 무대예술 전문인 자격검정의 응시기준(별표2)	무대예술전문인 자격검정의 등급별 응시기준
11	공직자윤리법 시행령	제34조 취업승인	관할 공직자윤리위원회가 취업승인을 하는 경우
12	공직자윤리법의 시행에 관한대법원 규칙	제37조 취업승인 신청	퇴직공직자의 취업승인 요건
13	공직자윤리법의 시행에 관한헌법재판소 규칙	제20조 취업승인	퇴직공직자의 취업승인 요건
14	관광진흥법 시행규칙	제41조 안전관리자의 자격·배치기준 및 임무(별표12)	유원시설업의 사업장에 상시 배치하여야 하는 안전관리자의 자격
15	관광진흥법 시행규칙	제70조 안전성검사기관 등록요건 (별표24)	안전성검사기관 등록 시 인력 요건
16	광산보안법 시행규칙	제35조 보안감독계원	보안감독계원 선임
17	교육감 소속 지방공무원 평정규칙	제23조 자격증 등의 가점	5급이하 공무원, 연구사 및 지도사 관련 가점사항

18	교통안전법 시행령	제43조 시험의 일부 면제 등(별표7)	교통안전관리자 시험 일부 면제 대상자
19	국가공무원법	제36조의2 채용시험의 가점	공무원 채용시험 응시 가점
20	국가과학기술 경쟁력 강화를 위한 이공계지원 특별법 시행령	제20조 연구기획평가사의 자격시험	연구기획평가사 자격시험 일부 면제 자격
21	국가과학기술 경쟁력 강화를 위한 이공계지원 특별법 시행령	제20조 연구기획평가사의 자격시험	연구기획평가사 자격시험 일부 면제 자격
22	국가과학기술 경쟁력 강화를 위한 이공계지원 특별법 시행령	제2조 이공계인력의 범위 등	이공계지원 특별법 해당 자격
23	국외유학에 관한 규정	제5조 자비유학자격	자비유학 자격
24	군인사법 시행령	제44조 전역 보류(별표 2, 별표 5)	전역 보류 자격
25	궤도운송법 시행규칙	제18조 안전검사업무의 위탁 등 (별표1)	안전검사업무를 위탁받기 위하여 갖추어야 하는 기술인력
26	근로자직업능력 개발법 시행령	제28조 직업능력개발훈련교사의 자격 취득(별표2)	직업능력개발훈련교사의 자격
27	기술사법 시행령	제19조 합동기술사사무소의 등록기준 등	합동사무소구성원 요건
28	대기환경보전법 시행규칙	제70조 자동차제작자의 검사 인력·장비 등(별표19)	인증시험을 실시하는 경우에 갖추어야 할 인력
29	대기환경보전법 시행규칙	87조 운행차의 정기검사방법 등 (별표23)	운행차정기검사대행자의 요건
30	독학에 의한 학위취득에 관한 법률 시행규칙	제4조 국가기술자격 취득자에 대한 시험면제 범위 등	같은 분야 응시자에 대해 교양과정 인정시험, 전공기초과정 인정시험 및 전공심화과정 인정시험 면제
31	법원공무원규칙	제19조 경력경쟁채용시험등의 응시요건 등(별표5의1)	경력경쟁시험의 응시요건
32	산업안전보건법 시행규칙	제74조 검사원의 자격	검사원의 자격
33	선거관리위원회 공무원 규칙	제29조 전직시험의 면제(별표12)	전직시험의 면제
34	선거관리위원회 공무원 규칙	제83조 응시에 필요한 자격증	채용, 전직시험의 응시에 필요한 자격증 구분
35	선거관리위원회 공무원 평정 규칙	제23조 자격증의 가점	자격증 소지자에 대한 가점 평정

36	소방공무원임용령 시행규칙	제23조 응시자격등의 기준(별표2)	특별채용시험에 응시할 수 있는자
37	소음·진동관리법 시행규칙	제18조 환경기술인의 자격기준 등 (별표7)	환경기술인을 두어야 할 사업장과 그 자격기준
38	소음·진동관리법 시행규칙	제36조 자동체제작자 검사의 인력·장비 등(별표14)	자동차제작자가 인증시험을 실시하는 경우에 갖추어야 할 인력
39	소음·진동관리법 시행규칙	제50조 확인검사대행자의 등록기준 (별표16)	확인검사대행자의 등록을 하려는 자의 기술능력
40	수도법 시행규칙	제12조 수도시설관리자의 자격	수도시설관리자의 자격
41	에너지이용 합리화법 시행령	제30조 에너지절약전문기업의 등록 등(별표2)	에너지절약전문기업 등록시 보유하여야하는 기술인력
42	에너지이용 합리화법 시행령	제39조 진단기관의 지정기준(별표4)	진단기관이 보유하여야 하는 기술인력
43	연구직 및 지도직공무원의 임용 등에 관한 규정	제7조의2 경력경쟁채용시험등의응시자격	경력경쟁채용시험 등의 응시자격
44	전기사업법 시행규칙	제33조 전기설비 검사자의 자격	전기설비 검사자의 자격
45	전기사업법 시행규칙	제40조 전기안전관리자의 선임 등 (별표12)	안전관리자와 안전관리보조원으로 구분하여 선임
46	전기사업법 시행규칙	제50조의3 중대한 사고의 통보·조사(별표20)	사고조사를 하게 할 수 있는 자
47	주차장법 시행령	제12조의4 검사대행자의 지정 및 취소(별표2)	검상업무를 대행할 수 있는 전문검사기관의 지정요건
48	주차장법 시행령	제12조의6 보수업의 등록기준 등 (별표3)	기계식주차장의 보수업을 등록하려는 자가 갖추어야 할 기술인력
49	중소기업인력지원 특별법	제28조 근로자의창업지원등	해당 직종과 관련분야에서 신기술에 기반한 창업의 경우 지원
50	중소기업제품 구매촉진 및 판로지원에 관한 법률 시행규칙	제12조 시험연구원의지정등(별표3)	시험연구원의 지정기준
51	중소기업진흥에 관한 법률	제48조 1차시험의면제	지도사의1차시험면제
52	지방공무원 임용령	제55조의3 자격증소지자에대한신규임용시험의특전	6급이하공무원신규임용시필기시험점수가산
53	토양환경보전법 시행령	제17조의4 토양정화업의 등록요건 등(별표2)	토양정화업의 등록을 하고자 하는 자가 갖추어야 하는 기술인력
54	해양환경관리법 시행규칙	제23조 오염물질저장시설의 설치·운영기준(별표10)	오염물질저장시설 설치시 필요한 기술인력
55	해양환경관리법 시행규칙	제74조 업무대행자의 지정(별표 28,29)	해양환경측정기기의 정도검사·성능시험·검정 업무 대행자 지정기준

수험자 동향: http://www.q-net.or.kr [성별, 연령, 직업, 응시목적, 시험 준비경로, 시험 준비기간 검색]

가. 필기

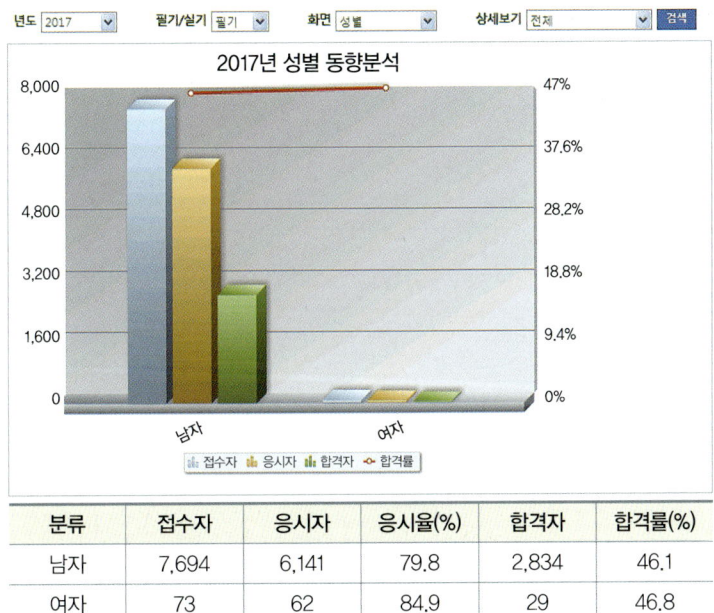

분류	접수자	응시자	응시율(%)	합격자	합격률(%)
남자	7,694	6,141	79.8	2,834	46.1
여자	73	62	84.9	29	46.8

나. 실기

분류	접수자	응시자	응시율(%)	합격자	합격률(%)
남자	3,475	3,243	93.3	2,372	73.1
여자	33	32	97	29	90.6

5 출제기준

가. 출제기준(필기)

직무분야	기계	중직무분야	기계장비설비·설치	자격종목	기계정비산업기사	적용기간	2016. 1. 1. ~ 2018.12.31.

○ 직무내용 : 설비의 장치 및 기계를 효율적으로 관리하기 위해 일상 및 정기점검을 통해 정비작업 등의 직무를 수행

필기검정방법	객관식	문제수	80문제	시험시간	2시간

필기과목명	문제수	주요항목	세부항목	세세항목
공유압 및 자동화 시스템	20	1. 유공압	1. 유공압의 개요	1. 기초이론 2. 유공압의 원리 3. 유공압의 특성
			2. 유압기기	1. 유압펌프 2. 유압제어밸브 3. 유압액추에이터 4. 유압부속장치
			3. 공압기기	1. 공압발생장치 2. 공압제어밸브 3. 공압액추에이터 4. 공압부속기기
			4. 유공압기호	1. 유압기기 표시법 2. 공압기기 표시법
			5. 유공압회로	1. 기본회로 2. 실제회로
		2. 자동화 시스템	1. 자동화 시스템의 개요	1. 자동화 시스템의 개요 2. 제어와 자동제어
			2. 센서	1. 센서의 개요 2. 신호처리 3. 물체감지 및 검출센서
			3. 액추에이터	1. 액추에이터의 개요 2. 선형운동 액추에이터 3. 회전운동 액추에이터 4. 핸들링
			4. 자동화 시스템 회로구성	1. 동작상태 표현법 2. 프로그램 및 제어방법 3. 프로그램 메모리

필기과목명	문제수	주요항목	세부항목	세세항목
설비진단 및 관리	20		5. 자동화시스템의 유지보수	1. 자동화시스템 유지보수의 개요 2. 자동화시스템 유지보수 방법
		1. 설비진단	1. 설비진단의 개요	1. 설비진단 기술의 개요 2. 설비진단 기법
			2. 진동이론	1. 진동의 기초 2. 진동의 물리량 3. 기계진동
			3. 진동측정	1. 진동측정의 개요 2. 진동측정 시스템 3. 진동측정용 센서
			4. 소음이론과 측정	1. 소음의 개요 2. 소음의 물리적 성질 3. 음의 발생과 특성
			5. 진동소음 제어	1. 기계진동 방지대책 2. 공장소음 방지대책 3. 공장진동과 소음의 발생음
			6. 회전기계의 진단	1. 회전기계 진단의 개요 2. 회전기계의 간이 진단 3. 회전기계의 정밀진단
			7. 윤활관리 진단	1. 윤활의 개요 2. 윤활의 종류와 특성 3. 윤활제의 급유·급지법 4. 윤활유의 열화와 관리기준
		2. 설비관리	1. 설비관리 개론	1. 설비관리의 개요 2. 설비의 범위와 분류 3. 설비관리의 조직과 구성원
			2. 설비계획	1. 설비계획의 개요 2. 설비배치 3. 설비의 신뢰성 및 보전성 관리 4. 설비의 경제성 평가 5. 정비계획 수립방법
			3. 설비보전의 계획과 관리	1. 설비보전과 관리 시스템 2. 설비보전 조직과 표준 3. 설비보전의 본질과 추진방법 4. 설비의 예방보전 5. 공사관리

필기과목명	문제수	주요항목	세부항목	세세항목
				6. 보전용 자재관리와 보전비 관리 7. 보전작업관리와 보전효과 측정
			4. TPM	1. TPM의 개요 2. 설비효율 개선방법 3. 만성손실 개선방법 4. 제조부문의 자주보전 활동 5. 보전부문의 계획 보전활동 6. 품질개선 활동 7. 생산관리
공업계측 및 전기 전자제어	20	1. 공업계측	1. 공업계측의 개요	1. 계측의 개요와 단위
			2. 센서와 신호변환	1. 센서의 정의 2. 센서의 신호변환
			3. 공업량의 계측	1. 온도계측 2. 압력계측 3. 유량계측 4. 액면계측
			4. 변환기	1. 계측신호 변환기
			5. 조작부	1. 제어밸브 2. 제어밸브의 구동부 3. 포지셔너
			6. 프로세스 제어	1. 프로세스제어 2. 공업량의 제어 3. 조절계의 제어동작
		2. 전기제어	1. 전기기초	1. 전류 2. 전압 3. 저항 4. 직류와 교류회로
			2. 교류회로	1. 정현파 교류 2. 다상교류
			3. 시퀀스제어	1. 시퀀스 제어기초 및 기기 2. 시퀀스 제어회로
		3. 전자제어	1. 전자이론	1. 반도체소자 2. 다이오드

필기과목명	문제수	주요항목	세부항목	세세항목
		3. 전자제어	1. 전자이론	3. 트랜지스터 4. 연산증폭기
			2. 논리회로	1. 논리회로 2. 논리의 표현
기계정비일반	20	1. 기계정비용 공기구 및 정비 점검	1. 정비용 공기구 및 재료	1. 정비용 측정기구 2. 정비용 공기구 3. 정비용 재료
			2. 기계요소 점검 및 정비	1. 체결용 기계요소 2. 축의 취급과 정비 3. 축이음 4. 기어 전동장치 5. 벨트체인 전동장치 6. 관이음 정비 7. 센터링
		2. 기계장치점검, 정비	1. 기계장치 점검과 정비	1. 통풍기 2. 송풍기 3. 압축기 4. 감속기 및 변속기 5. 전동기 정비
			2. 펌프장치	1. 펌프의 종류 및 특성 2. 펌프의 구조 3. 캐비테이션 4. 수격현상 5. 펌프의 운전 6. 펌프의 보수관리 7. 펌프의 정비작업
			3. 기계의 분해조립	1. 기계의 분해조립 2. 열박음

나. 출제기준(실기)

직무분야	기계	중직무분야	기계장비설비·설치	자격종목	기계정비산업기사	적용기간	2016. 1. 1. ~ 2018.12.31.

○ **직무내용** : 설비의 장치 및 기계를 효율적으로 관리하기 위해 일상 및 정기 점검을 통해 정비작업 등의 직무를 수행

○ **수행준거** : 1. 기계의 전기회로 시스템을 이해하고 측정장치 등을 사용하여 관련 전기장치의 고장을 진단할 수 있다.
2. 소음 및 진동 측정 장비 등을 사용하여 기계를 진단할 수 있다.
3. 유·공압 및 전기 시스템을 이해하고 회로를 구성하여 동작시험을 할 수 있다.
4. 기계요소를 이해하고 기계정비용 장비 및 공구를 사용하여 부품 교체 작업을 할 수 있다.

실기검정방법	작업형	시험시간	6시간 정도

실기과목명	주요항목	세부항목	세세항목
기계정비작업	1. 기계점검	1. 전기장치측정하기	1. 전압, 전류, 저항 등을 측정하여, 측정값에 의한 회로 점검을 할 수 있다.
		2. 설비진단하기	1. 계측기를 활용하여 이상 모터를 판별할 수 있다. 2. 모터의 소음을 측정하여 소음 값을 산출할 수 있다. 3. 회전기계에 센서를 적합하게 부착하여, 민감도를 셋팅 할 수 있다. 4. 스펙트럼을 분석, 진단하여 회전기기의 이상 유무, 상태를 확인할 수 있다.
	2. 기계정비	1. 유공압 회로구성 및 점검하기	1. 전기 시퀀스를 이용한 공압 실린더 2개의 회로를 구성하고 점검할 수 있다. 2. 전기 신호로 구동되는 유압 실린더 1개의 회로를 구성 하고 점검할 수 있다. 3. 일의 크기, 속도, 방향을 제어할 수 있는 회로를 파악하고, 유공압기기를 선정할 수 있다. 4. 부품의 특성에 따른 설치방법을 파악하고 요구되는 조건 및 성능을 충족하여 작동할 수 있도록 설치할 수 있다. 5. 기계적 도면에 근거하여 액추에이터의 기구적 설치를 할 수 있다. 6. 부품의 종류에 따른 배선방법 및 구성 기기간의 관계를 파악하고, 회로도를 근거하여 배관 및 배선을 할 수 있다.
		2. 기계요소 스케치 및 기계 정비 작업하기	1. 감속기를 분해하여 개스킷을 제작하고, 기계요소에 대한 명칭, 용도, 규격 등을 파악하고 측정할 수 있다. 2. 축, 기어 등의 기계요소를 스케치하고 조립 및 운용할 수 있다.

CHAPTER **1** 공유압회로 구성

- I 공압기기
- II 유압기기
- III 제어기기 기호
- IV 전기회로 구성
- V 공유압회로 구성 및 조립
- VI 공압회로의 과제
- VII 유압회로의 과제

CHAPTER 1 공유압회로 구성

I 공압기기

1 공기압 발생 장치

가. 공기 압축기

　압축 공기를 생산하여 에너지로 사용하려면 공기를 작업 압력으로 만들어 주는 장치가 필요하다.

　공기 압축기는 공기를 흡입하여 압축하는 과정에서 공기압 에너지를 만드는 장치이다.

나. 압축 공기 조절 유닛(Air Service Unit)

　압축 공기 조절 유닛의 구성은 다음과 같다.
　① 압축 공기 필터　　　　　　② 압축 공기 조절기(감압밸브)
　③ 압축 공기 윤활기(루브리게이터)

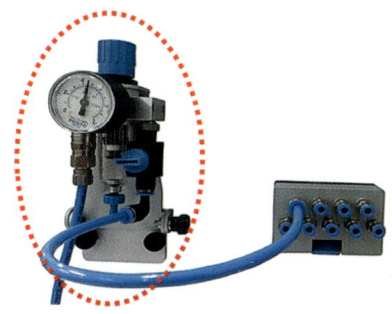
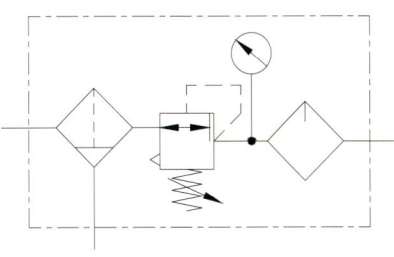

제1장 공유압회로 구성　021

다. 압력 조절 밸브

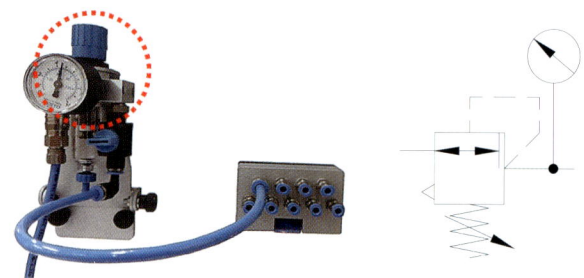

라. 공기 분배기

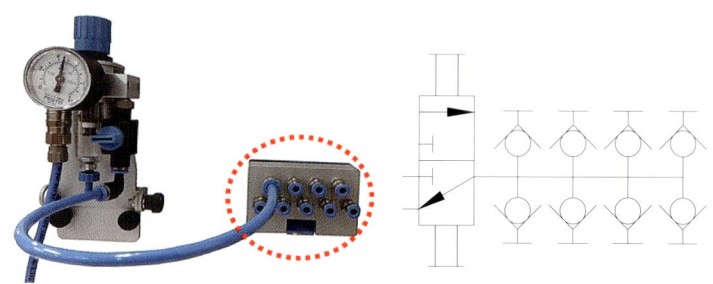

2 공압 밸브

가. 압력 조절 밸브

고압의 압축 공기를 낮은 일정의 적정한 압력으로 감압하여 안정된 압축 공기를 공기압 기기에 공급하는 기능을 한다.

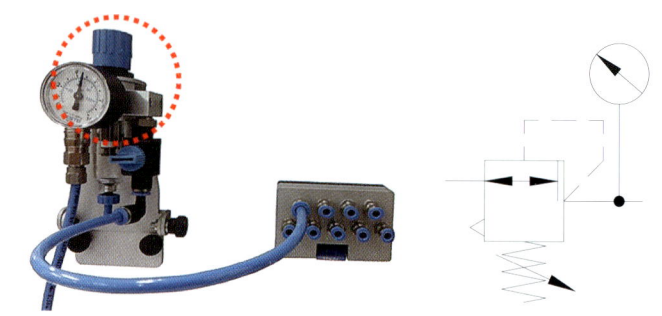

나. 교축 밸브

공기압 회로의 유량을 일정하게 유지할 때 사용한다.

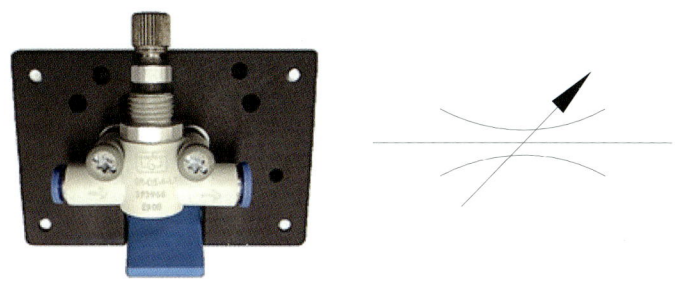

다. 속도제어 밸브

유량을 조절하는 동시에 흐름의 방향에 따라서 교축 작용을 한다.

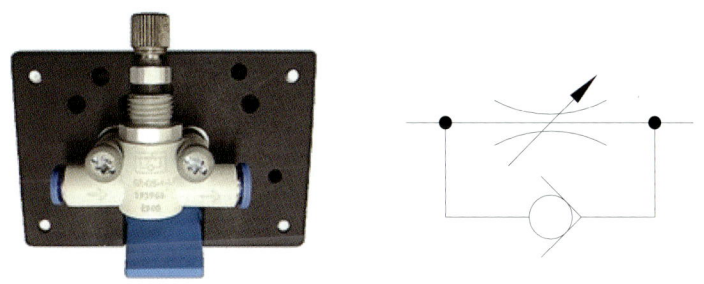

3 전기 공압 밸브

가. 5/2-Way 단동 솔레노이드 밸브

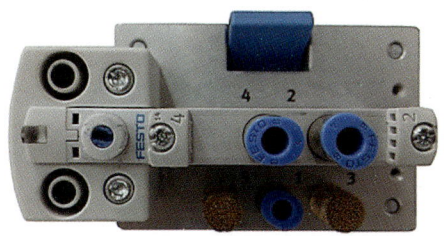
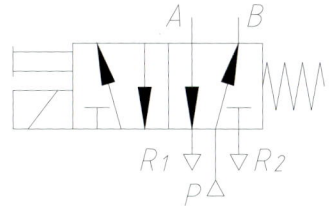

나. 5/2-Way 복동 솔레노이드 밸브

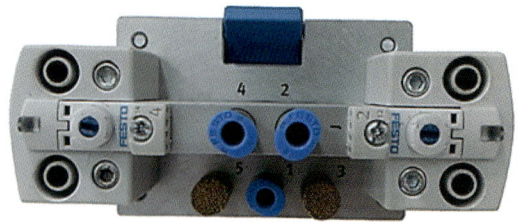 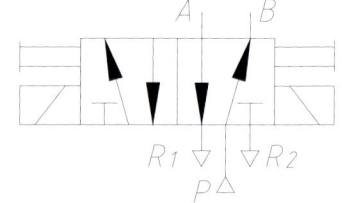

④ 공압 실린더

가. 에어쿠션 내장형 공압 복동 실린더

 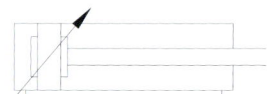

⑤ 기타

가. 전원 공급기

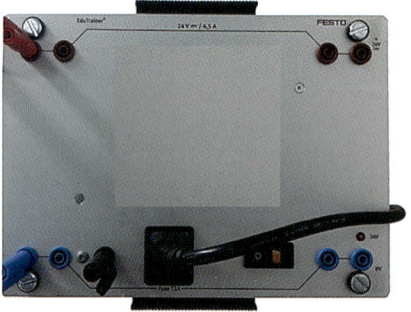

나. 3쌍 릴레이 유닛

다. 신호입력 스위치 유닛

라. 전기 Limit 스위치(좌)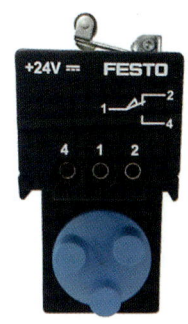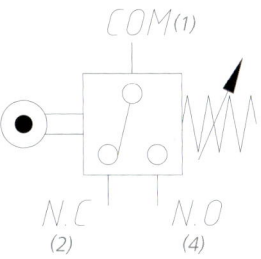

마. 전기 Limit 스위치(우)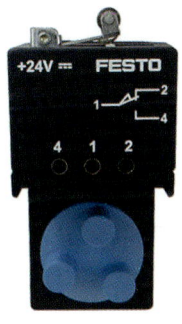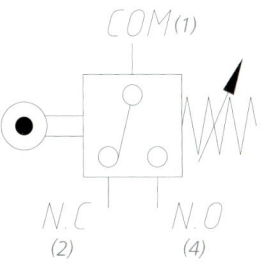

Ⅱ 유압기기

① 유압 동력원

가. 유압 펌프 유닛

전동기에서 공급되는 기계적 에너지를 유압 에너지로 변환하는 기기로 흡입과 토출 작용을 한다.

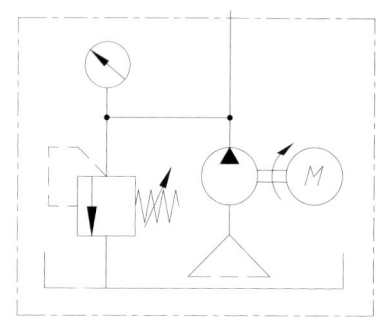

나. 압력 필터 모듈 장치

다. 유량계

라. 어큐뮬레이터

2 유압 밸브

가. 압력 릴리프 밸브

회로의 최고 압력을 제한하는 밸브로 유압회로의 압력을 일정하게 유지시키는 밸브이다.

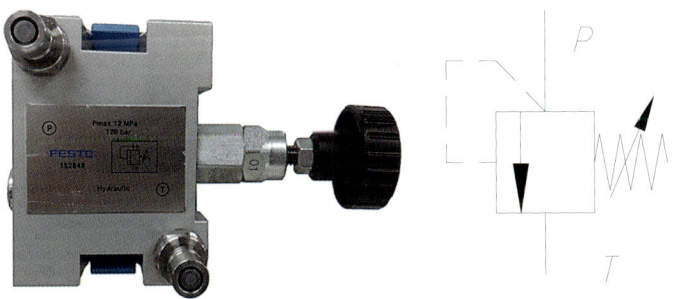

나. 카운터 밸런스 밸브

유압회로의 일부에 배압을 발생시키고자 할 때 사용하는 밸브이다.

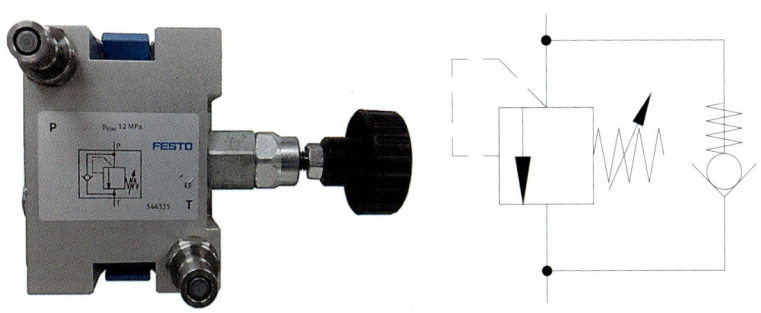

다. 스로틀 밸브

양쪽 방향 유량 흐름에 대한 제어가 가능한 밸브이다.

라. 스로틀 체크 밸브

한쪽 방향의 유량 흐름에 대한 제어가 가능하고 역방향의 흐름은 제어가 불가능한 밸브이다.

마. 차단 밸브

바. Line Check 밸브

사. 파일럿 조작 체크 밸브

 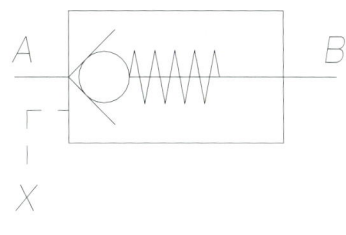

아. Pressure Sensitive 스위치

3 전기 유압 밸브

가. 2/2-Way 단동 솔레노이드 밸브(N.C)

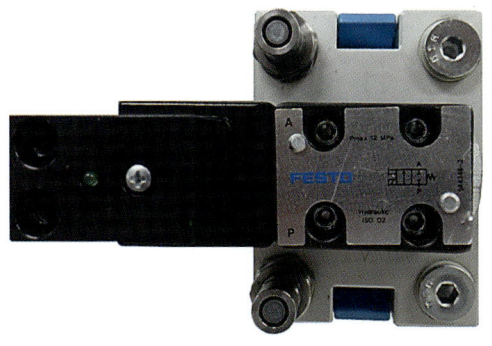 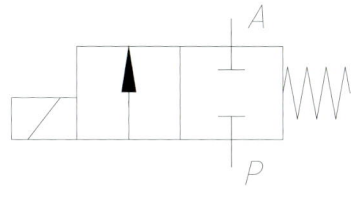

나. 3/2-Way 단동 솔레노이드 밸브

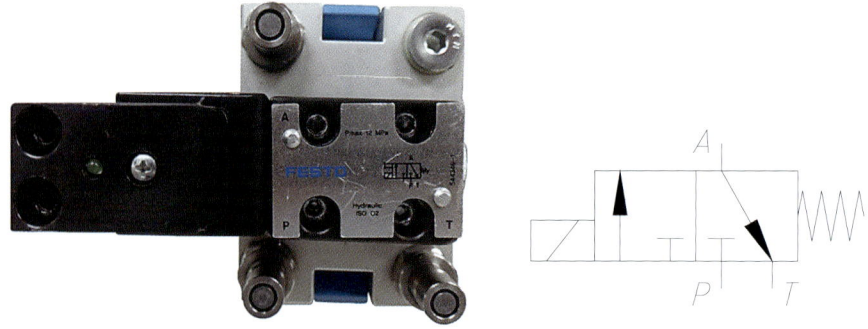

다. 4/2-Way 단동 솔레노이드 밸브

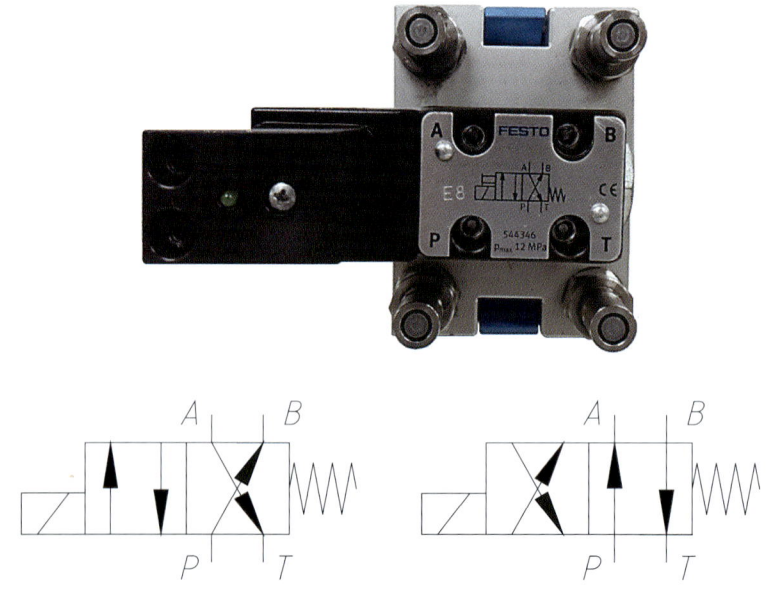

라. 4/2-Way 복동 솔레노이드 밸브

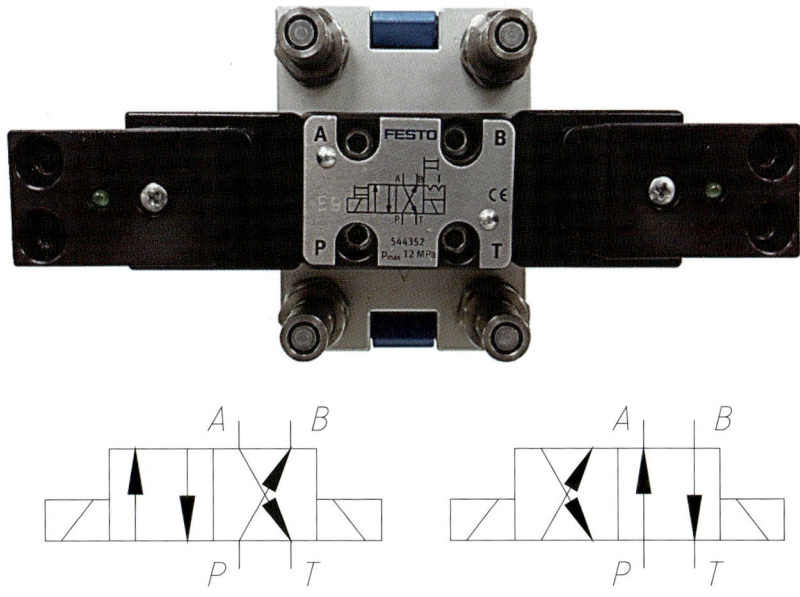

마. 4/3-Way 복동 솔레노이드 밸브(탠덤 센터형)

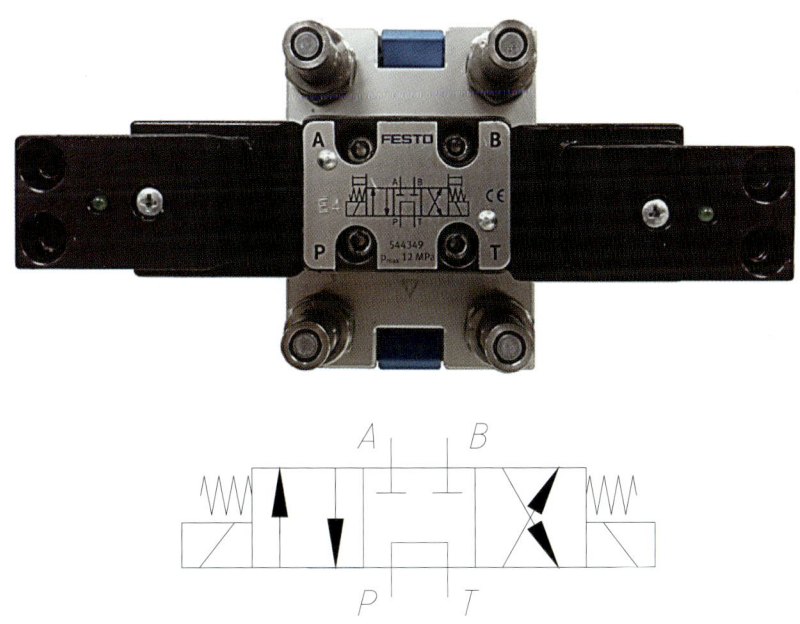

바. 4/3-Way 복동 솔레노이드 밸브(클로즈 센터형)

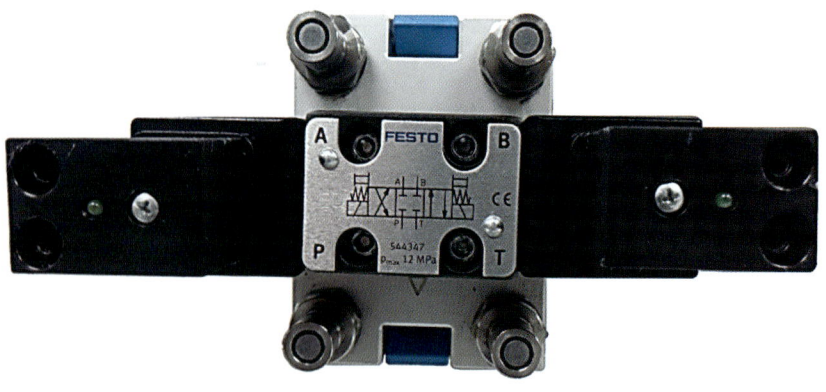

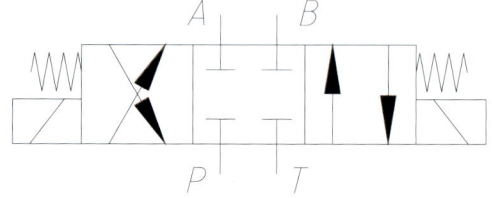

④ 유압 실린더

가. 유압 복동 실린더

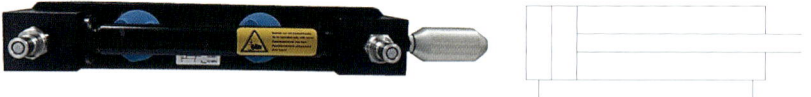

⑤ 기타

가. 전원 공급기

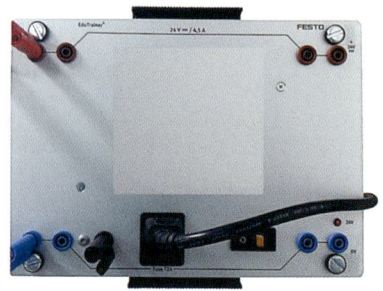

나. 3쌍 릴레이 유닛

다. 신호입력 스위치 유닛

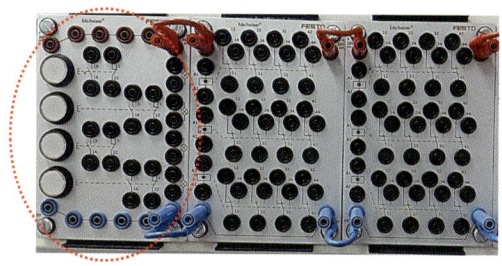

라. 전기 Limit 스위치(좌)

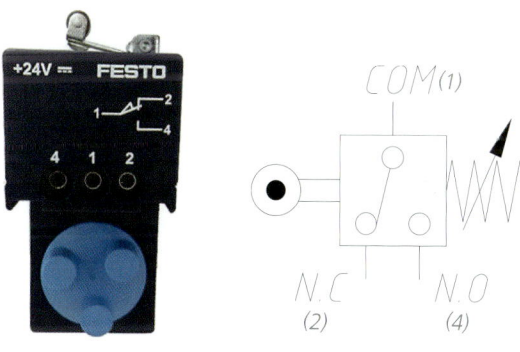

마. 전기 Limit 스위치(우)

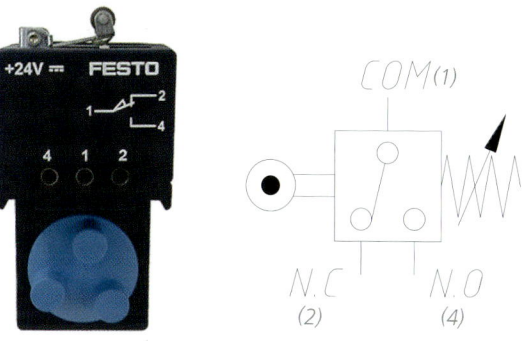

바. 압력게이지

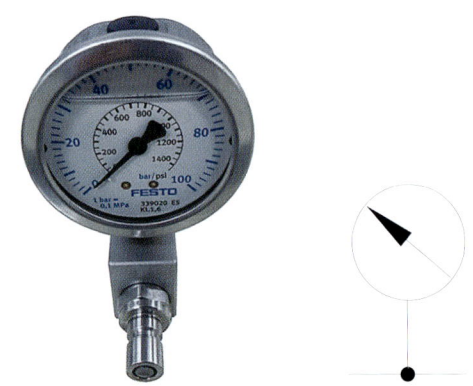

사. T-Connector

Ⅲ. 제어기기 기호

스위치와 릴레이

가. 접점

1) 스위치

열림 접점(A접점)	닫힘 접점(B접점)	전환 접점(C접점)
3 4	1 2	1 2 4

나. 푸시 버튼

1) 수동 작동

열림 접점(A접점)	닫힘 접점(B접점)	A접점(Lock)	B접점(Lock)

다. 리밋 스위치

1) 기계적(롤러) 작동

열림 접점(A접점)	닫힘 접점(B접점)	A접점(동작)	B접점(동작)

라. 릴레이

1) 릴레이와 엑추에이터 코일

릴레이	여자지연 릴레이	소자지연 릴레이	솔레노이드 밸브

2) 지시기

램프(시각)	부저(청각)	압력계(측정)

2 솔레노이드

1) 기계적 전기적 작동

솔레노이드	복동 솔레노이드	단동 솔레노이드
수동 작동	간접 작동	압력-전기 신호변환기

3 밸브의 표시

1) 밸브의 표시

밸브의 제어위치 사각형으로 표시	제어위치 수는 사각형 수로 표시
유로의 방향은 화살표로 표시	차단 표시 직각선을 그어 표시

배관 연결부는 짧은 선으로 표시

2) 포트와 제어위치

2 / 2-Way 방향제어 밸브(N.C)	2 / 2-Way 방향제어 밸브(N.O)
3 / 2-Way 방향제어 밸브(N.C)	3 / 2-Way 방향제어 밸브(N.O)
4 / 2-Way 방향제어 밸브	5 / 2-Way 방향제어 밸브

4 공압 심벌

가. 공압 발생 장치

압축기	저장 탱크	서비스 유닛	공압원

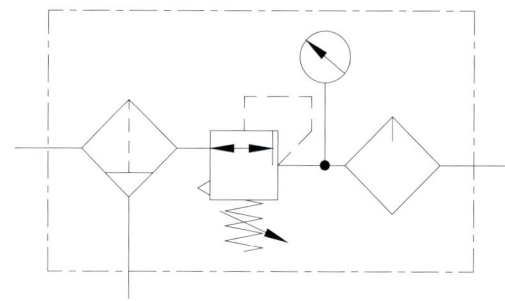

나. 논리턴 밸브와 유량제어 밸브

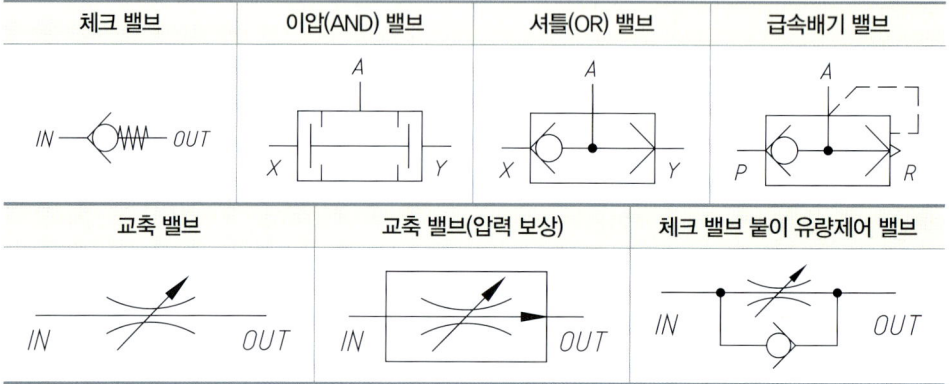

다. 방향 제어 밸브

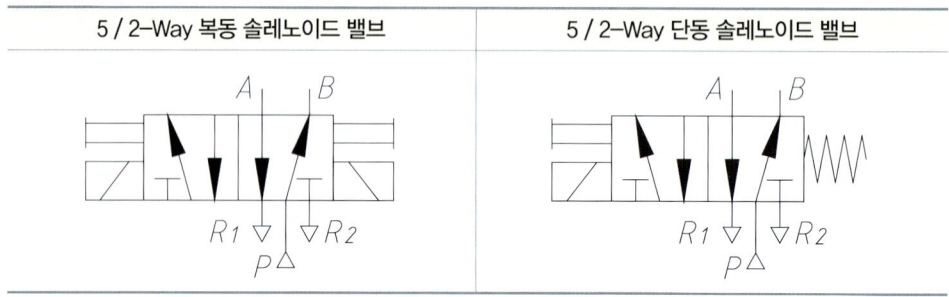

라. 선형 액추에이터

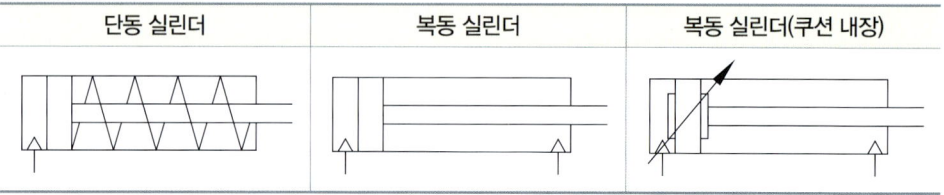

5 유압 심벌

가. 유압 파워 유닛

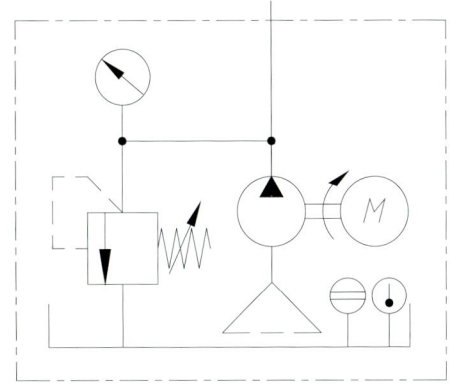

나. 유량제어 밸브

스로틀 밸브	체크 밸브	스로틀 체크 밸브	파일럿 체크 밸브
IN — OUT	IN — OUT	IN — OUT	P — A, Z

다. 압력제어 밸브

릴리프 밸브	감압 밸브	언로딩 밸브	카운터 밸런스 밸브
P, T	A, P	IN, Z, T	P — A

라. 방향제어 밸브

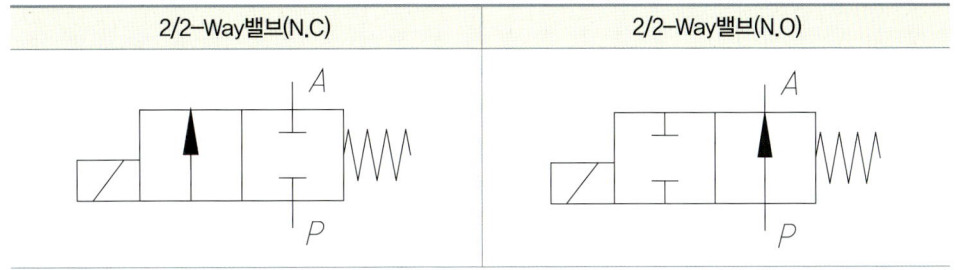

3/2-Way밸브(N.C)	3/2-Way밸브(N.O)
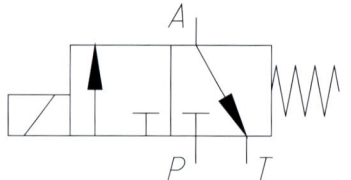	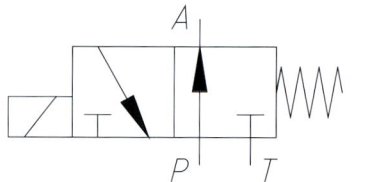
4/2-Way밸브(단동 솔레노이드)	4/2-Way밸브(복동 솔레노이드)
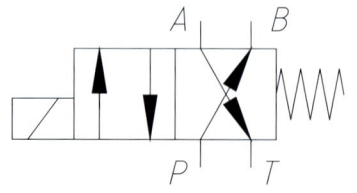	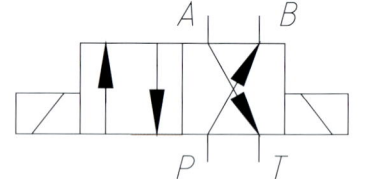
4/3-Way밸브(탠덤 센터형)	4/3-Way밸브(클로즈 센터형)
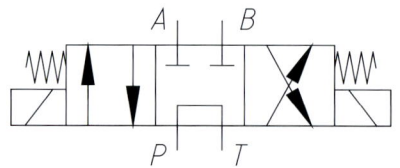	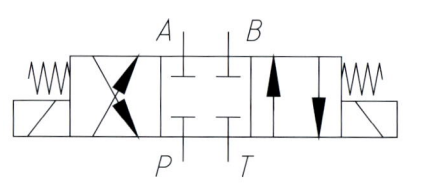

Ⅳ 전기회로 구성

1 접점

가. 정상상태 열림 접점(A접점)

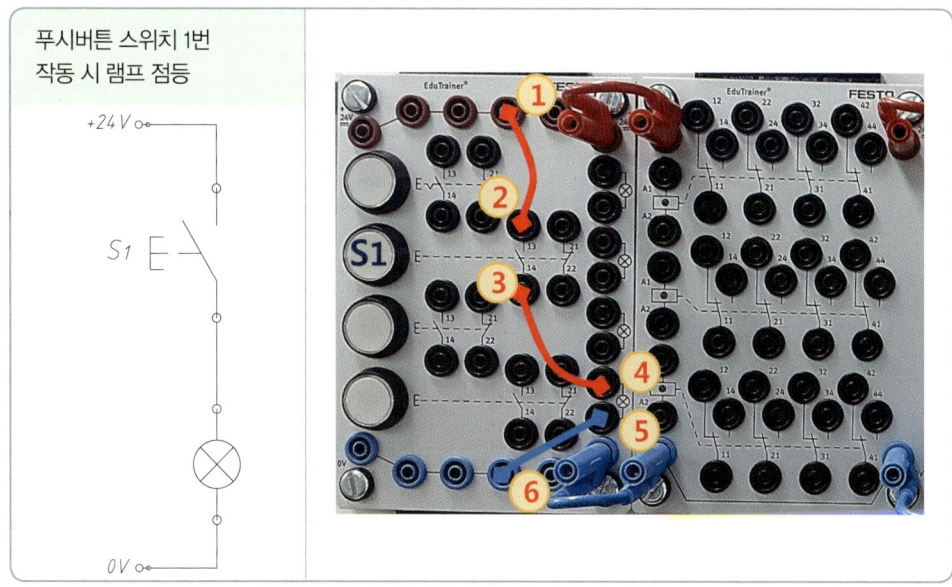

푸시버튼 스위치 1번 작동 시 램프 점등

나. 정상상태 닫힘 접점(B접점)

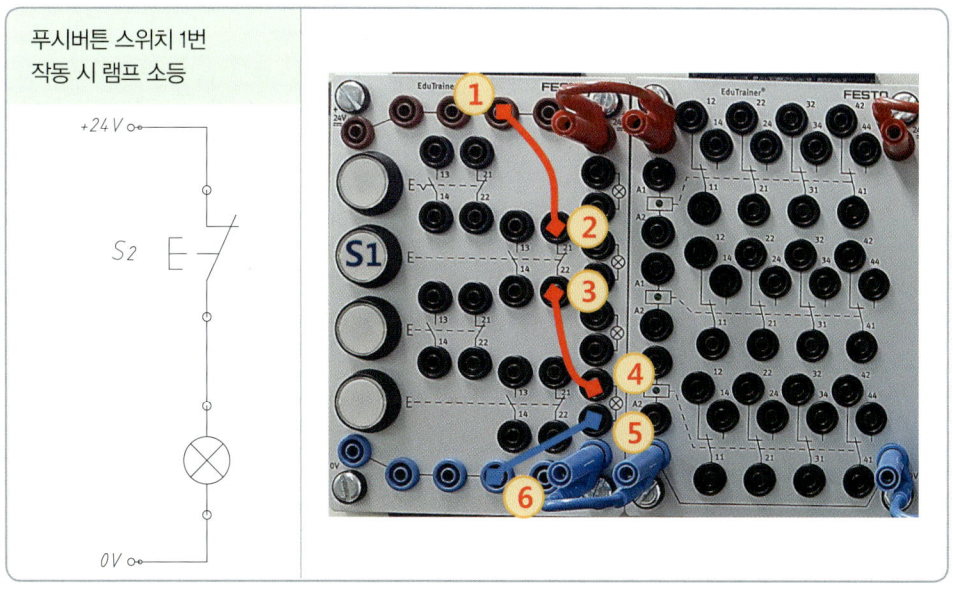

푸시버튼 스위치 1번 작동 시 램프 소등

2 논리회로

가. 직렬 접속(AND 논리회로)

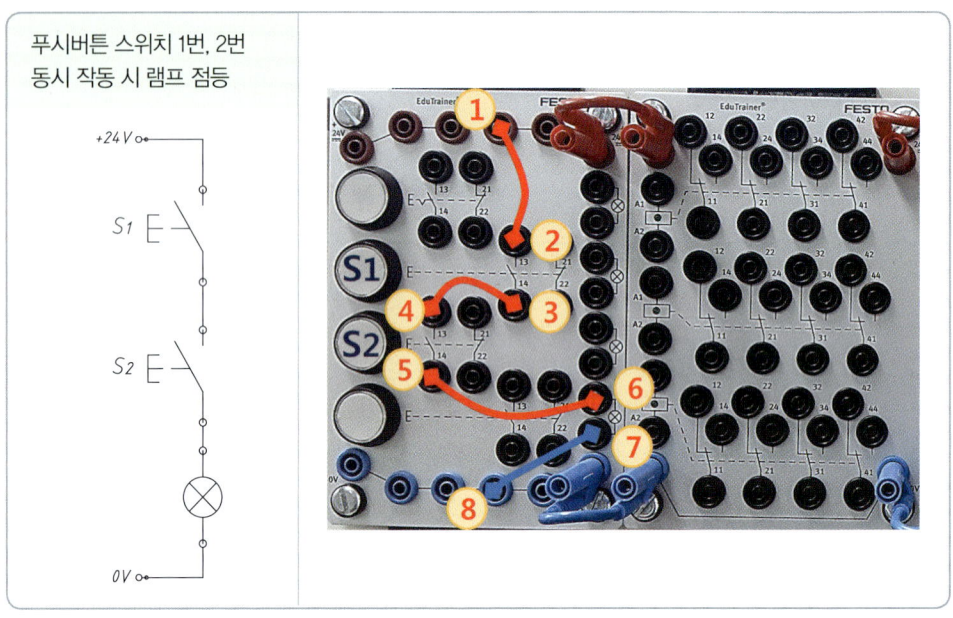

나. 병렬 접속(OR 논리회로)

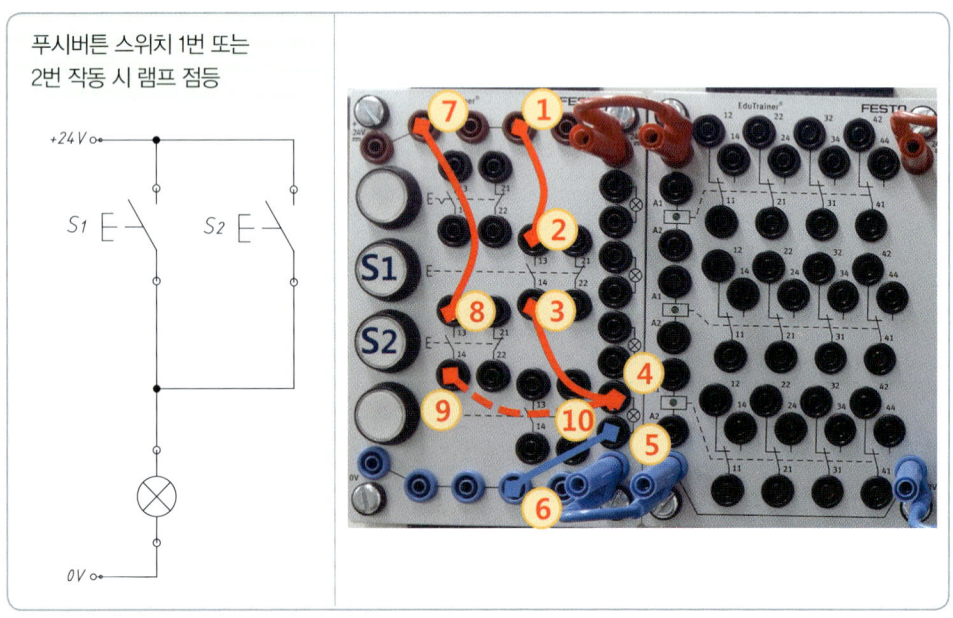

다. 스위치 연동회로(기계적 연계)

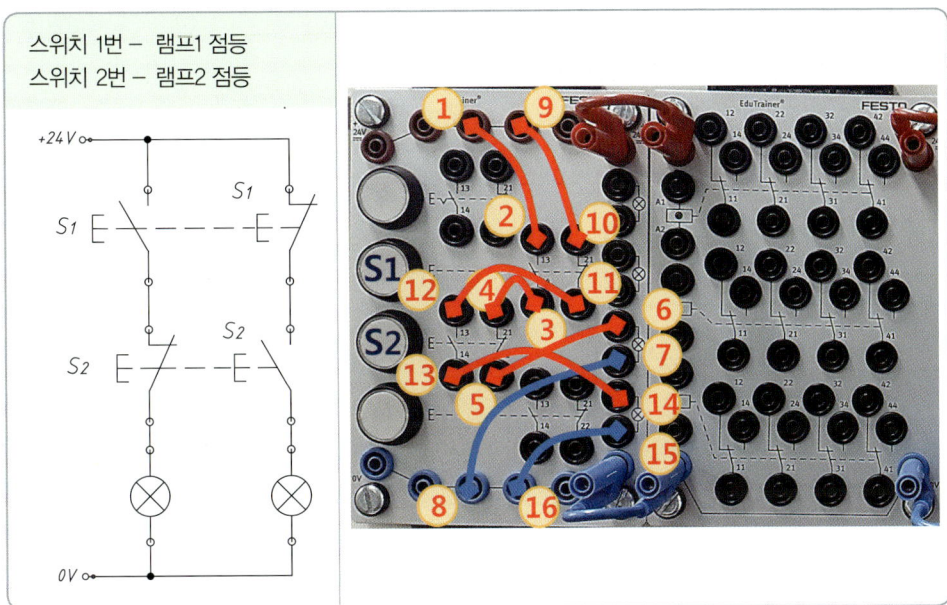

3 릴레이 제어

가. 릴레이를 이용한 제어회로

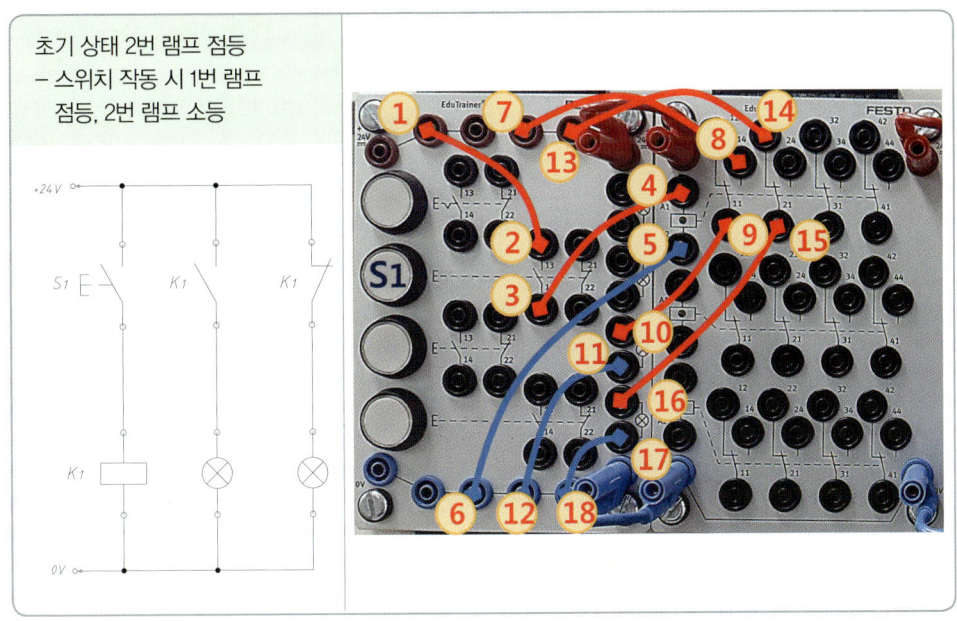

제1장 공유압회로 구성 **043**

나. 자기 유지회로(Reset 우선)

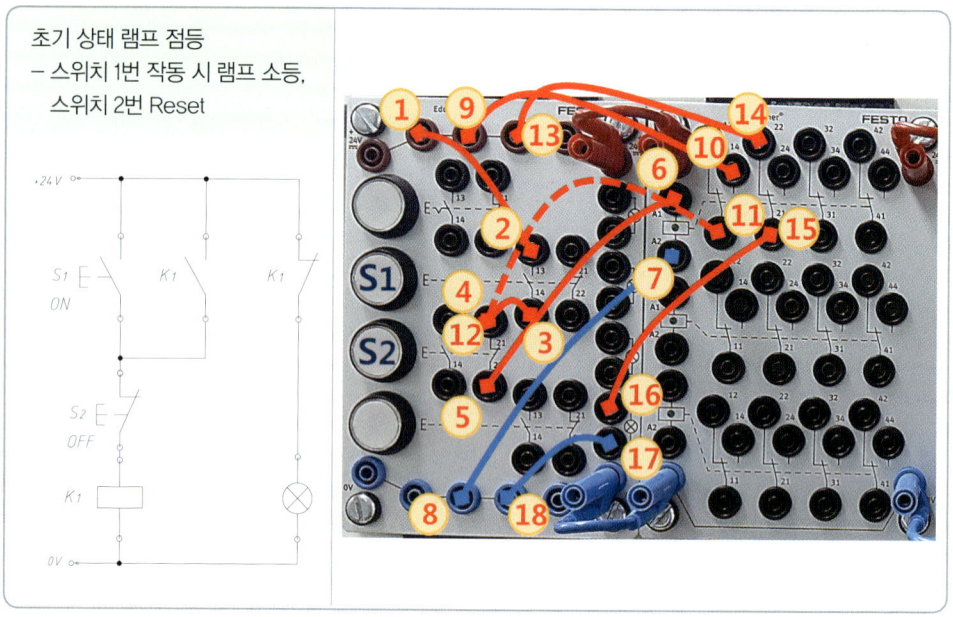

다. 자기 유지회로(Set 우선)

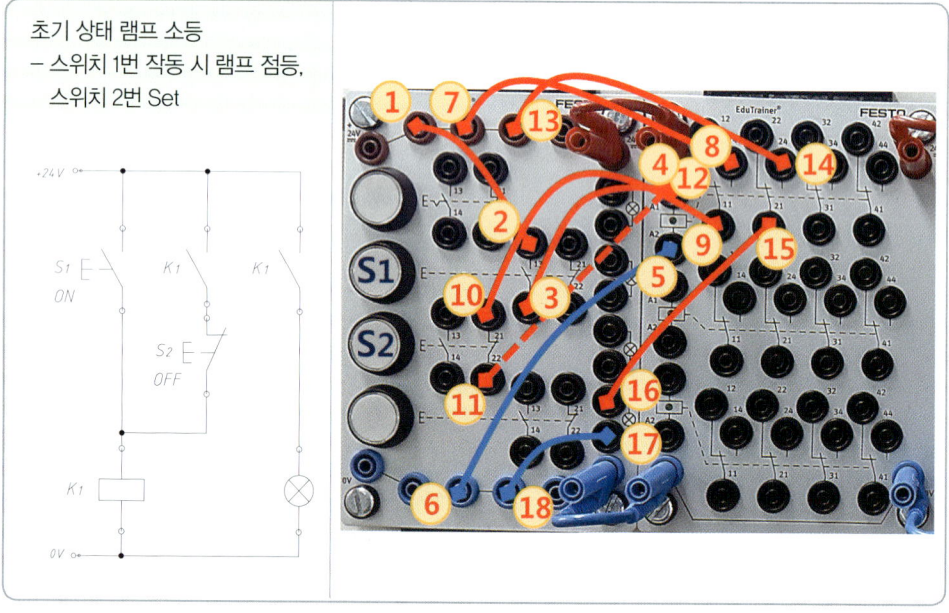

시간지연회로

가. 여자지연(ON) 릴레이

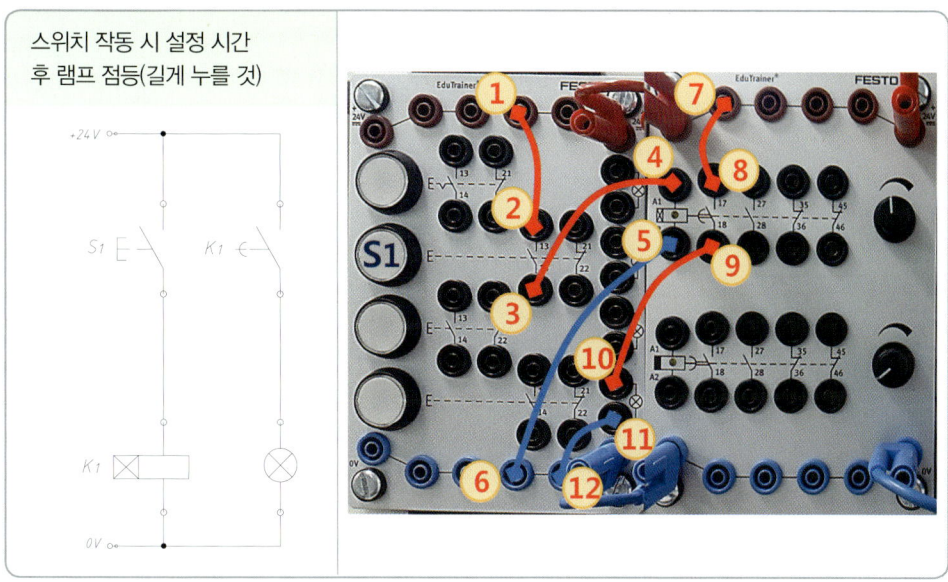

나. 소자지연(OFF) 릴레이

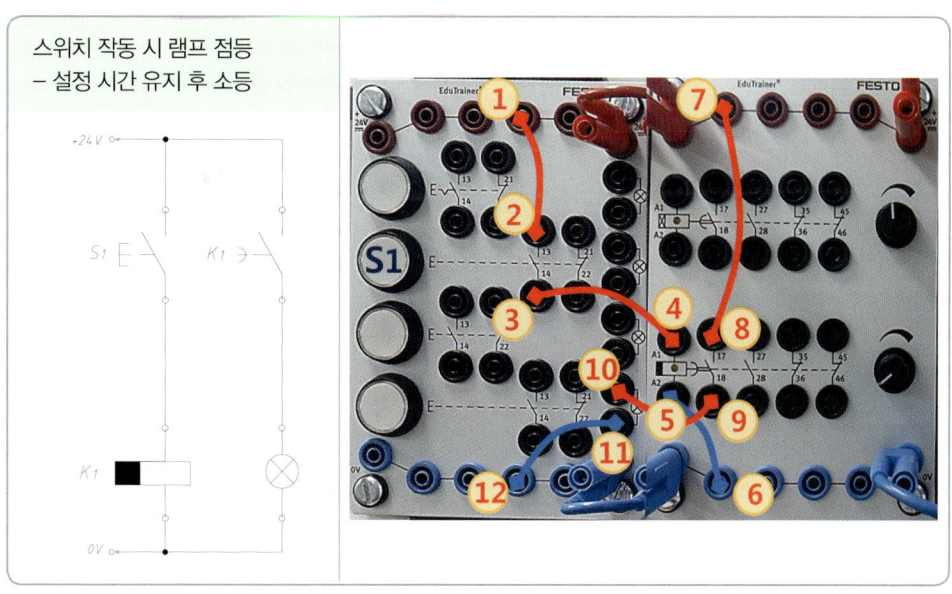

V 공유압회로 구성 및 조립

1 회로의 배치

가. 공압회로의 배치

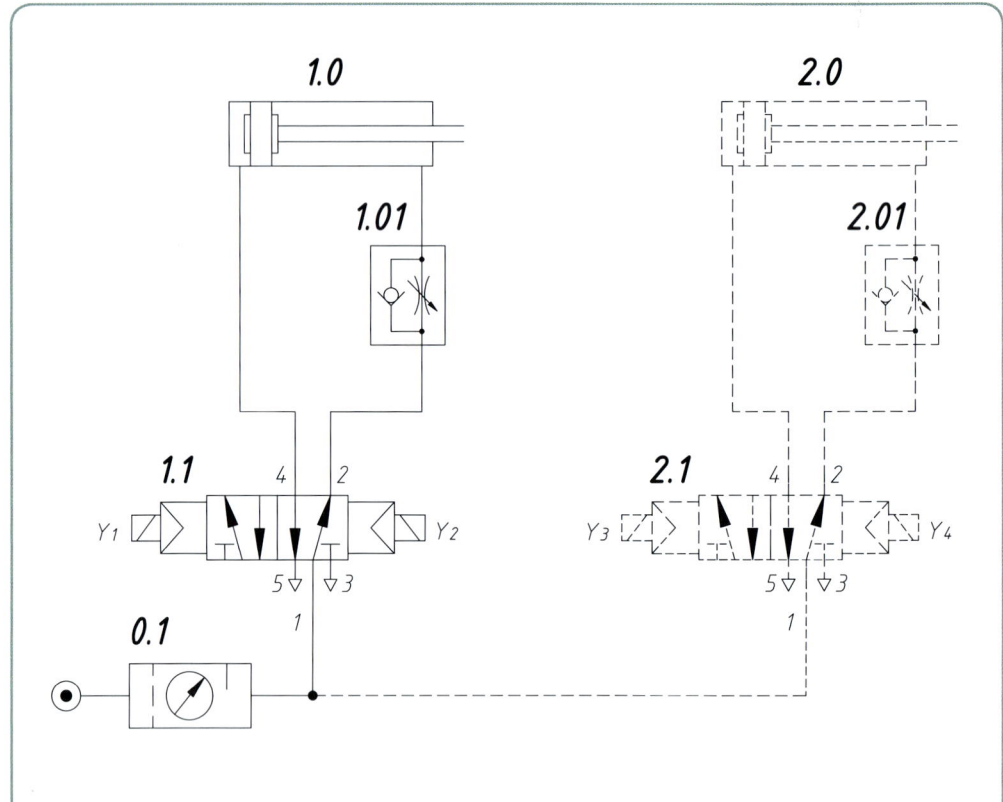

(1) 공압회로 요소 신호 흐름은 아래에서 위로 향하도록 배치한다.

(2) 다음 기준에 의해 공압회로 요소의 숫자 시스템이 결정된다.

0	공압 공급 요소
1.0 , 2.0 등	작업요소(액추에이터)
.1	최종 제어 요소
.01 , .02 등	제어 요소와 작업 요소 사이의 공압 요소

나. 전기회로의 배치

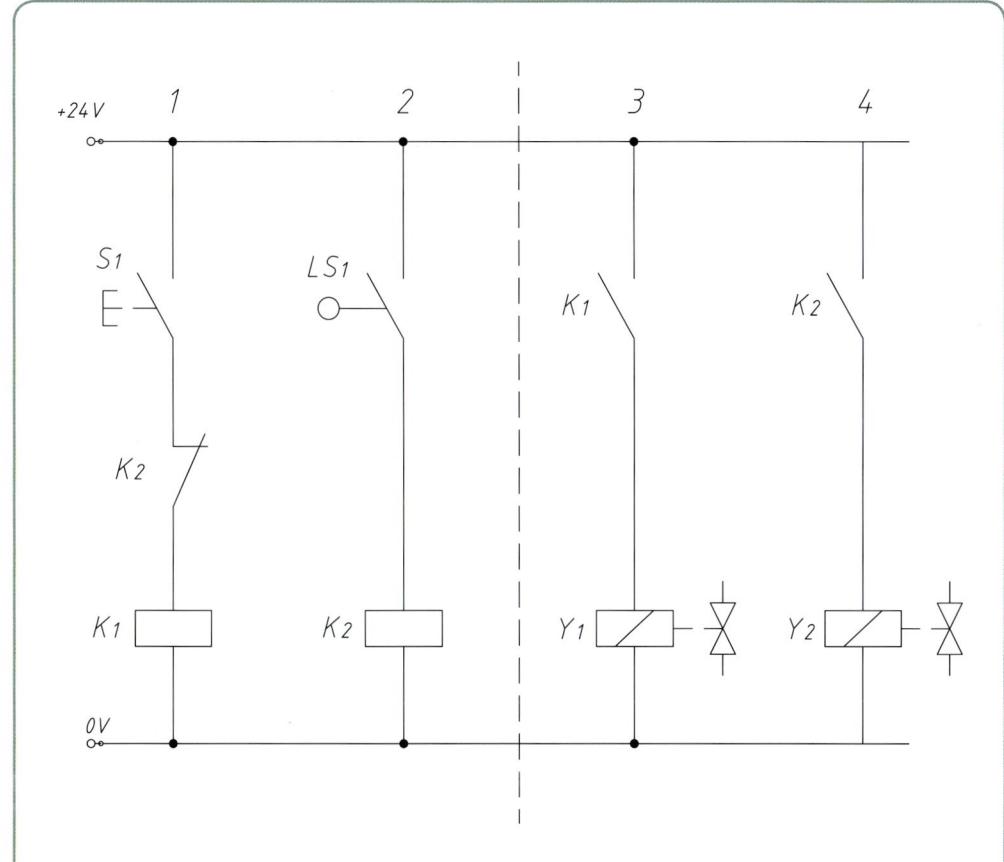

(1) 전기회로 요소는 위에서 아래로, 신호 흐름에 따라 왼쪽에서 오른쪽으로 번호를 부여한다.

(2) 시동 스위치와 정지 스위치 같은 주요 스위치는 따로 정의해 줄 수도 있다.

② 단동 솔레노이드 밸브를 이용한 실린더 직접 제어

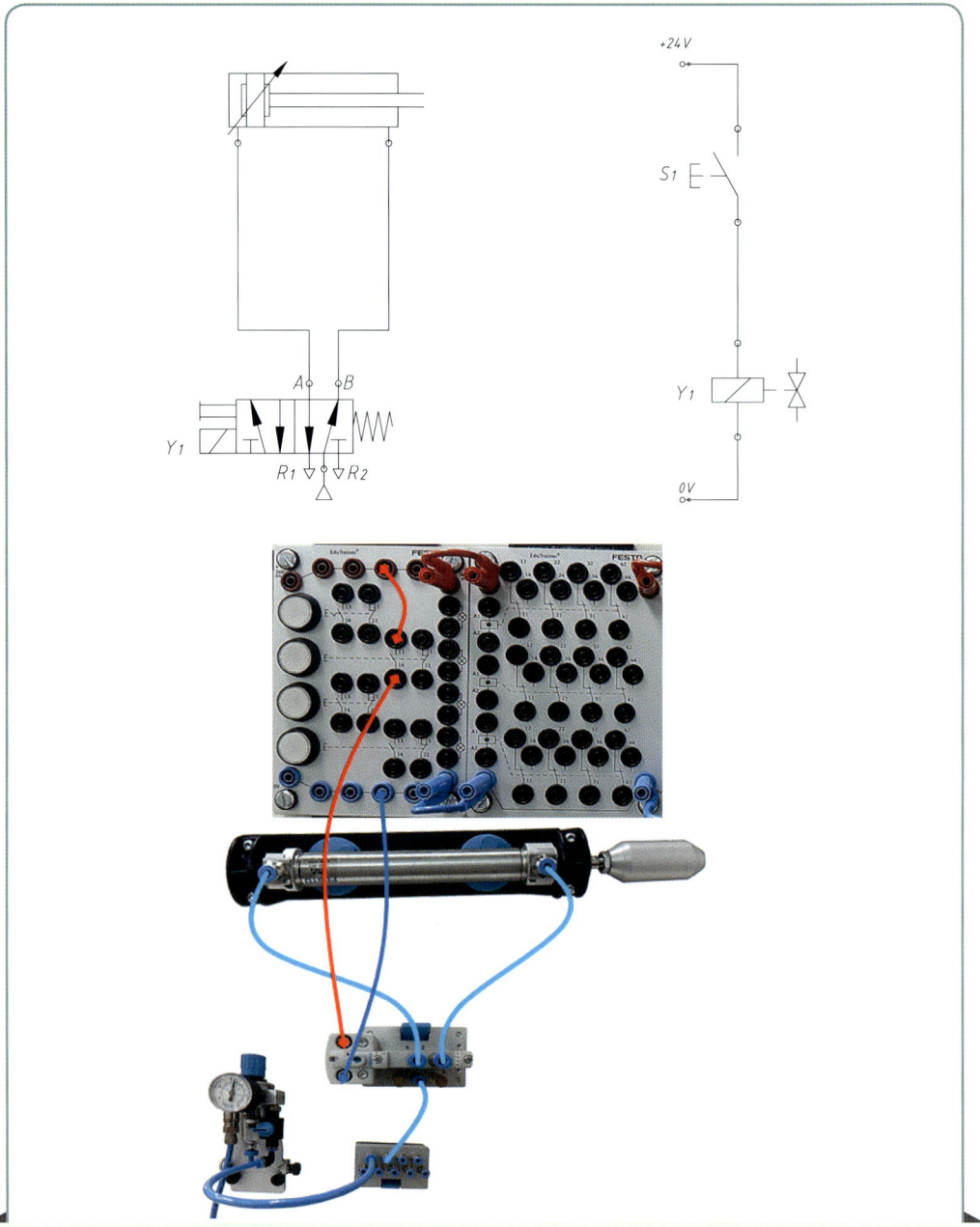

스위치 S1을 누르면 실린더 전진제어, 스위치 S1의 신호를 회수하면 실린더 후진제어에 사용
푸시버튼 S1을 누르면 솔레노이드 Y1에 전류가 공급되고 5/2-Way밸브는 방향이 전환된다. 누르고 있는 동안 실린더는 전진하고, 누른 신호를 회수하면 스프링에 의해 스풀이 원위치되며 실린더는 복귀한다.

3 단동 솔레노이드 밸브를 이용한 실린더 간접 제어

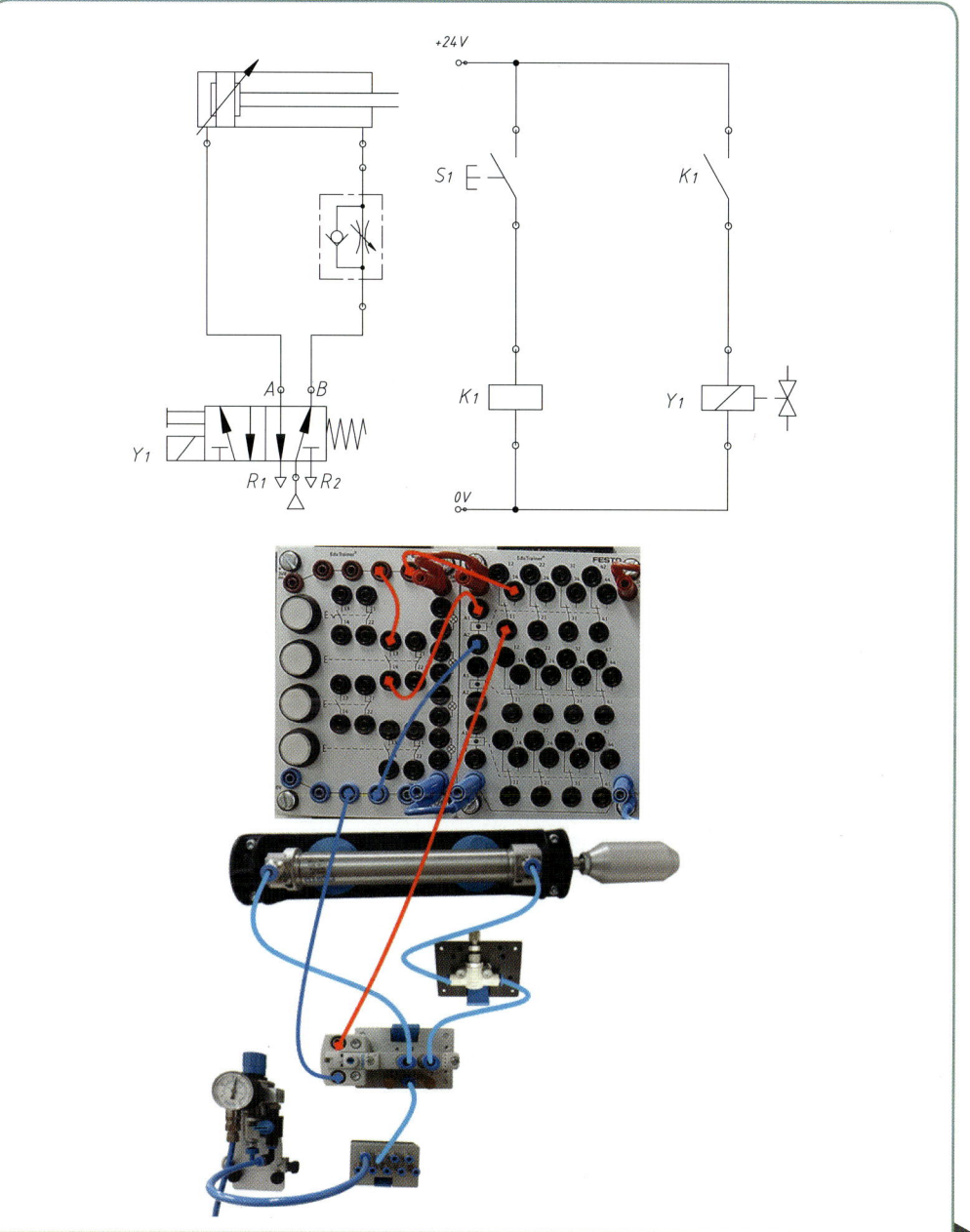

스위치 S1을 누르면 실린더 전진제어, 스위치 S1의 신호를 회수하면 실린더 후진제어에 사용
푸시버튼 S1을 누르면 릴레이 K1이 여자되고 접점 K1이 연결되어 솔레노이드 Y1에 전기가 공급되고 5/2-Way밸브는 방향이 전환된다. 누르고 있는 동안 실린더는 전진하고, 누른 신호를 회수하면 릴레이 K1이 소자되며 실린더는 복귀한다.

④ 복동 솔레노이드 밸브를 이용한 실린더 직접 제어

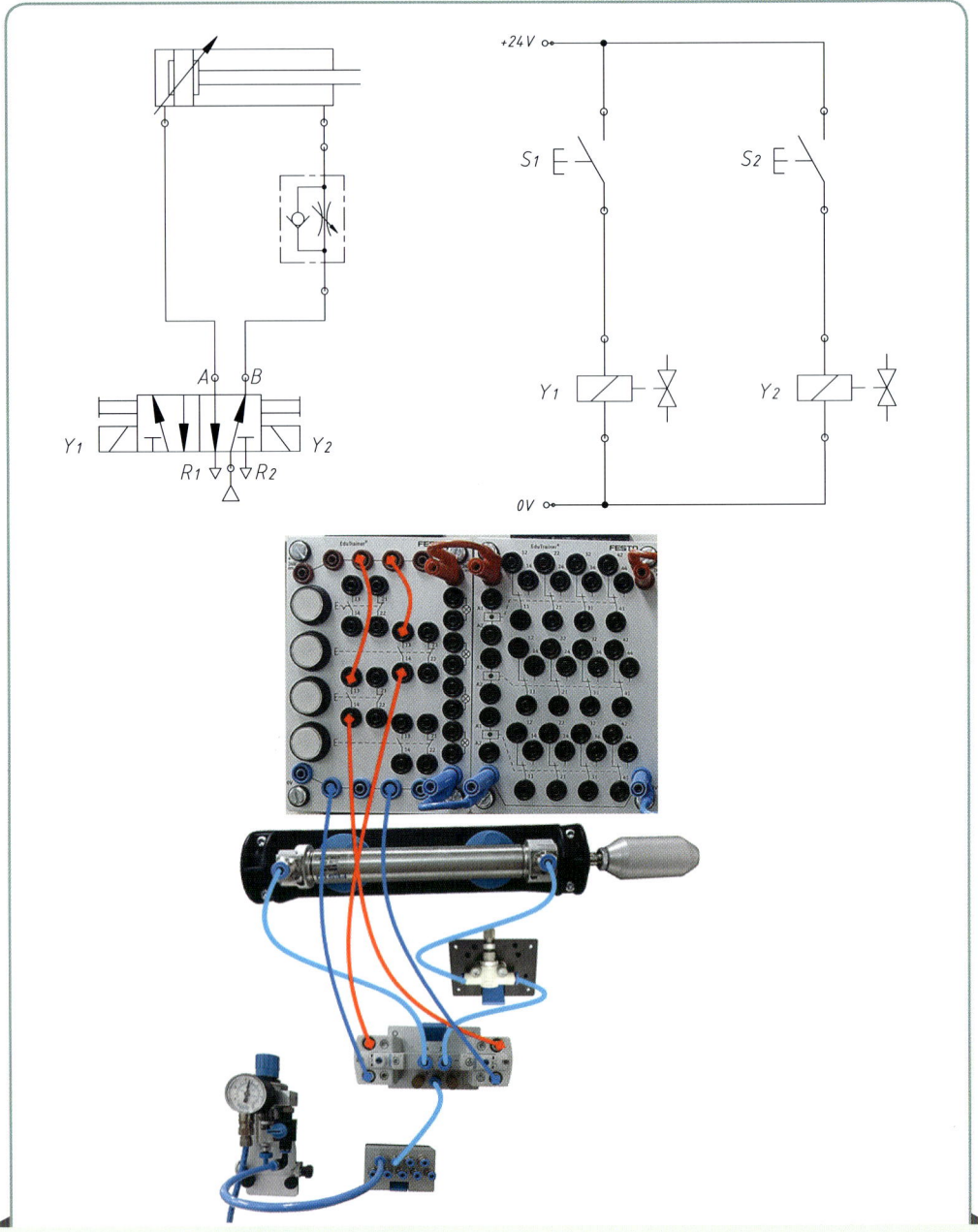

스위치 S1은 실린더 전진제어, 스위치 S2는 실린더 후진제어에 사용

푸시버튼 S1을 누르면 솔레노이드 Y1에 전류가 공급되고 5/2-Way밸브는 방향이 전환된다. 이때 실린더는 전진하여 최종 전진 위치에 머무르게 된다(전기적 기억 기능).

푸시버튼 S2는 솔레노이드 Y2에 전기를 공급하여 피스톤을 복귀시킨다.

⑤ 복동 솔레노이드 밸브를 이용한 실린더 간접 제어

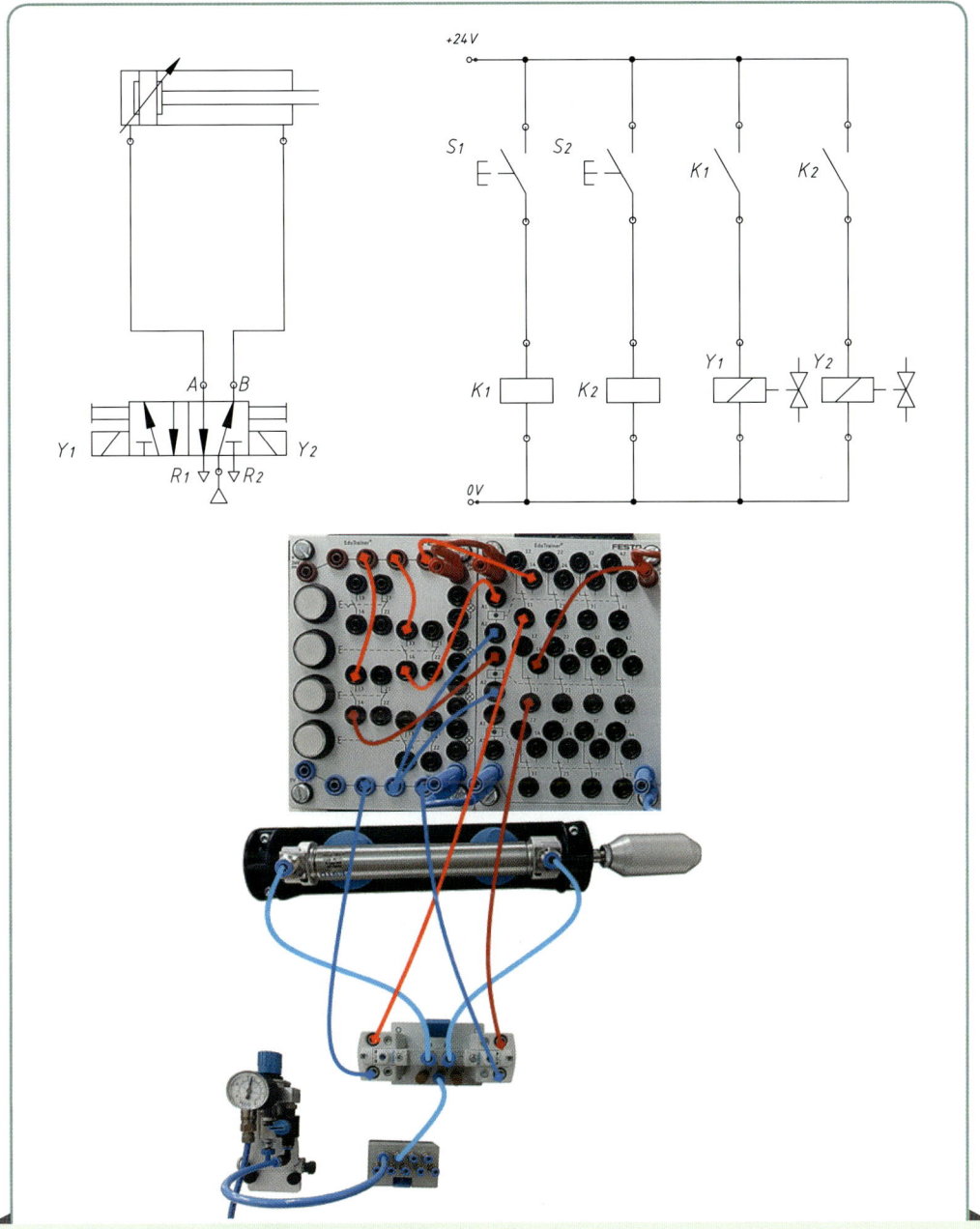

푸시버튼 S1을 누르면 릴레이 K1이 여자되고 접점 K1이 연결되어 솔레노이드 Y1에 전기가 공급되고 5/2-Way밸브는 방향이 전환된다. 이때 실린더는 전진하여 최종 전진 위치에 머무르게 된다 (전기적 기억 기능). 푸시버튼 S2를 누르면 릴레이 K2가 여자되고 접점 K2가 연결되어 솔레노이드 Y2에 전기가 공급되어 실린더를 복귀시킨다.

6. 복동 솔레노이드 밸브를 이용한 실린더 직접 자동복귀회로

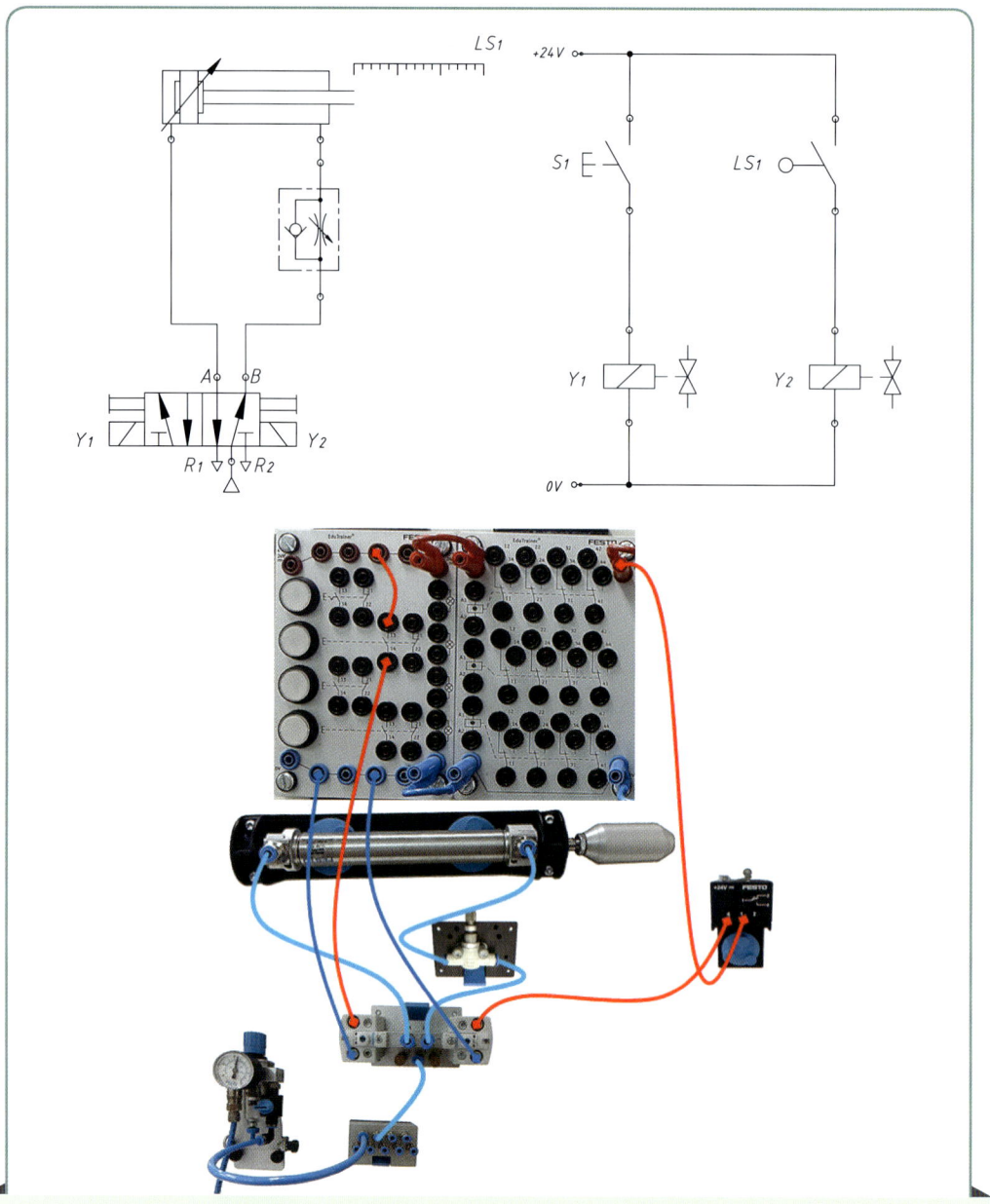

푸시버튼 스위치와 리밋 스위치에 의해서 복동 실린더를 1회 왕복 운동시킨다.
푸시버튼 S1을 누르면 솔레노이드 Y1에 전기가 공급되고 5/2-Way밸브는 방향이 전환된다. 이때 실린더가 전진하여 최종 위치에 도달하면 리밋 스위치를 동작시켜 LS1은 Y2에 전류를 공급하게 되고 밸브의 방향이 전환되어 실린더를 후진시킨다. 이때 밸브 전환이 가능한 이유는 S1의 신호가 회수된 상태이기 때문이다.

7. 복동 솔레노이드 밸브를 이용한 실린더 직접 자동왕복회로

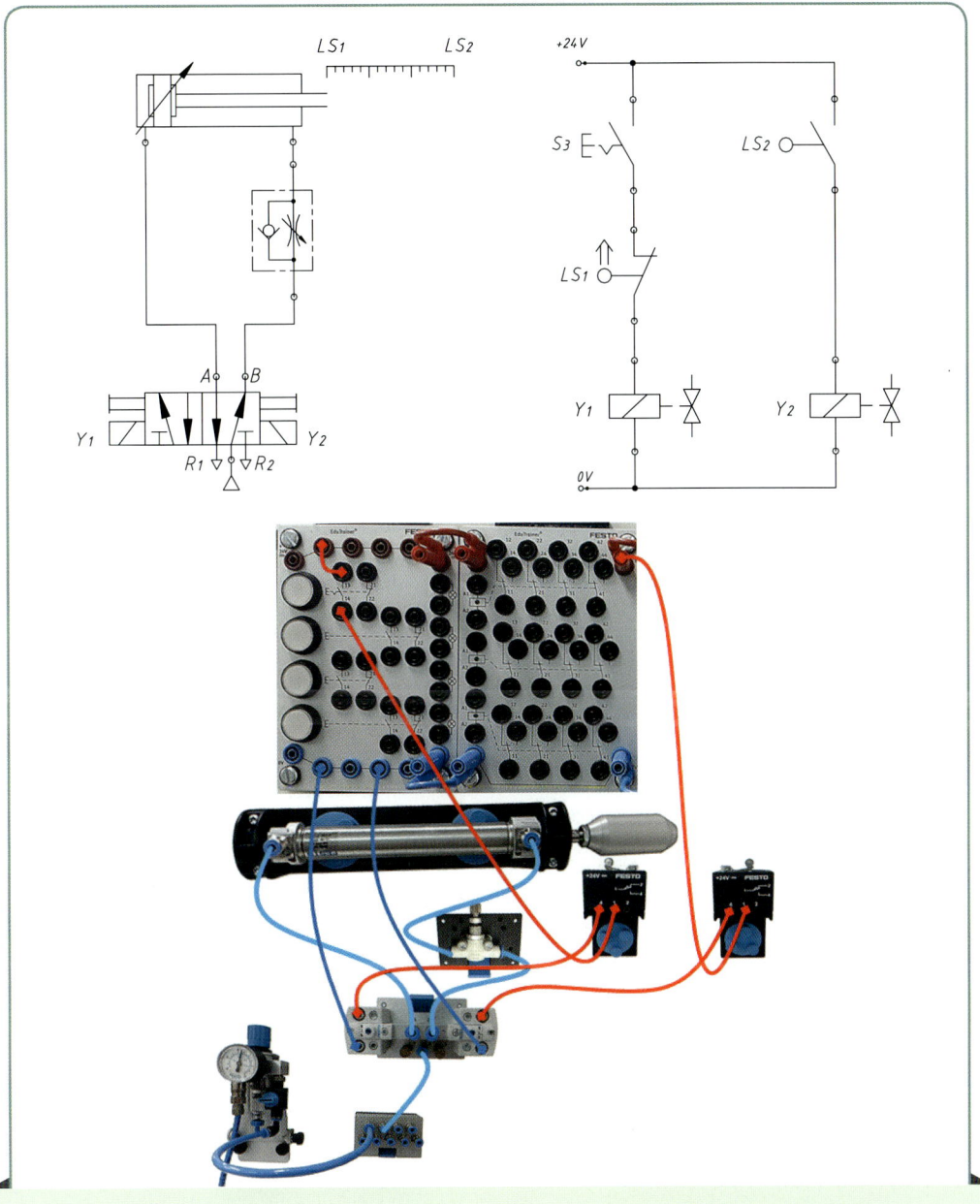

로크형 스위치와 리밋 스위치 2개를 이용하여 복동 실린더를 자동으로 왕복 운동시킨다.
로크형 스위치 S3을 누르면 리밋 스위치 LS1은 접점이 연결된 상태이므로 솔레노이드 Y1에 전기가 공급되고 실린더가 전진하면 LS1의 접점이 단락된다. 실린더가 전진하여 리밋 스위치 LS2를 동작시키면 솔레노이드 Y2에 전류를 공급하여 실린더를 후진시킨다. 로크 스위치 S3의 신호가 회수될 때까지 왕복 운동을 반복한다.

8 단동 솔레노이드 밸브를 이용한 실린더 간접 자동복귀회로

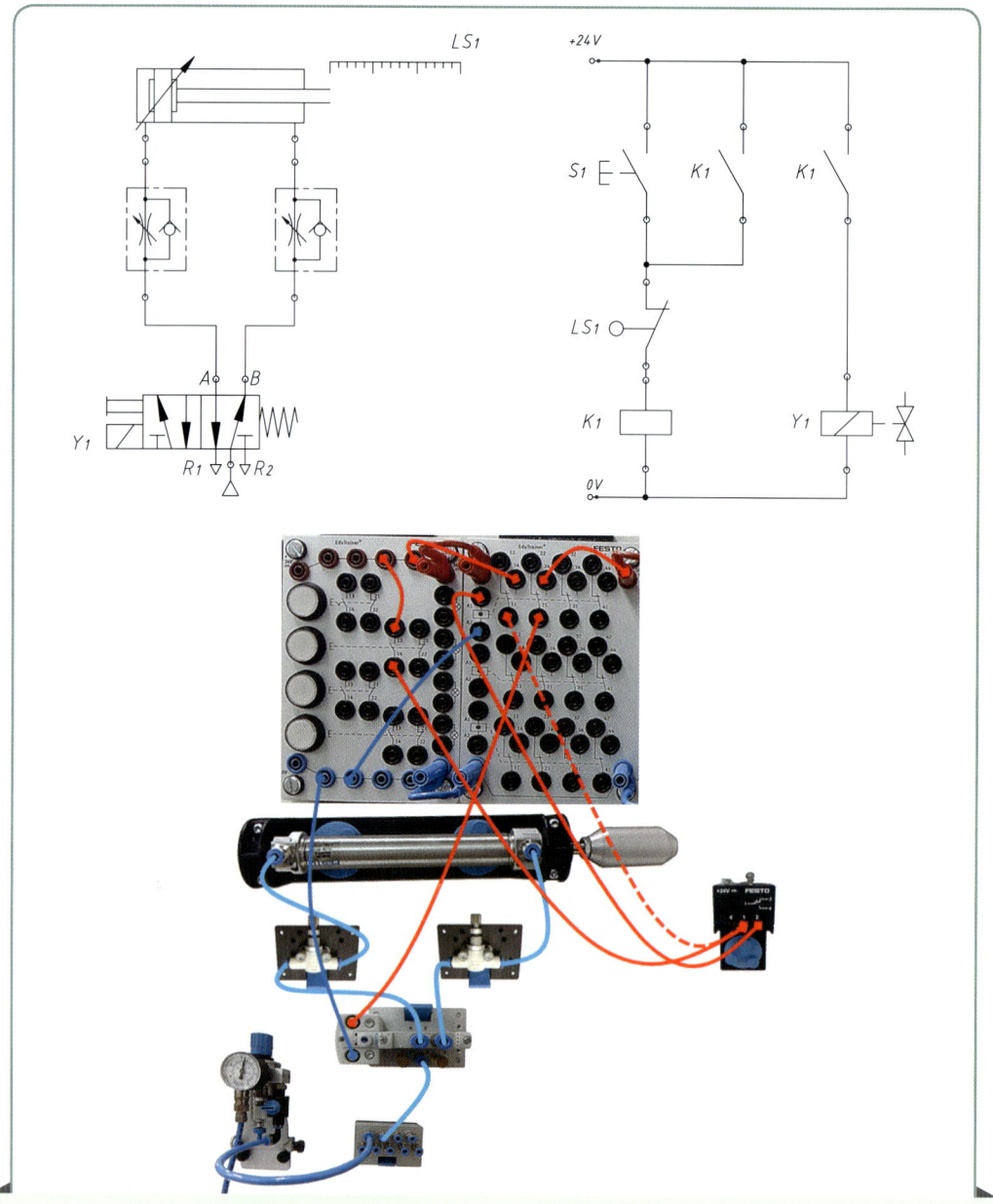

푸시버튼 스위치와 리밋 스위치에 의해서 복동 실린더를 1회 왕복 운동시킨다.
푸시버튼 S1을 누르면 리밋 스위치 정상상태 닫힘 접점을 통해 릴레이 K1이 여자되고 접점 K1이 연결되어 솔레노이드 Y1에 전기가 공급되고 실린더가 전진한다. 자기유지를 통해 실린더가 최종 위치에 도달하면 리밋 스위치를 동작시켜 LS1의 접점이 단락되어 스프링의 힘으로 밸브의 방향이 전환되어 실린더를 후진시킨다.

9 단동 솔레노이드 밸브를 이용한 실린더 자동연속 사이클회로

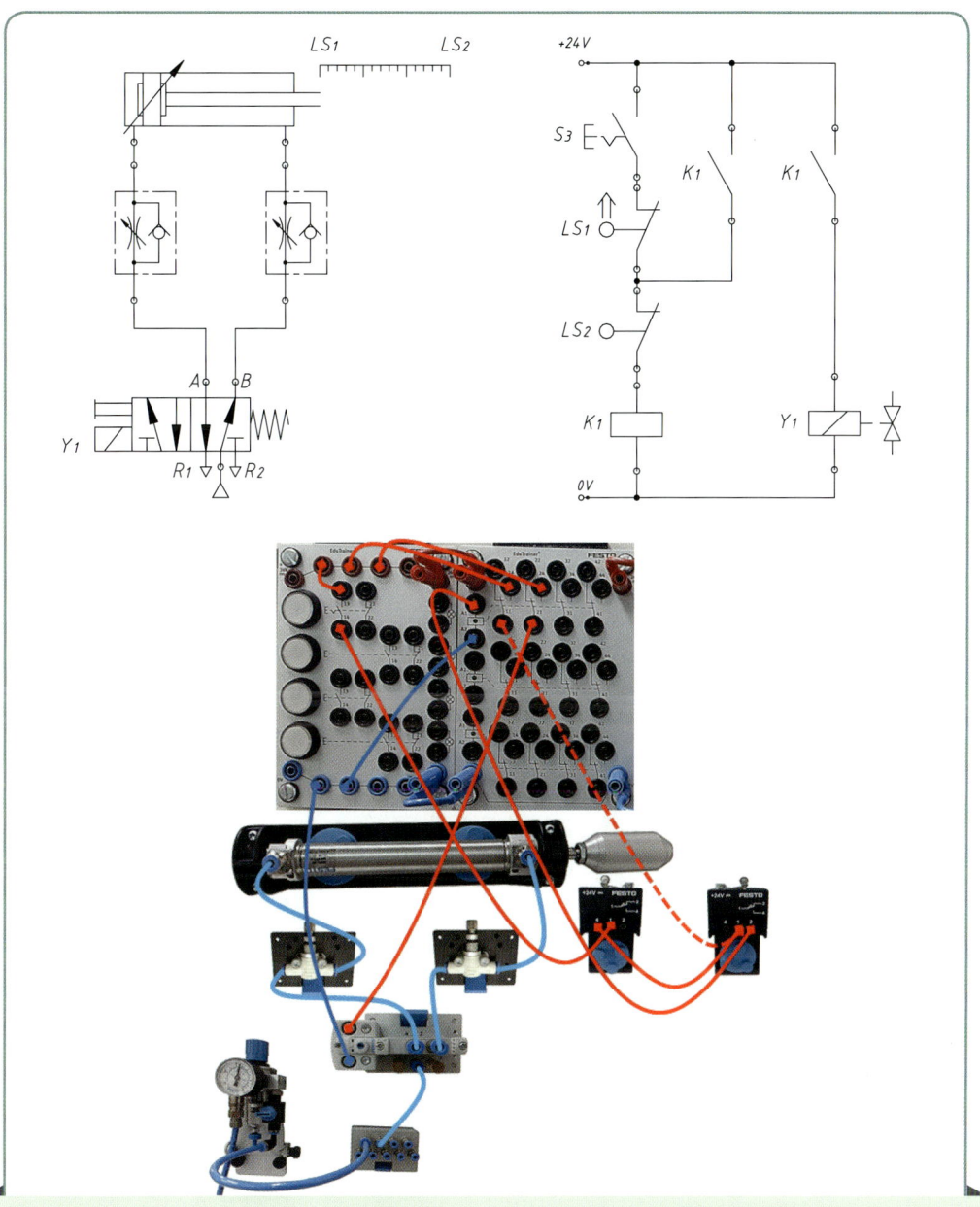

로크형 스위치와 리밋 스위치 2개를 이용하여 복동 실린더를 자동으로 연속 운동시킨다. 스위치 S3을 누르면 리밋 스위치 LS1은 접점이 연결된 상태이므로 리밋 스위치 LS2 정상상태 닫힘 접점을 통해 릴레이 K1이 여자되고 접점 K1이 연결되어 솔레노이드 Y1에 전류를 공급하여 실린더를 전진 시킨다. 실린더는 리밋 스위치 LS2를 동작시켜 릴레이 K1이 소자되고 접점 K1이 단락으로 신호가 회수되어 실린더가 복귀한다. 로크 스위치 S3의 신호가 회수될 때까지 왕복 운동을 반복한다.

❿ 단동 솔레노이드 밸브를 이용한 실린더 간접 자동왕복회로

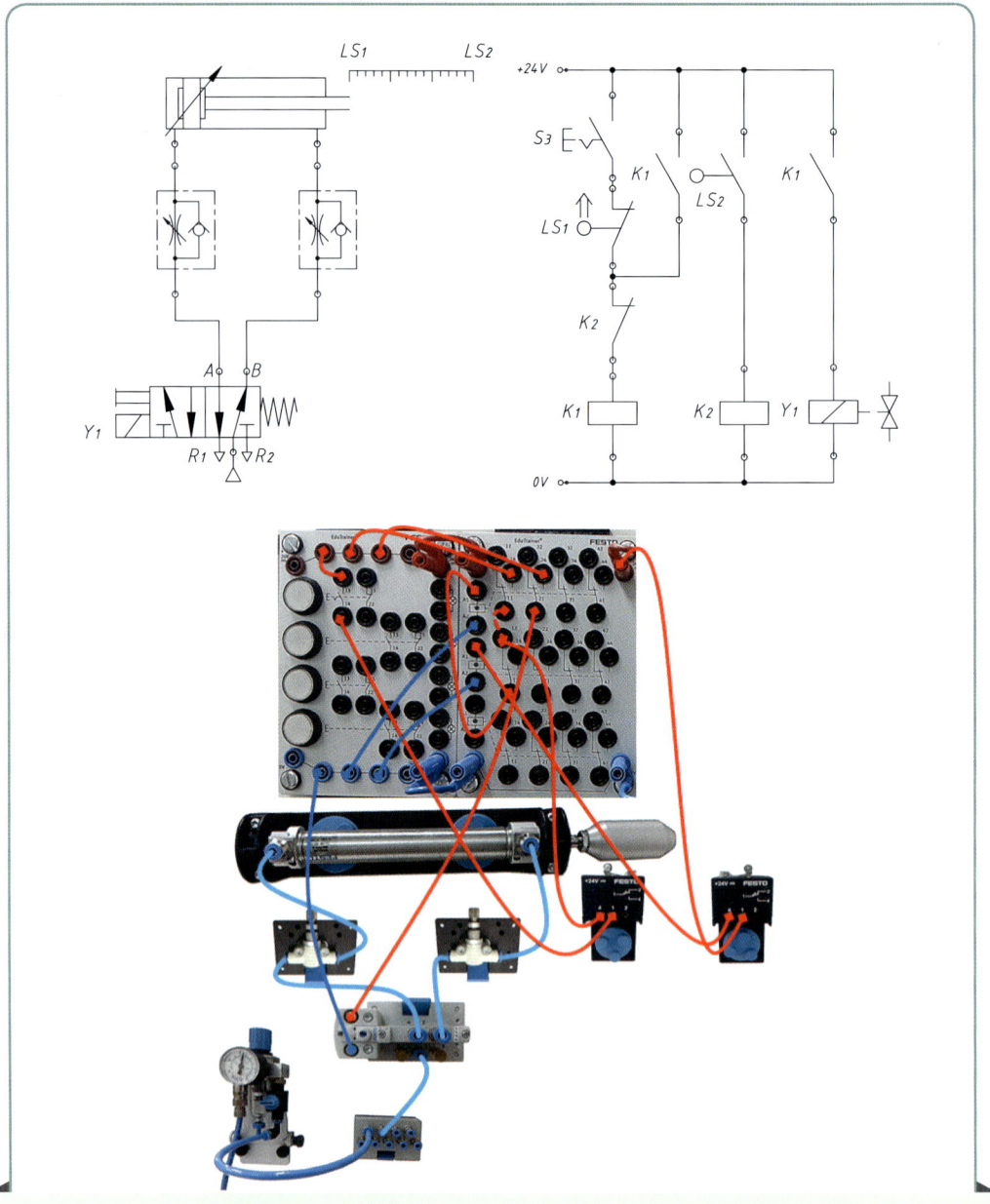

로크형 스위치와 리밋 스위치 2개를 이용하여 복동 실린더를 자동으로 왕복 운동시킨다.
스위치 S3을 누르면 리밋 스위치 LS1은 접점이 연결된 상태이므로 접점 K2 정상상태 닫힘 접점을 통해 릴레이 K1이 여자되고 접점 K1이 연결되어 솔레노이드 Y1에 전류를 공급하여 실린더를 전진시킨다. 실린더는 리밋 스위치 LS2를 동작시켜 릴레이 K2가 여자되고 접점 K2가 단락으로 신호가 회수되어 실린더가 복귀한다. 로크 스위치 S3의 신호가 회수될 때까지 왕복 운동을 반복한다.

⑪ 복동 솔레노이드 밸브를 이용한 실린더 간접 자동복귀회로

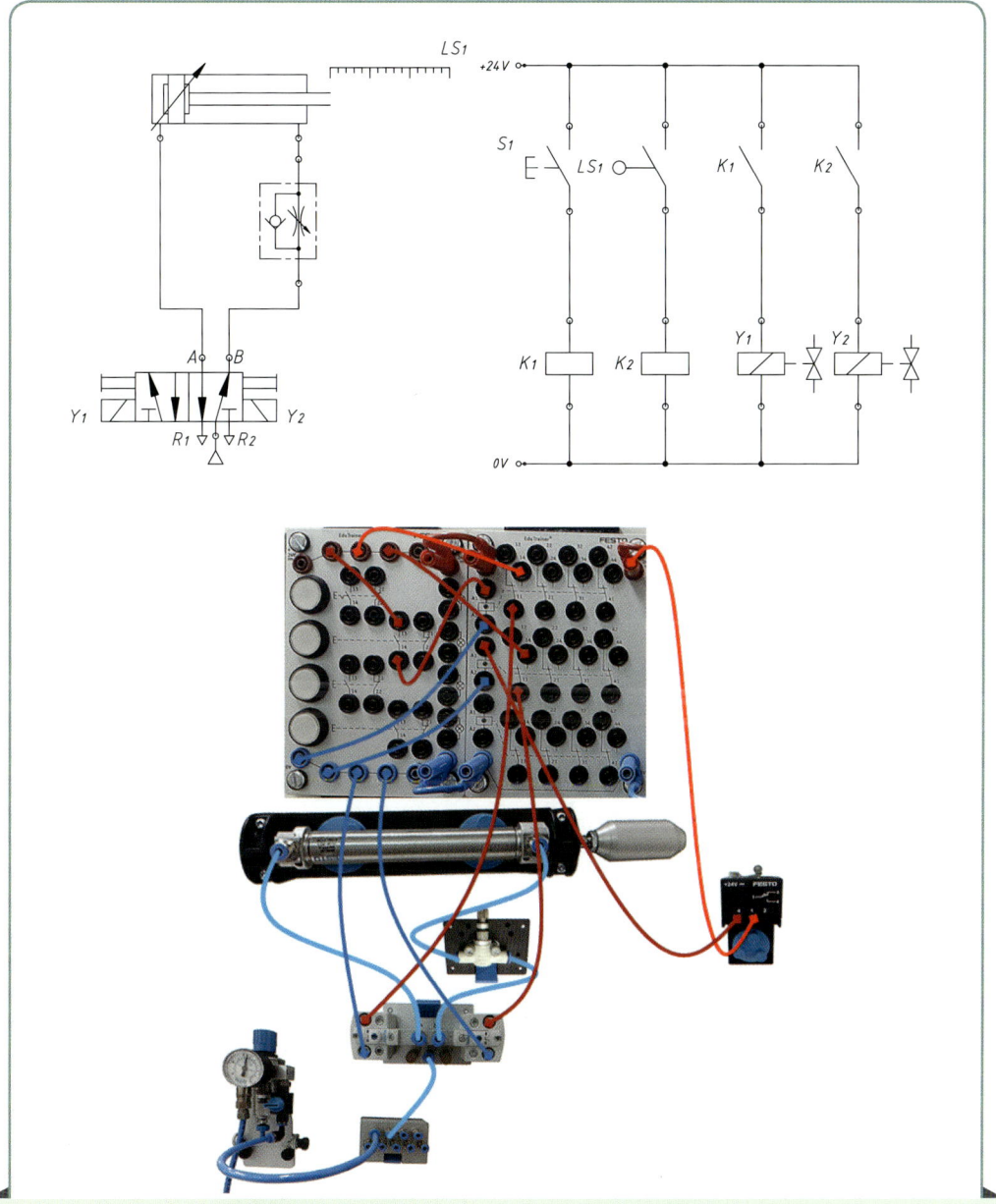

푸시버튼 스위치와 리밋 스위치에 의해서 복동 실린더를 1회 왕복 운동시킨다.
푸시버튼 S1을 누르면 릴레이 K1이 여자되고 접점 K1이 연결되어 솔레노이드 Y1에 전기가 공급되고 5/2-Way밸브는 방향이 전환된다. 이때 실린더가 전진하여 최종 위치에 도달하면 리밋 스위치를 동작시켜 LS1은 접점이 연결되어 릴레이 K2가 여자되고 접점 K2가 연결되어 솔레노이드 Y2에 전류를 공급하게 되고 밸브의 방향이 전환되어 실린더를 후진시킨다.

제1장 공유압회로 구성

12 복동 솔레노이드 밸브를 이용한 실린더 간접 자동왕복회로

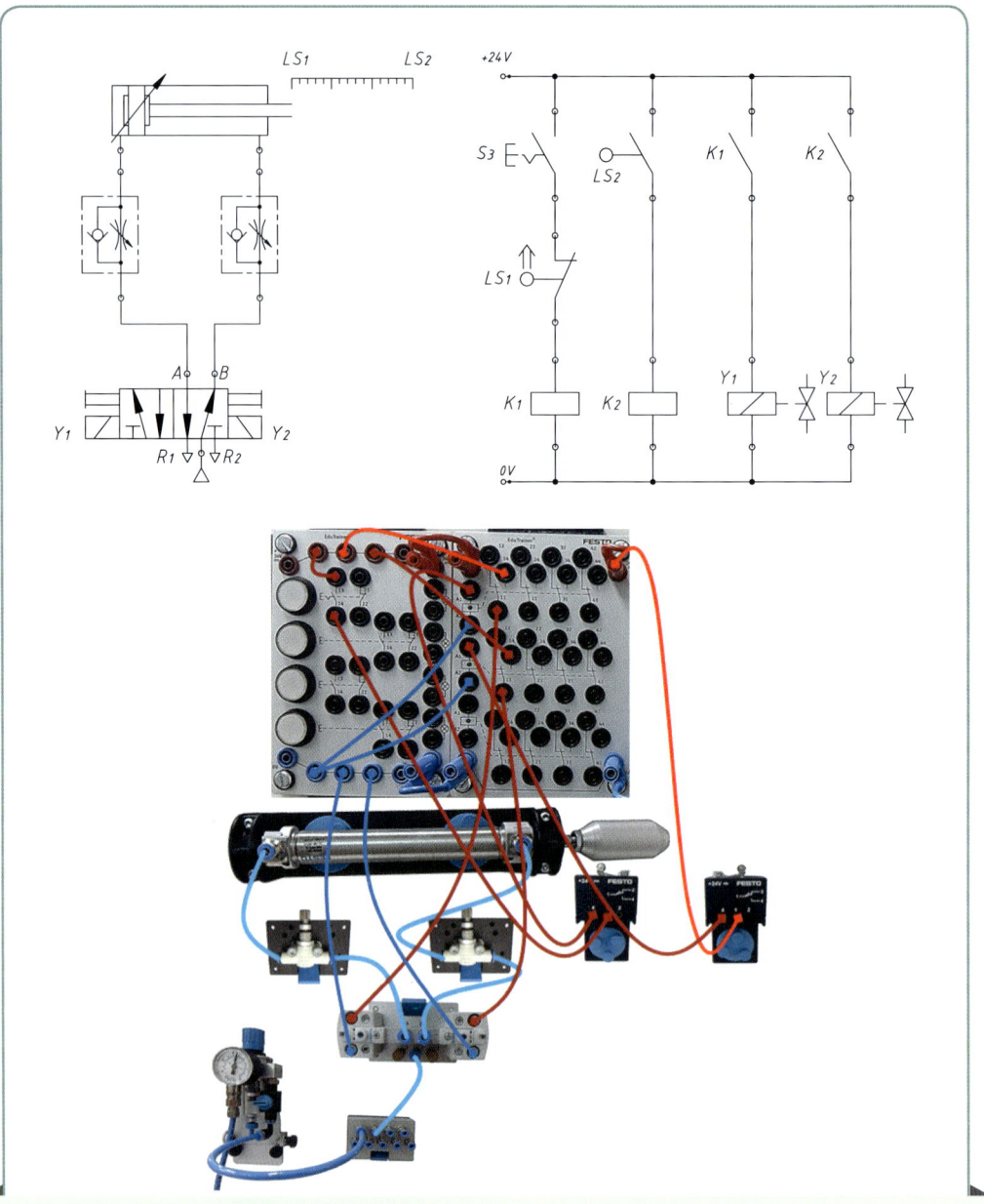

로크형 스위치와 리밋 스위치 2개를 이용하여 복동 실린더를 자동으로 왕복 운동시킨다.
스위치 S3을 누르면 리밋 스위치 LS1은 접점이 연결된 상태이므로 릴레이 K1이 여자되고 접점 K1이 연결되어 솔레노이드 Y1에 전류가 공급되면 실린더가 전진하여 LS1의 접점이 단락된다. 실린더가 전진하여 리밋 스위치 LS2를 동작시키면 릴레이 K2가 여자되고 접점 K2가 연결되어 솔레노이드 Y2에 전류를 공급하여 실린더를 후진시킨다. 로크 스위치 S3의 신호가 회수될 때까지 왕복 운동을 반복한다.

⑬ 단동 솔레노이드 밸브를 이용한 자동단속/연속 사이클회로

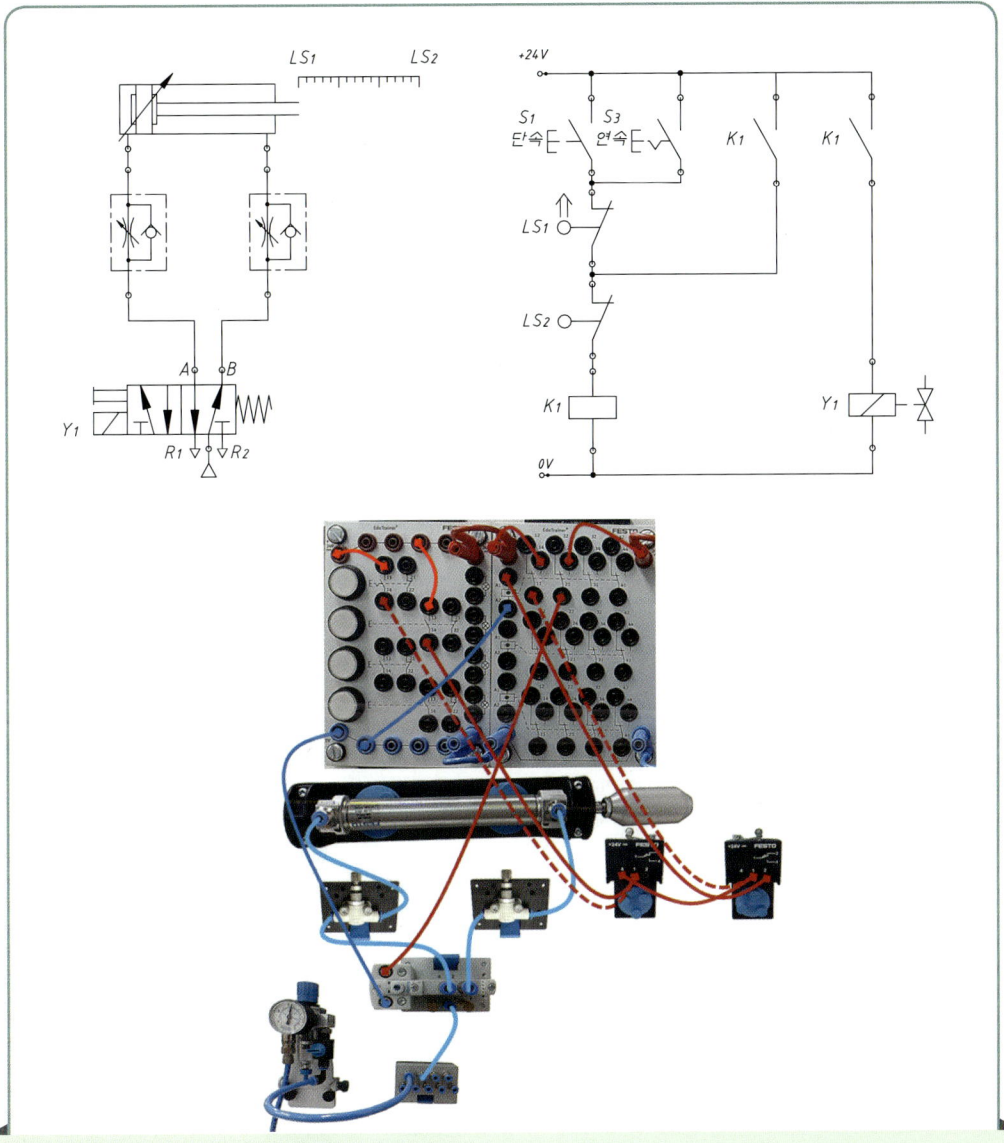

푸시버튼형 스위치와 리밋 스위치 2개를 이용하여 복동 실린더를 자동으로 왕복 운동시킨다. 로크형 스위치를 동작시키면 복동 실린더를 자동으로 연속 왕복 운동시킨다.
스위치S1 누르면 릴레이 K1이 여자되고 접점 K1이 연결되어 솔레노이드 Y1에 전류가 공급되면 실린더가 전진한다. 자기 유지를 통해 실린더가 최종 위치에 도달하면 리밋 스위치 LS2의 접점이 단락된다. 이때 릴레이 K1이 소자되고 접점 K1신호가 단락되어 솔레노이드 Y1에 신호가 회수되며 스프링의 힘으로 밸브의 방향이 전환되어 실린더를 후진시킨다. 로크 스위치 S3 누르면 신호가 회수될 때까지 연속 왕복 운동을 반복한다.

14 복동 솔레노이드 밸브를 이용한 자동단속/연속 사이클회로

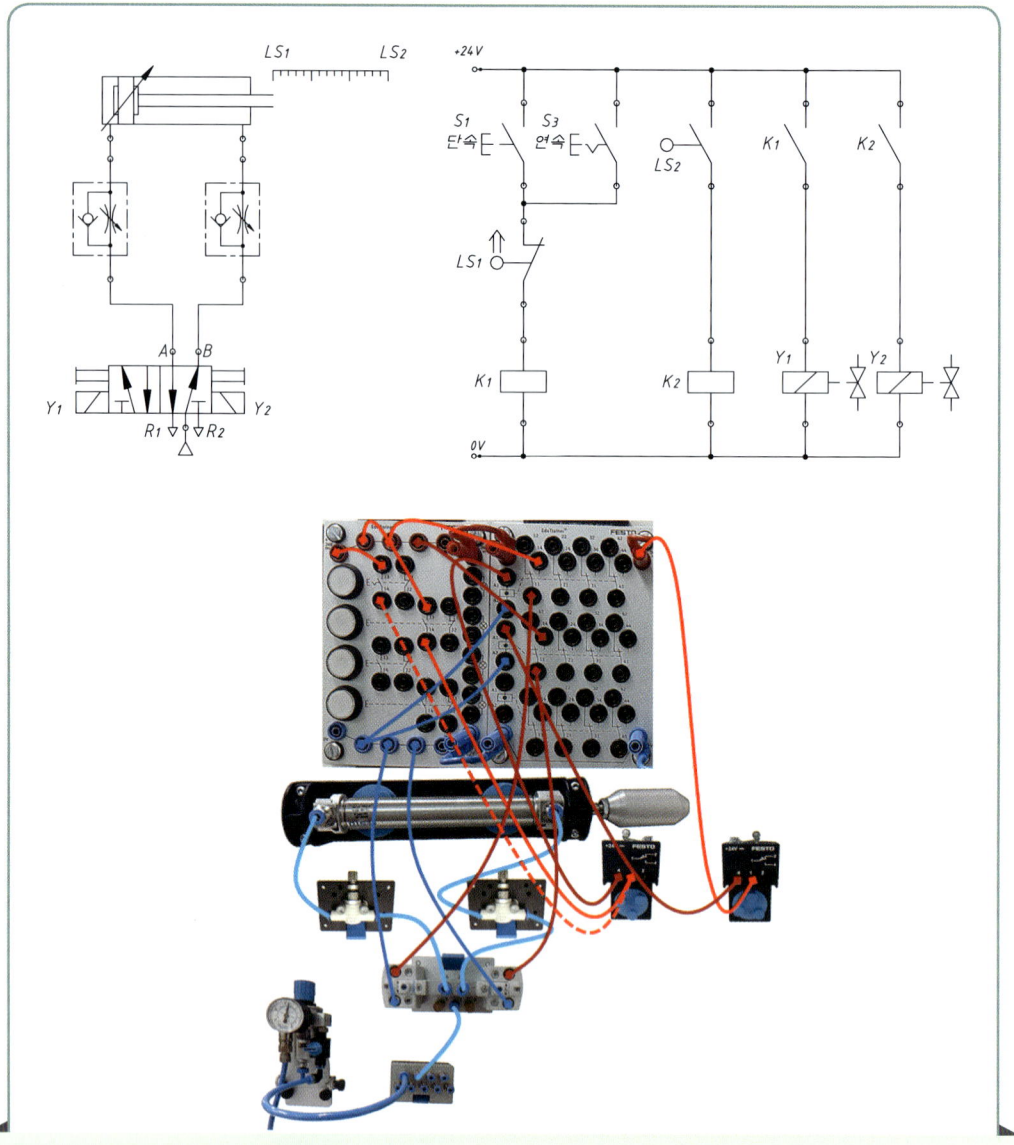

푸시버튼형 스위치, 로크형 스위치와 리밋 스위치 2개를 이용하여 복동 실린더를 자동으로 왕복운동시킨다.

스위치 S1 또는 S3을 누르면 리밋 스위치 LS1은 접점이 연결된 상태이므로 릴레이 K1이 여자되고 접점 K1이 연결되어 솔레노이드 Y1에 전류가 공급되면 실린더가 전진하여 LS1의 접점이 단락된다. 실린더가 전진하여 리밋 스위치 LS2를 동작시키면 릴레이 K2가 여자되고 접점 K2가 연결되어 솔레노이드 Y2에 전류를 공급하여 실린더를 후진시킨다. 연속 동작 시 로크 스위치 S3의 신호가 회수될 때까지 왕복 운동을 반복한다.

VI. 공압회로의 과제

1. 전기공압 1과제

| 자격종목 | 기계정비산업기사 | 과제명 | 공압회로구성 및 조립작업 | 척도 | NS |

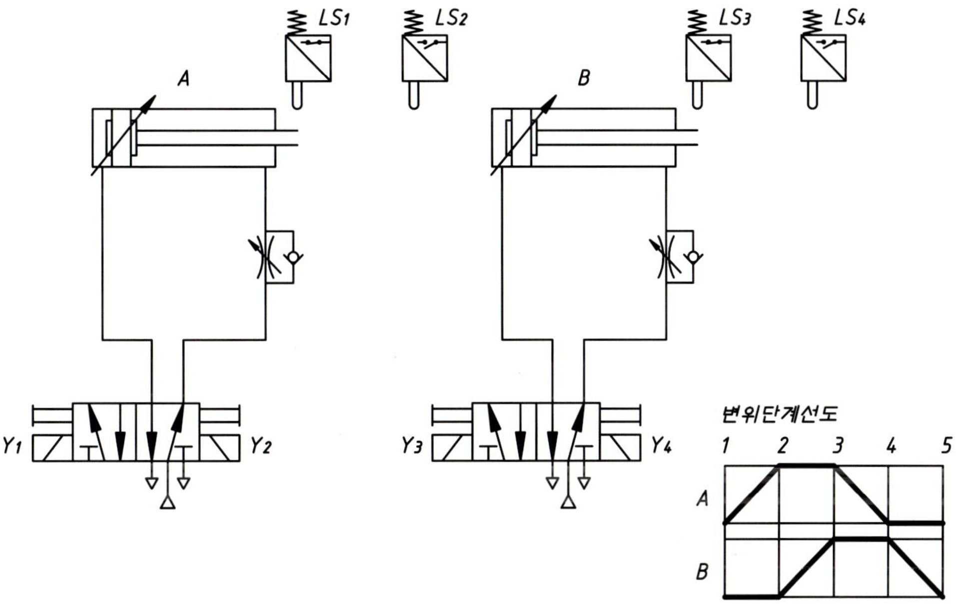

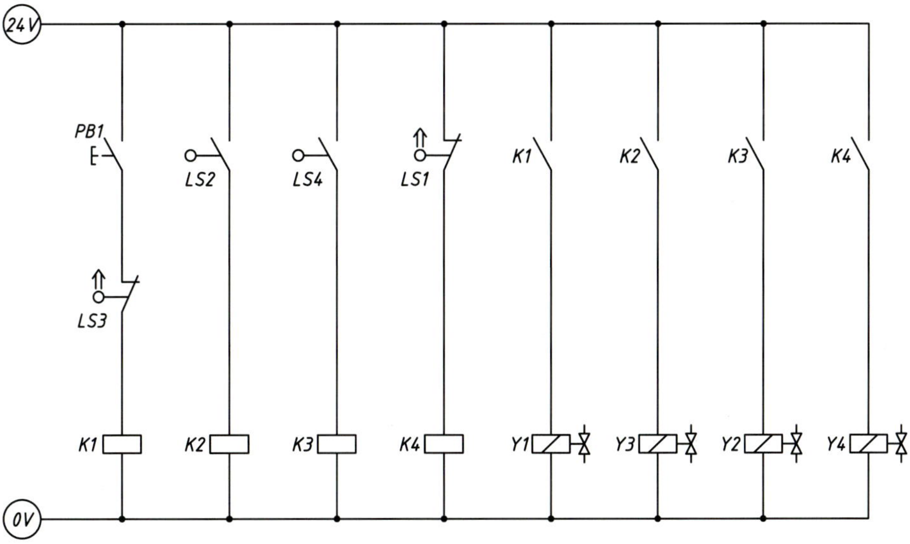

1-1 제1과제 공압 배관

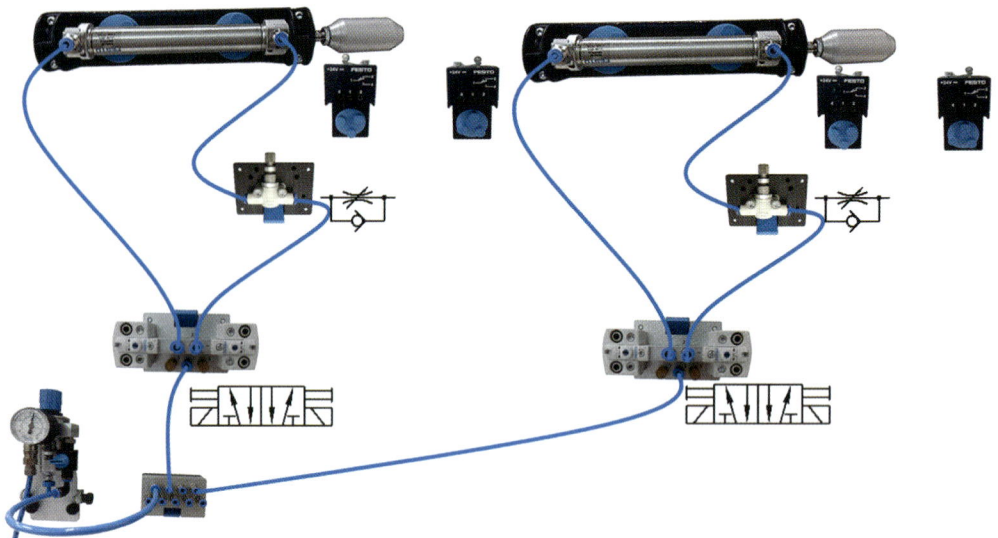

② 전기공압 2과제

| 자격종목 | 기계정비산업기사 | 과제명 | 공압회로구성 및 조립작업 | 척도 | NS |

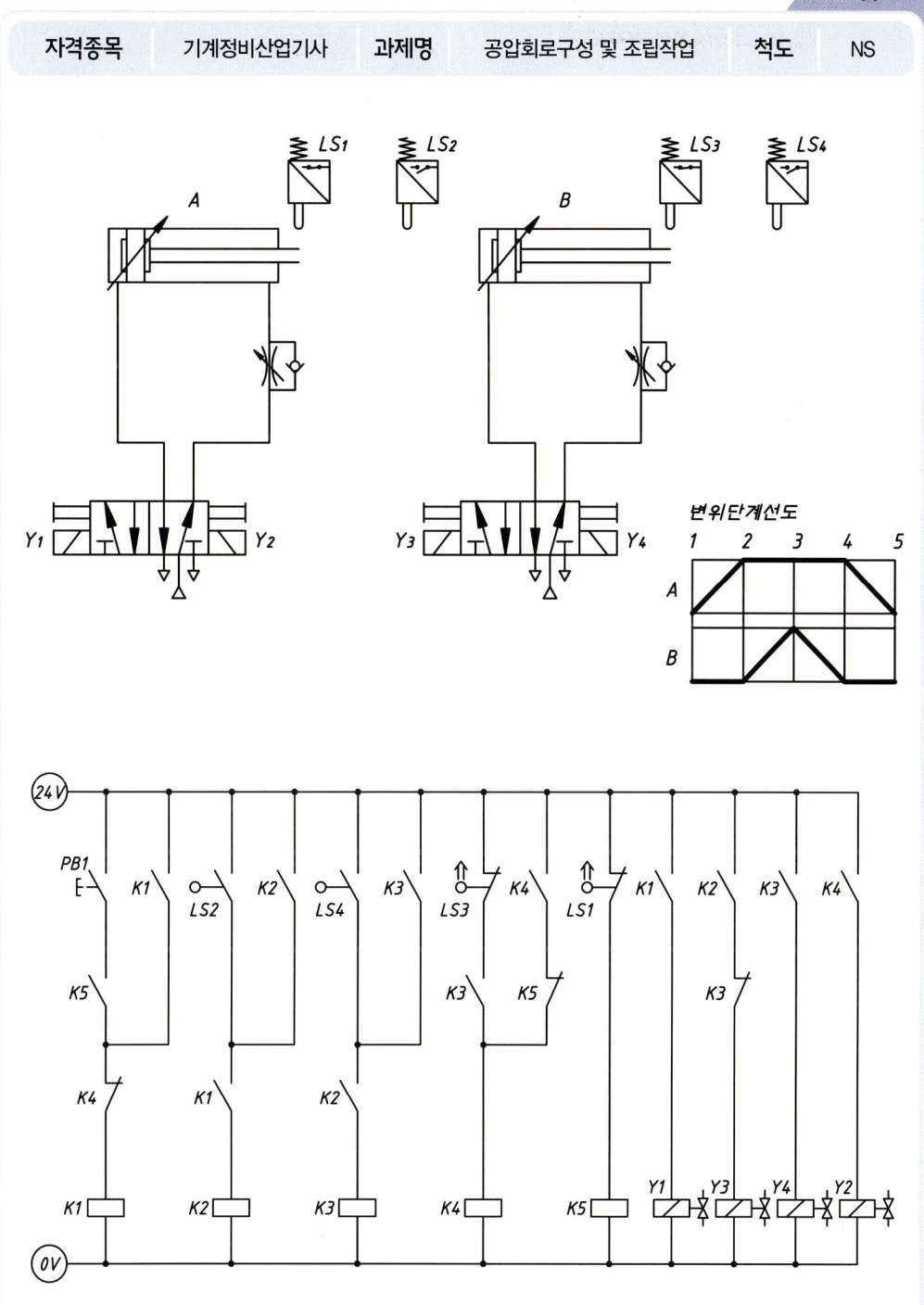

2-1 제2과제 공압 배관

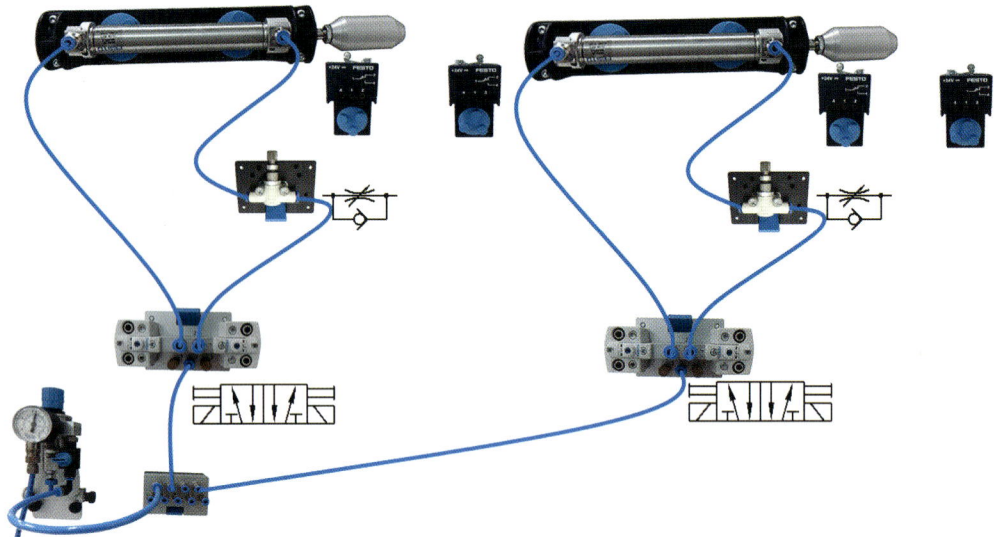

3 전기공압 3과제

| 자격종목 | 기계정비산업기사 | 과제명 | 공압회로구성 및 조립작업 | 척도 | NS |

제1장 공유압회로 구성

3-1 제3과제 공압 배관

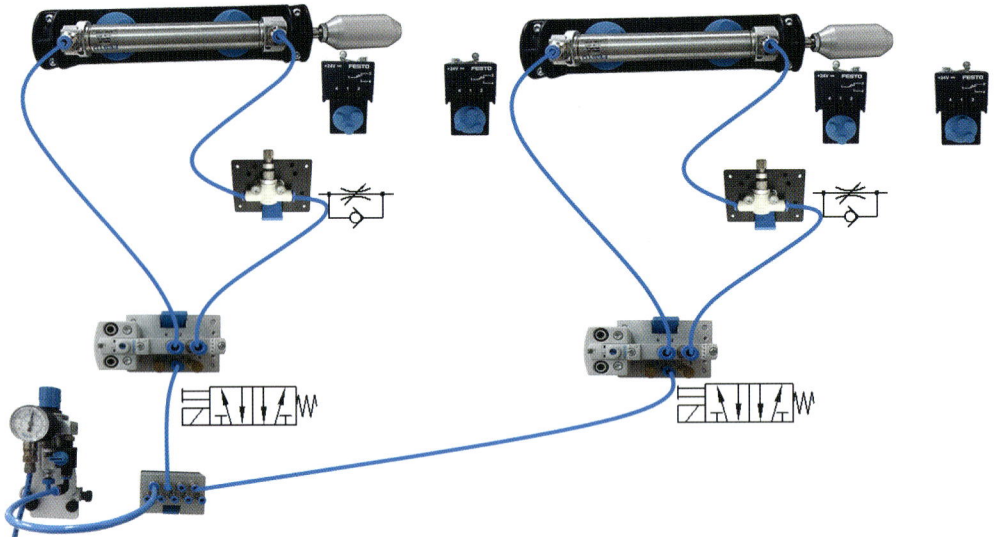

4 전기공압 4과제

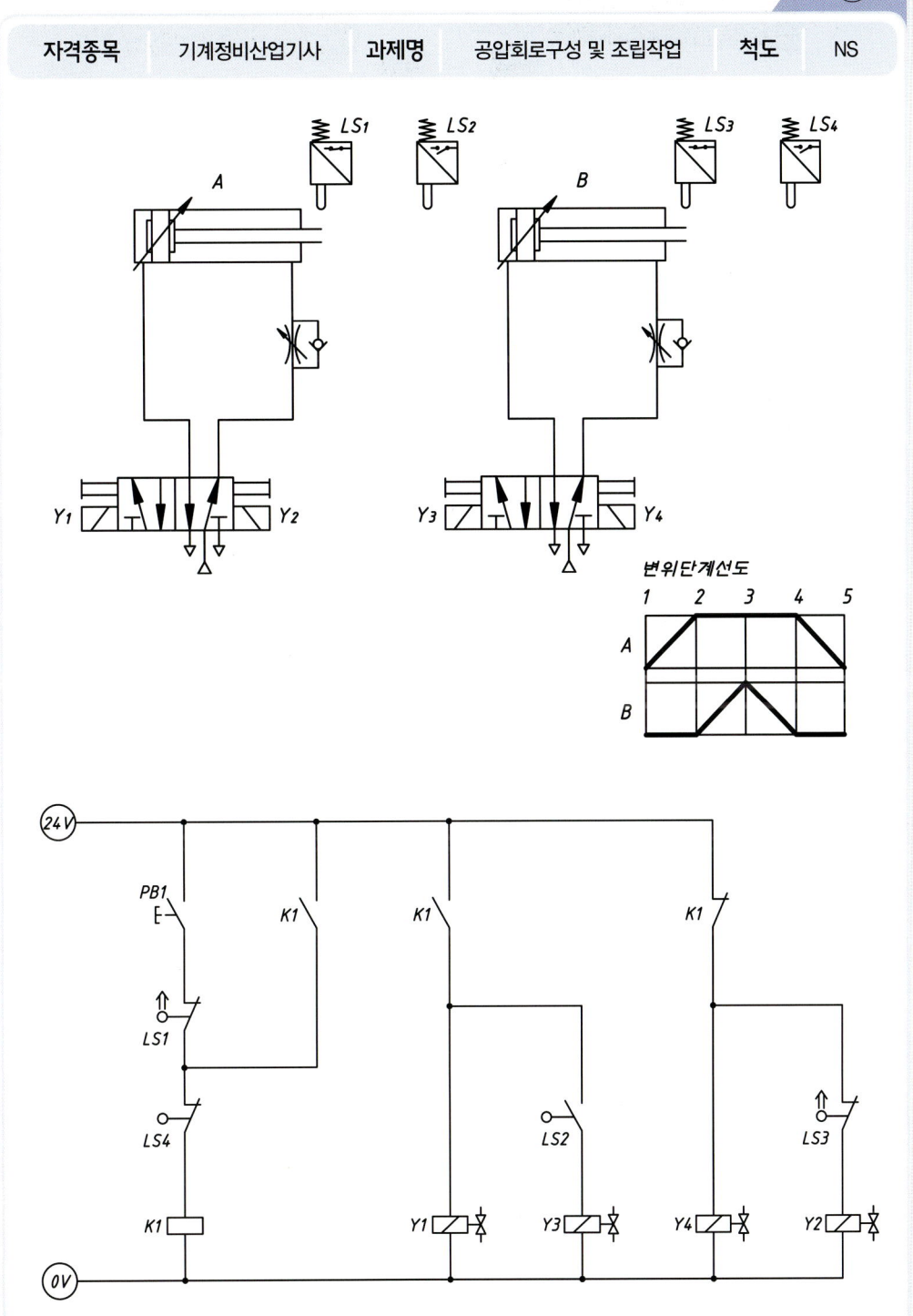

4-1 제4과제 공압 배관

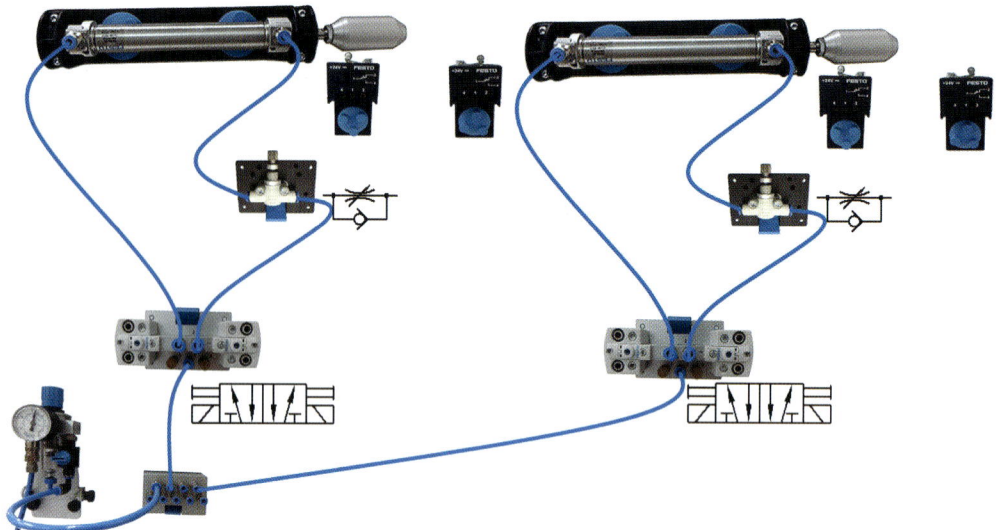

5 전기공압 5과제

| 자격종목 | 기계정비산업기사 | 과제명 | 공압회로구성 및 조립작업 | 척도 | NS |

5-1 제5과제 공압 배관

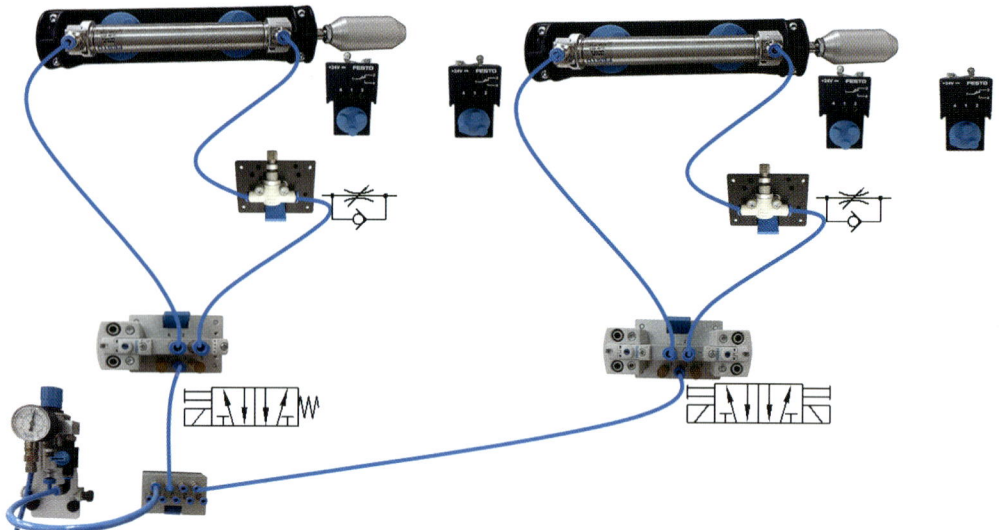

6 전기공압 6과제

자격종목	기계정비산업기사	과제명	공압회로구성 및 조립작업	척도	NS

변위단계선도

6-1 제6과제 공압 배관

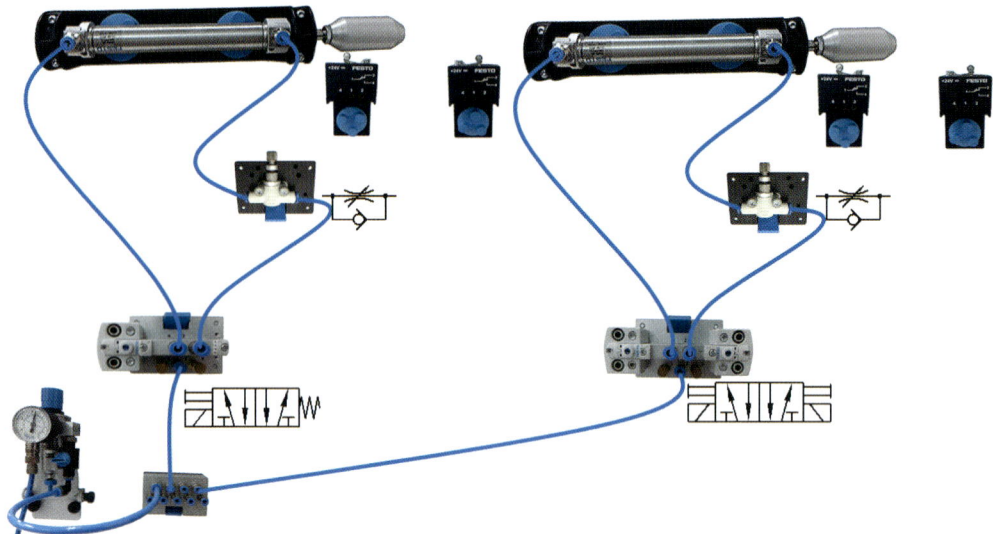

7 전기공압 7과제

자격종목	기계정비산업기사	과제명	공압회로구성 및 조립작업	척도	NS

제1장 공유압회로 구성

7-1 제7과제 공압 배관

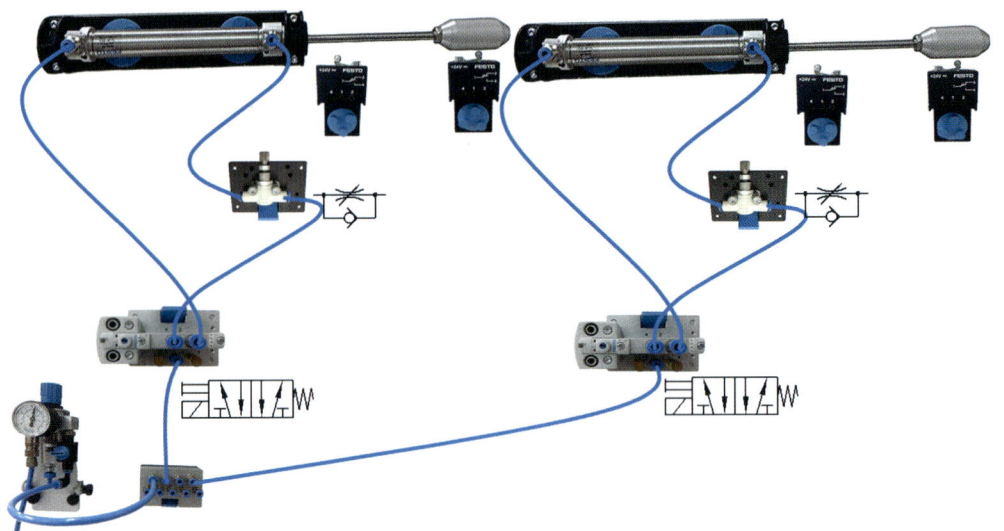

8 전기공압 8과제

| 자격종목 | 기계정비산업기사 | 과제명 | 공압회로구성 및 조립작업 | 척도 | NS |

8-1 제8과제 공압 배관

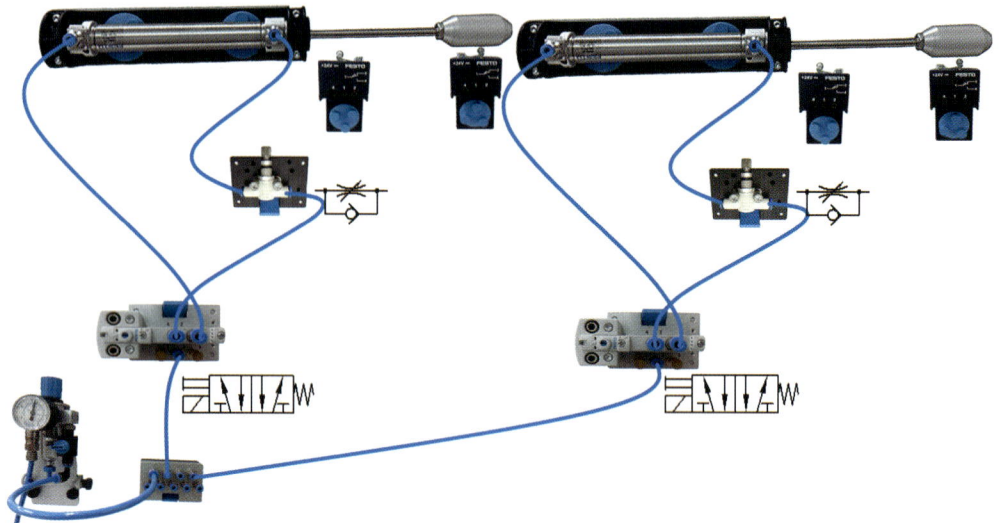

9 전기공압 9과제

| 자격종목 | 기계정비산업기사 | 과제명 | 공압회로구성 및 조립작업 | 척도 | NS |

제1장 공유압회로 구성

9-1 제9과제 공압 배관

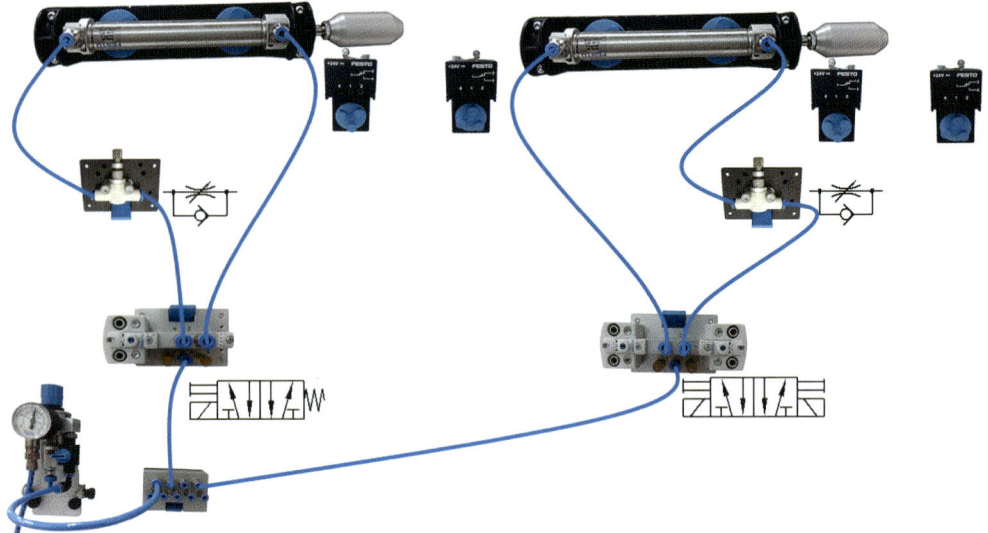

⑩ 전기공압 10과제

| 자격종목 | 기계정비산업기사 | 과제명 | 공압회로구성 및 조립작업 | 척도 | NS |

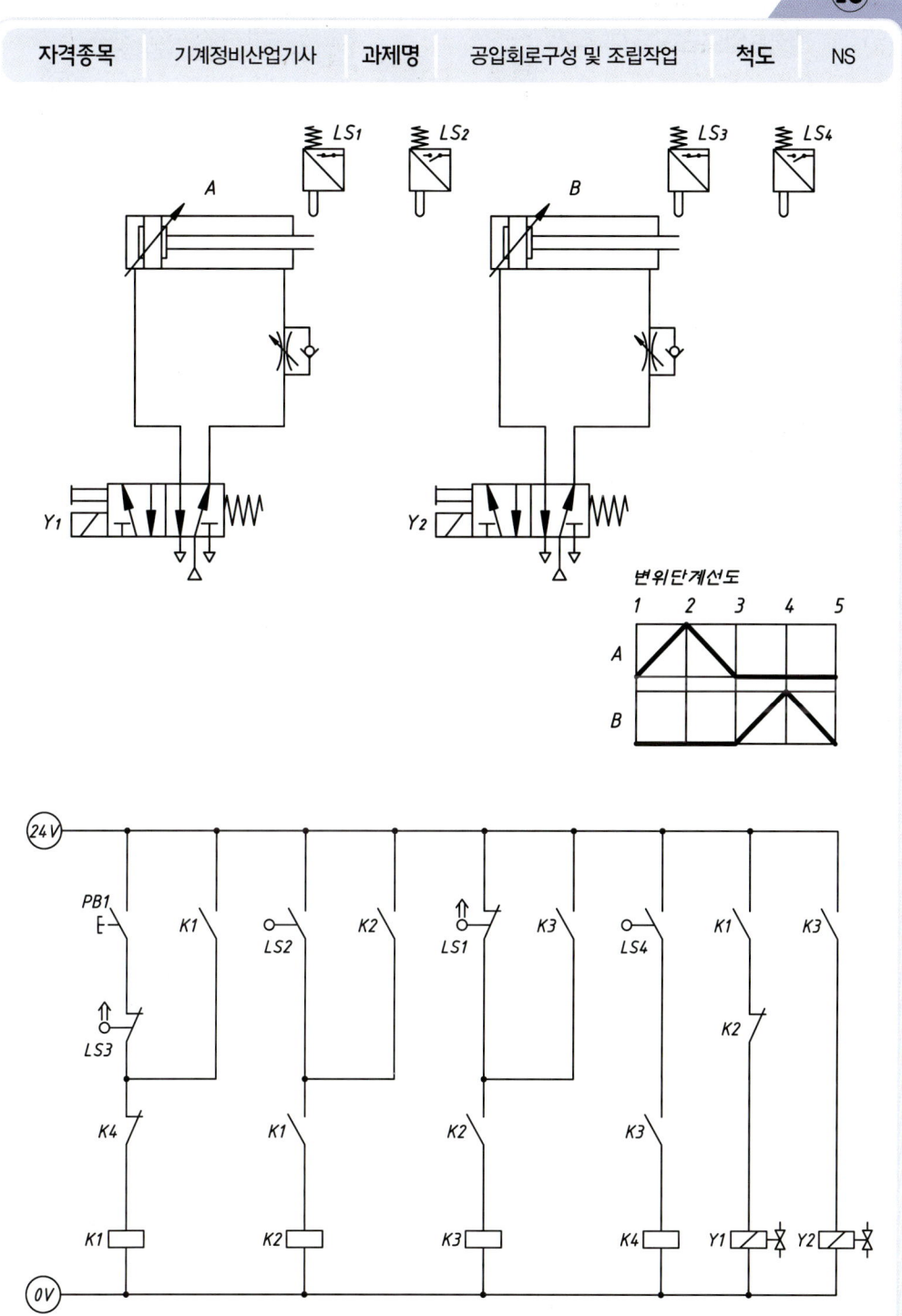

10-1 제10과제 공압 배관

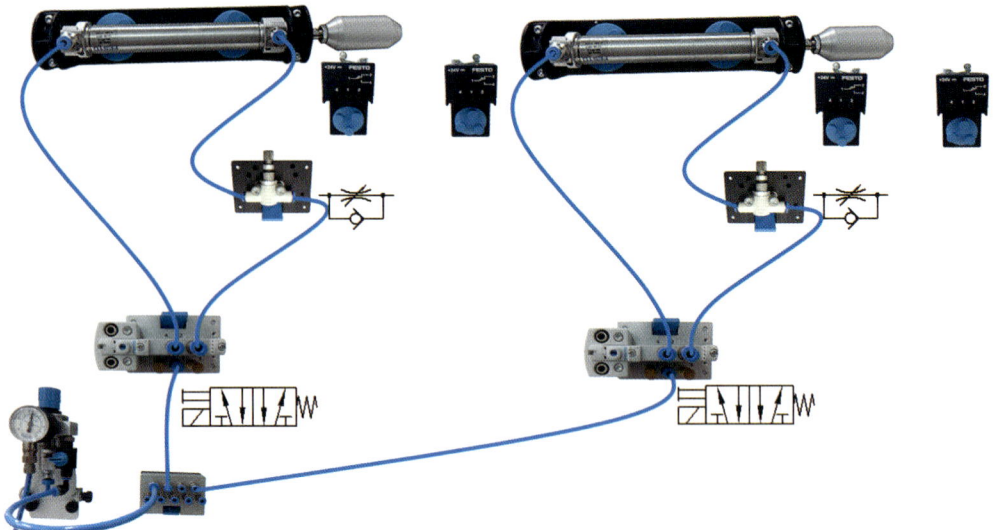

11 전기공압 11과제

| 자격종목 | 기계정비산업기사 | 과제명 | 공압회로구성 및 조립작업 | 척도 | NS |

11-1 제11과제 공압 배관

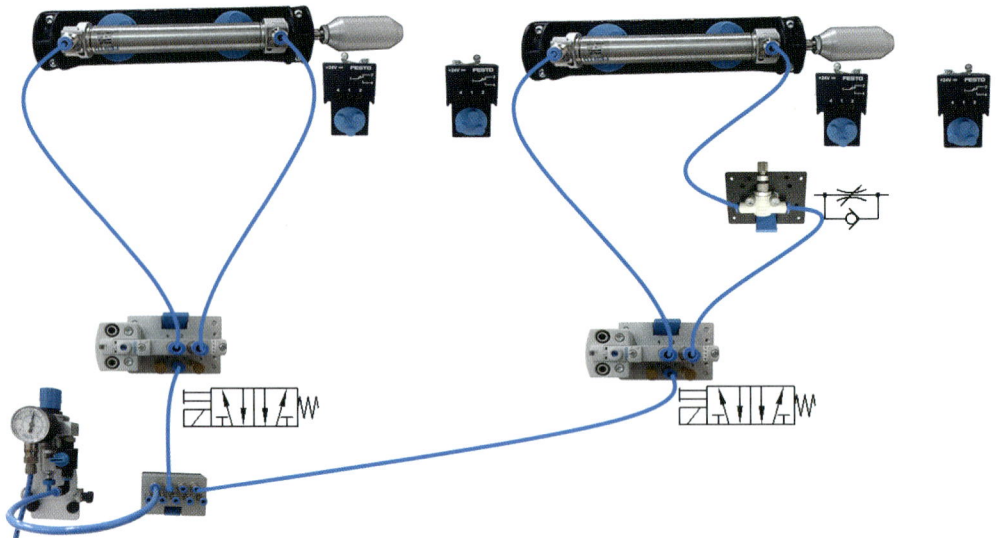

12 전기공압 12과제

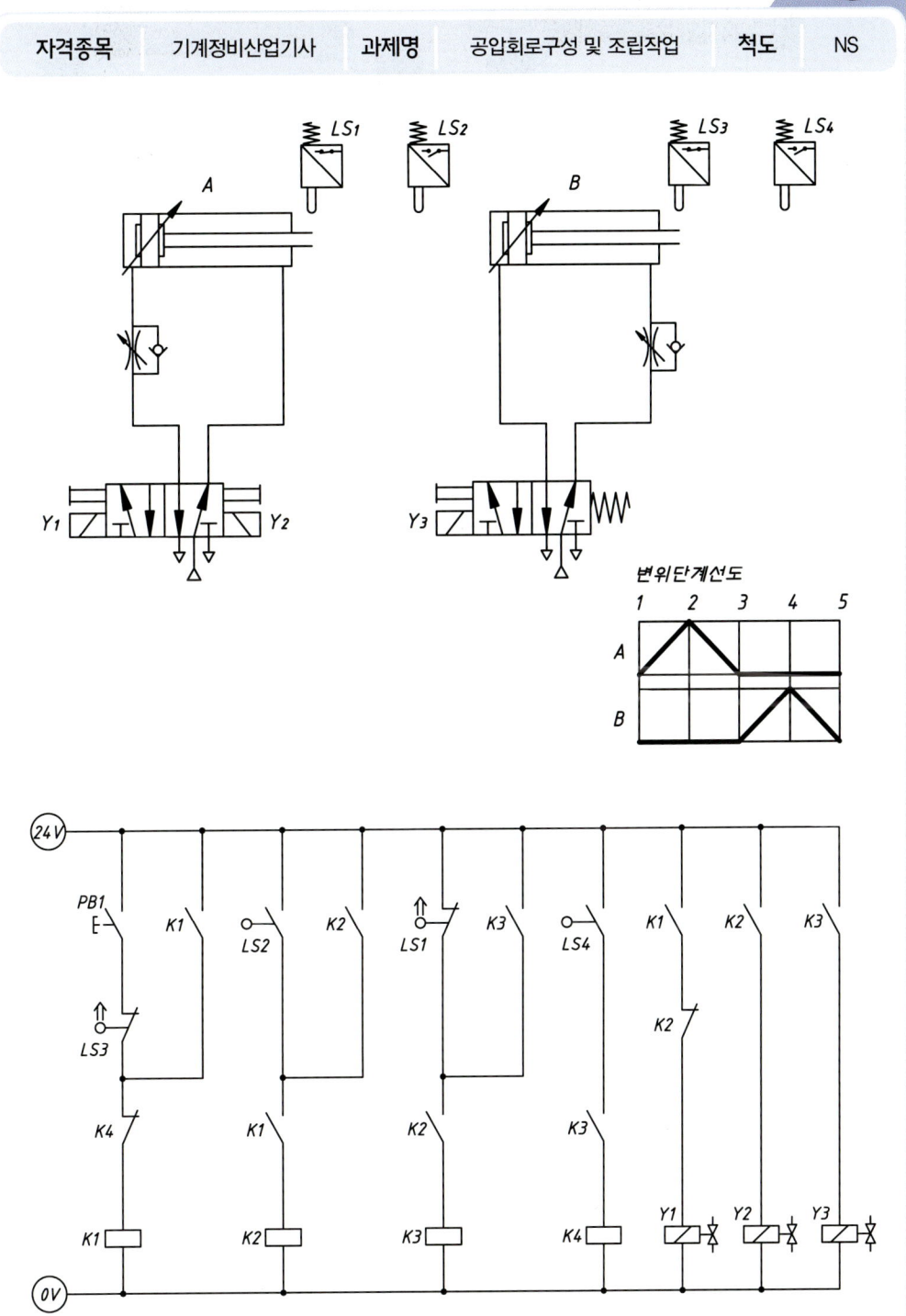

12-1 제12과제 공압 배관

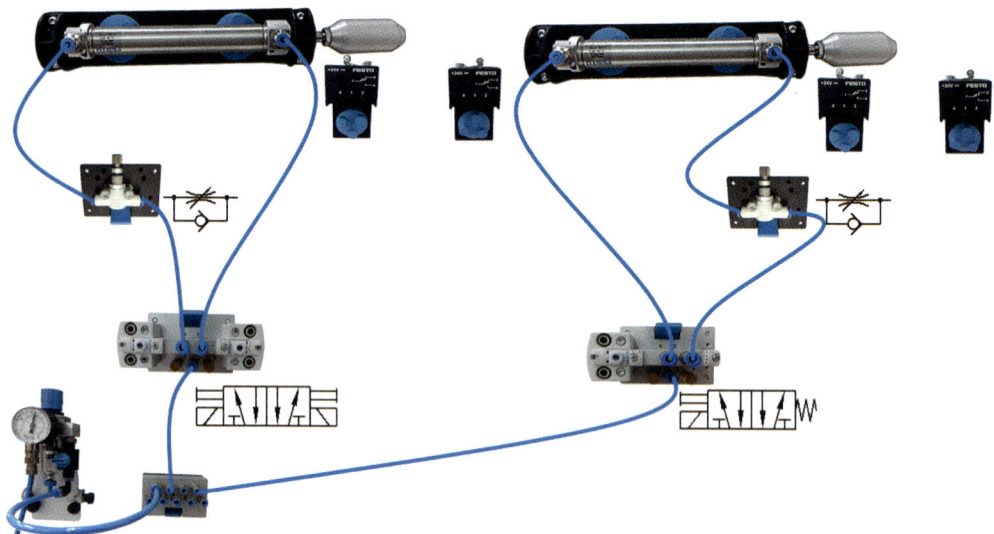

13 전기공압 13과제

| 자격종목 | 기계정비산업기사 | 과제명 | 공압회로구성 및 조립작업 | 척도 | NS |

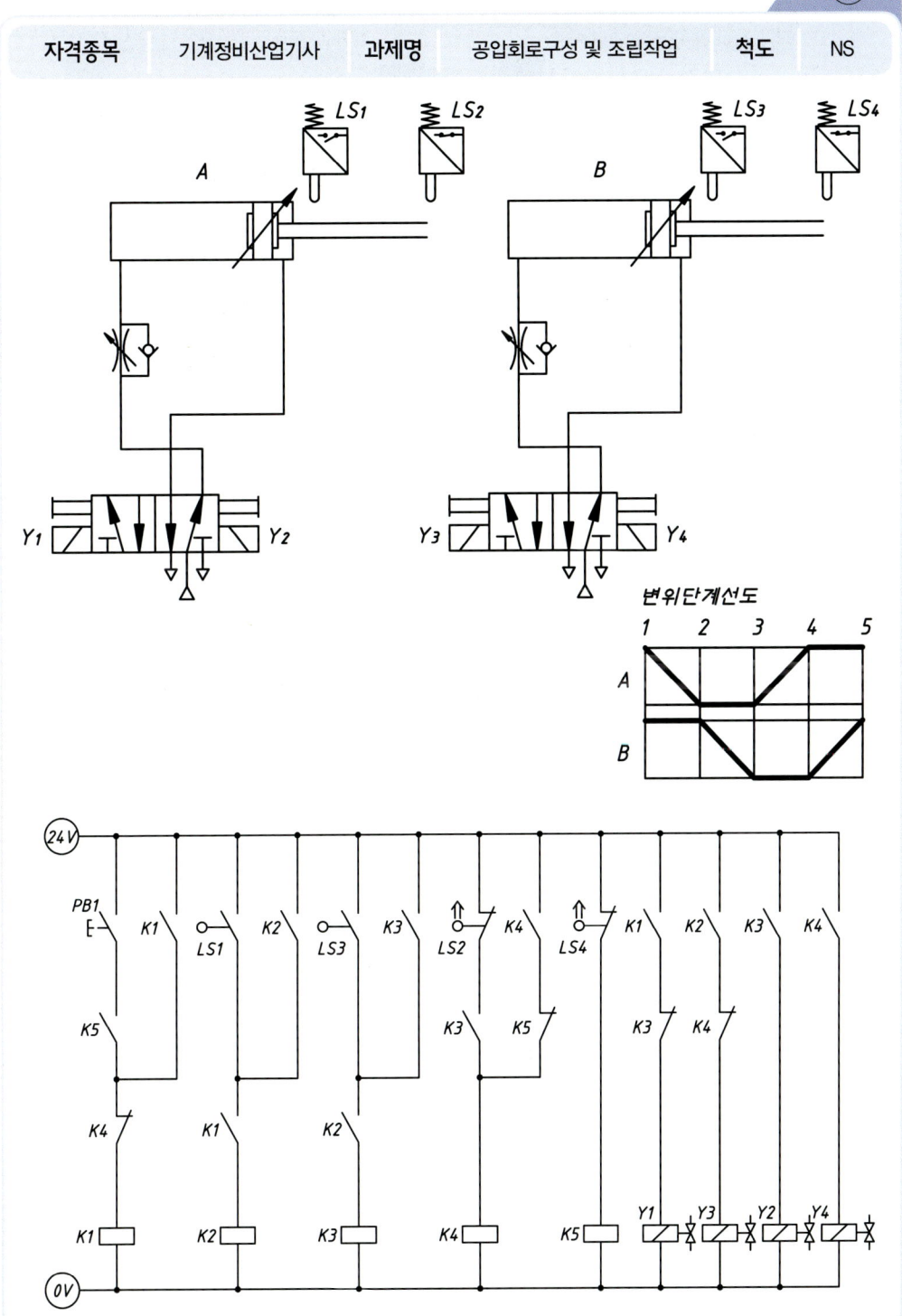

13-1 제13과제 공압 배관

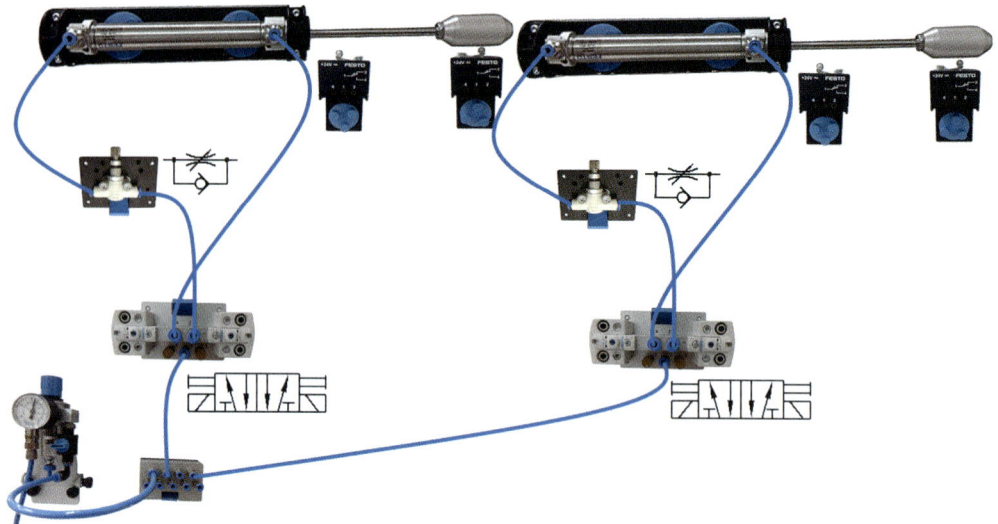

14 전기공압 14과제

| 자격종목 | 기계정비산업기사 | 과제명 | 공압회로구성 및 조립작업 | 척도 | NS |

14-1 제14과제 공압 배관

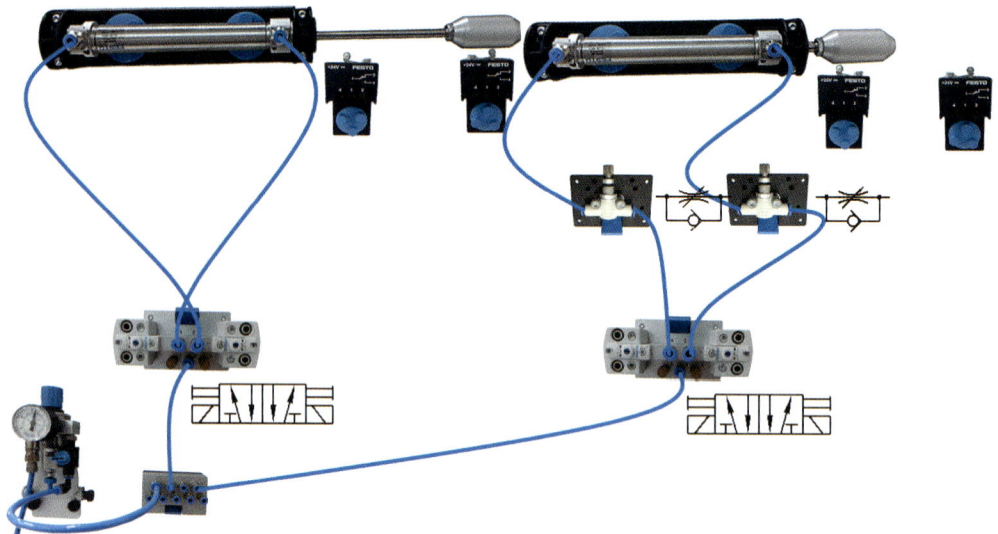

15 전기공압 15과제

자격종목	기계정비산업기사	과제명	공압회로구성 및 조립작업	척도	NS

변위단계선도

15-1 제15과제 공압 배관

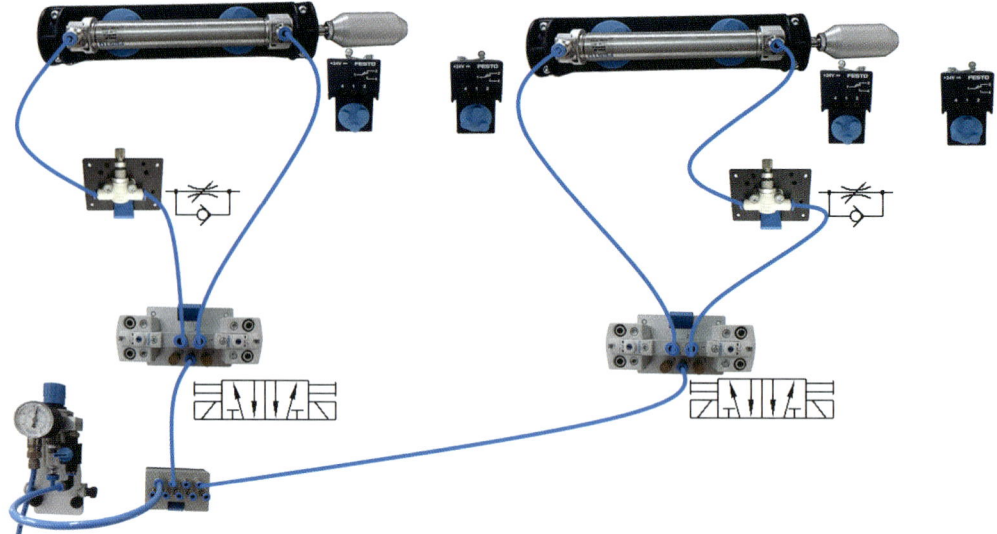

⑯ 전기공압 16과제

자격종목	기계정비산업기사	과제명	공압회로구성 및 조립작업	척도	NS

제1장 공유압회로 구성

16-1 제16과제 공압 배관

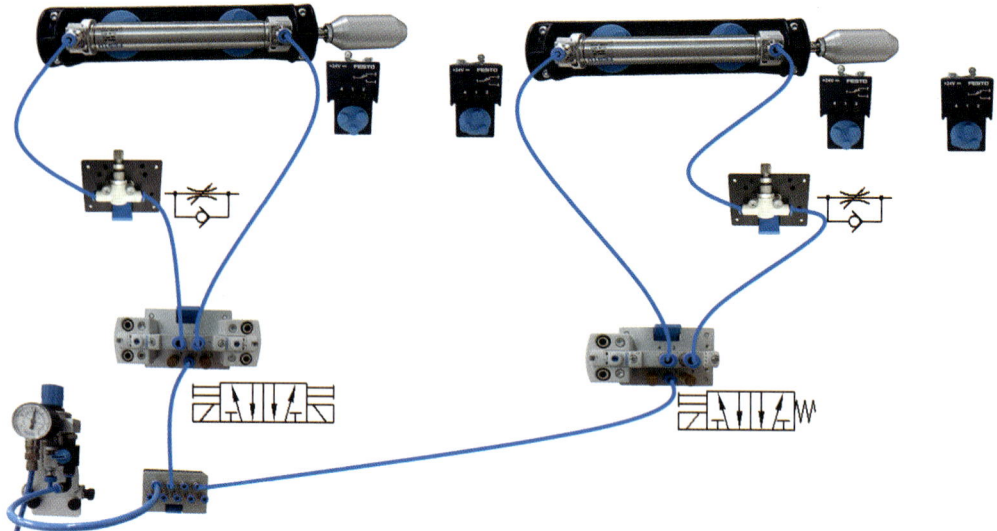

17 전기공압 17과제

| 자격종목 | 기계정비산업기사 | 과제명 | 공압회로구성 및 조립작업 | 척도 | NS |

17-1 제17과제 공압 배관

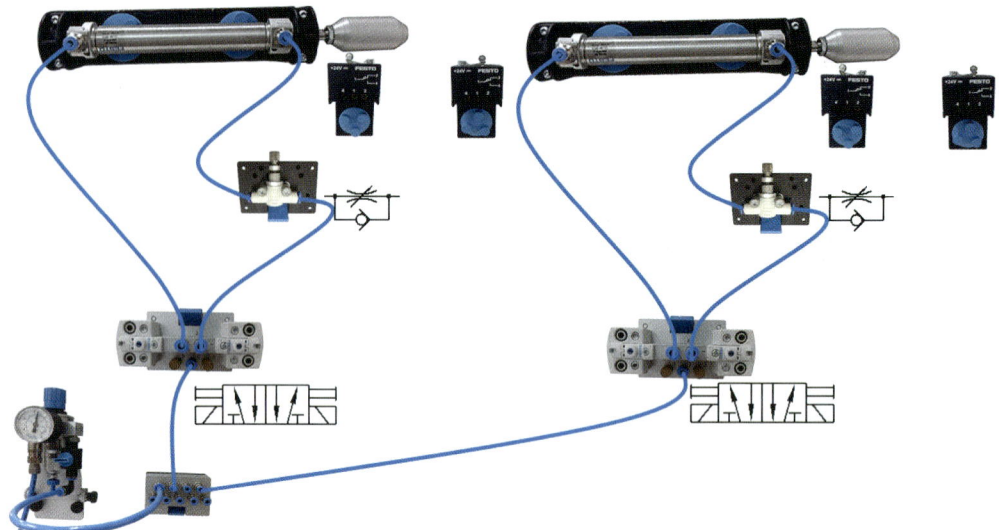

18 전기공압 18과제

자격종목	기계정비산업기사	과제명	공압회로구성 및 조립작업	척도	NS

제1장 공유압회로 구성

18-1 제18과제 공압 배관

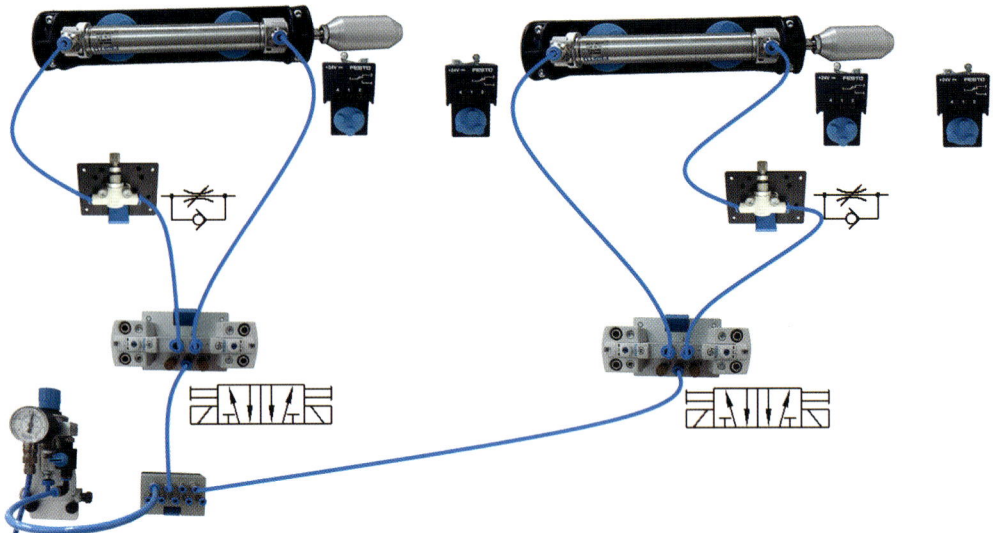

⑲ 전기공압 19과제

| 자격종목 | 기계정비산업기사 | 과제명 | 공압회로구성 및 조립작업 | 척도 | NS |

제1장 공유압회로 구성

19-1 제19과제 공압 배관

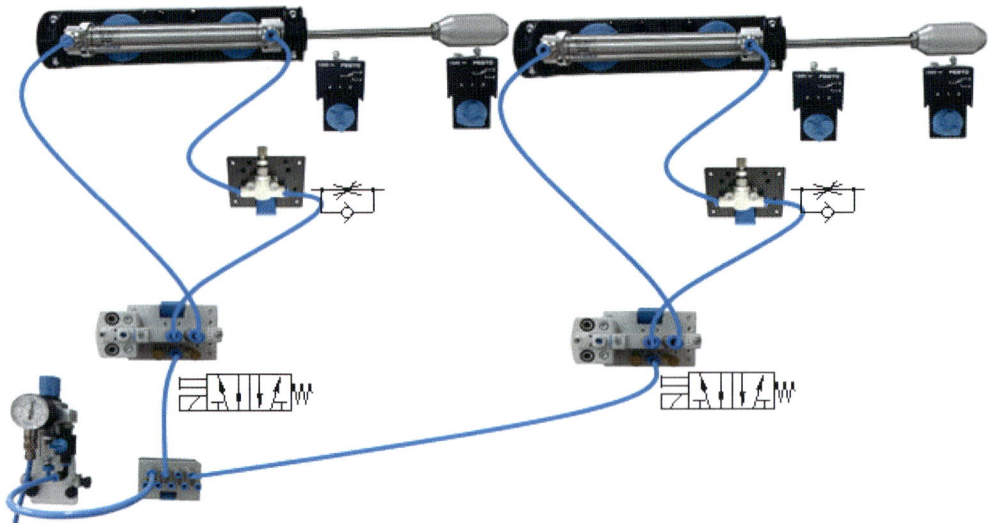

20 전기공압 20과제

자격종목	기계정비산업기사	과제명	공압회로구성 및 조립작업	척도	NS

제1장 공유압회로 구성

20-1 제20과제 공압 배관

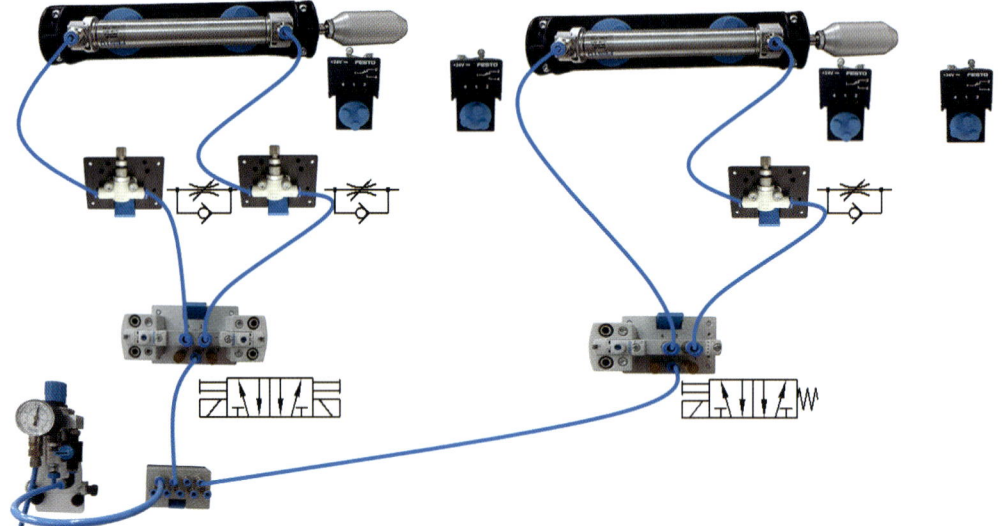

Ⅶ 유압회로의 과제

1 전기유압 1과제

| 자격종목 | 기계정비산업기사 | 과제명 | 유압회로구성 및 조립작업 | 척도 | NS |

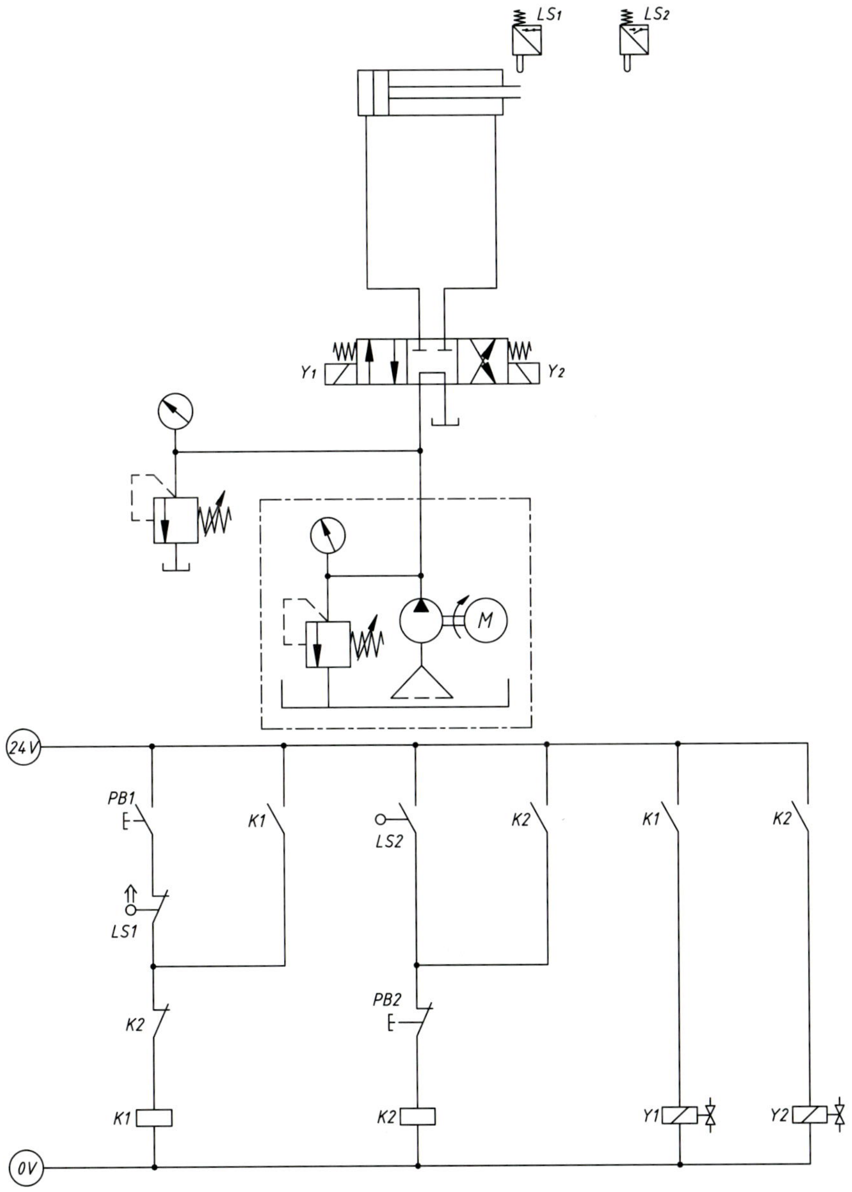

1-1 제1과제 유압 배관

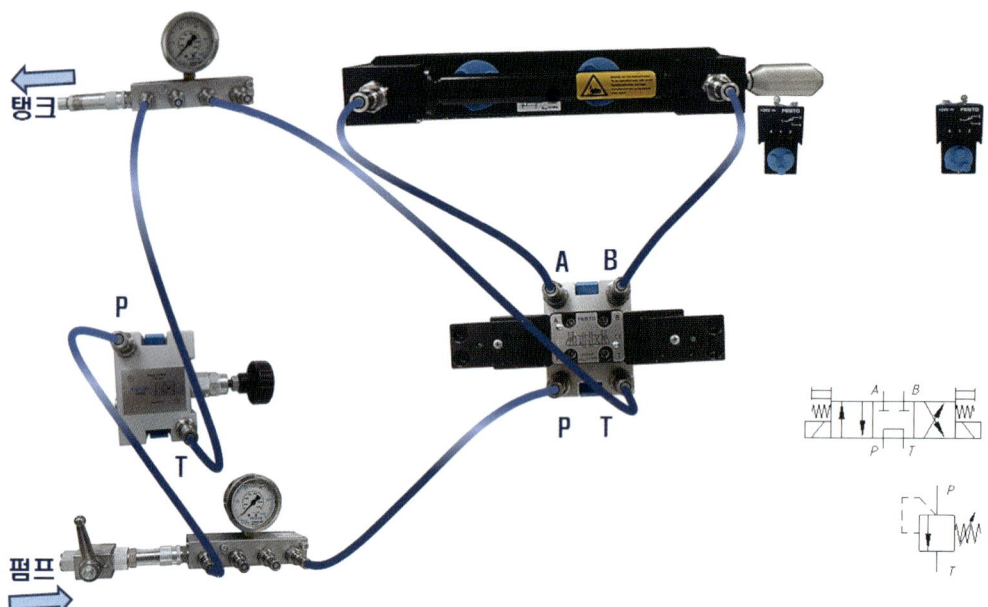

2 전기유압 2과제

| 자격종목 | 기계정비산업기사 | 과제명 | 유압회로구성 및 조립작업 | 척도 | NS |

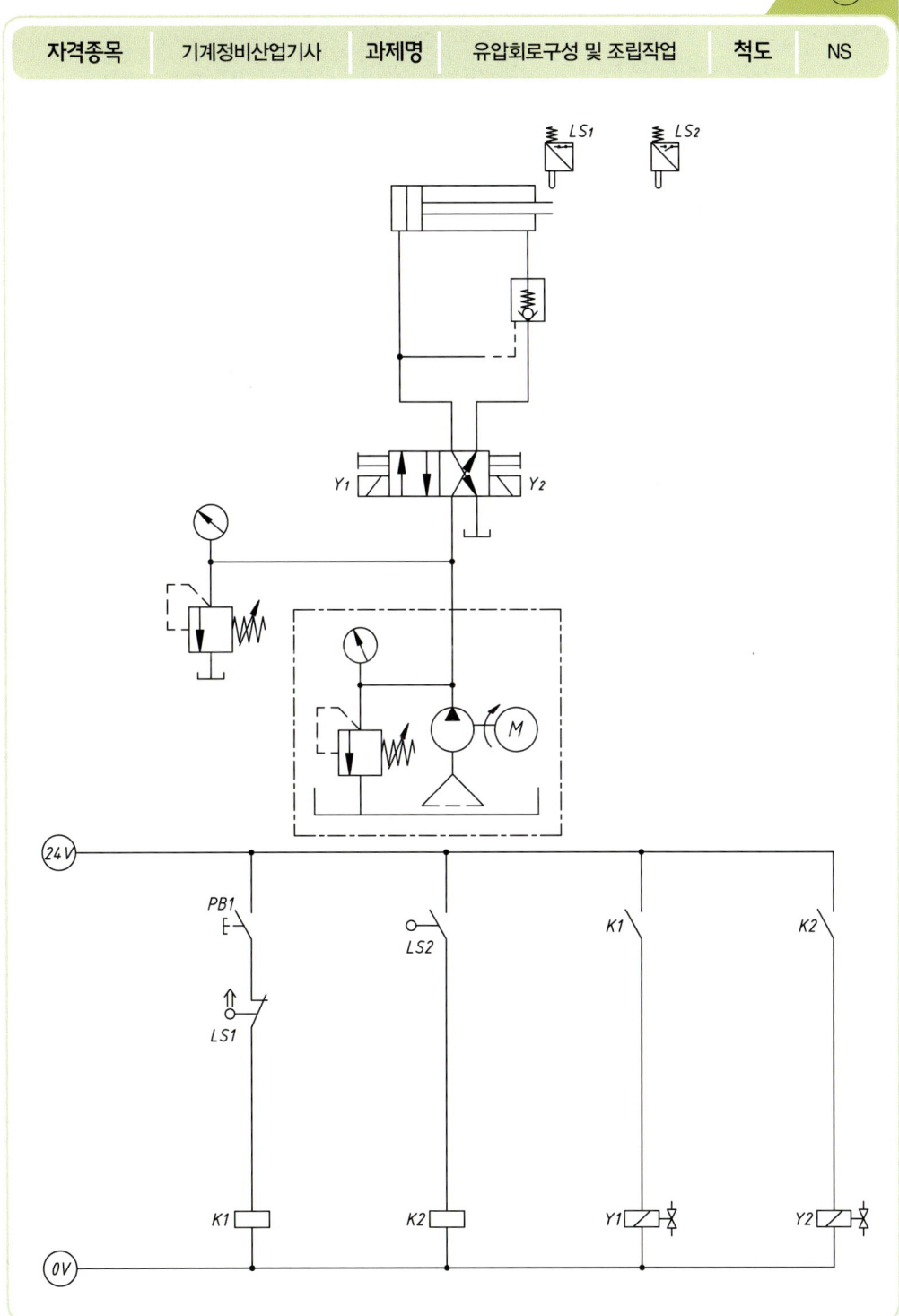

2-1 제2과제 유압 배관

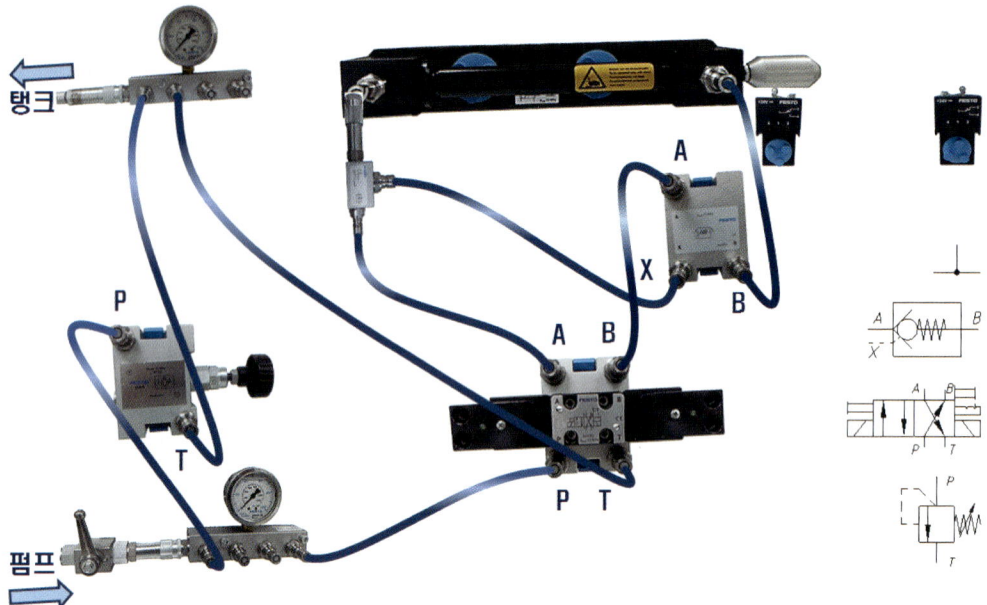

3 전기유압 3과제

| 자격종목 | 기계정비산업기사 | 과제명 | 유압회로구성 및 조립작업 | 척도 | NS |

3-1 제3과제 유압 배관

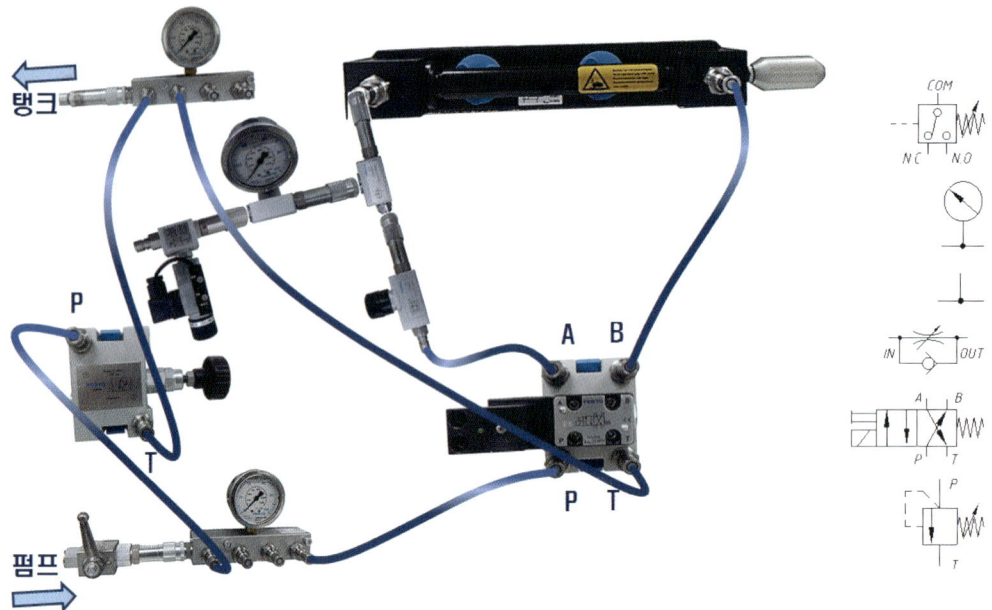

④ 전기유압 4과제

| 자격종목 | 기계정비산업기사 | 과제명 | 유압회로구성 및 조립작업 | 척도 | NS |

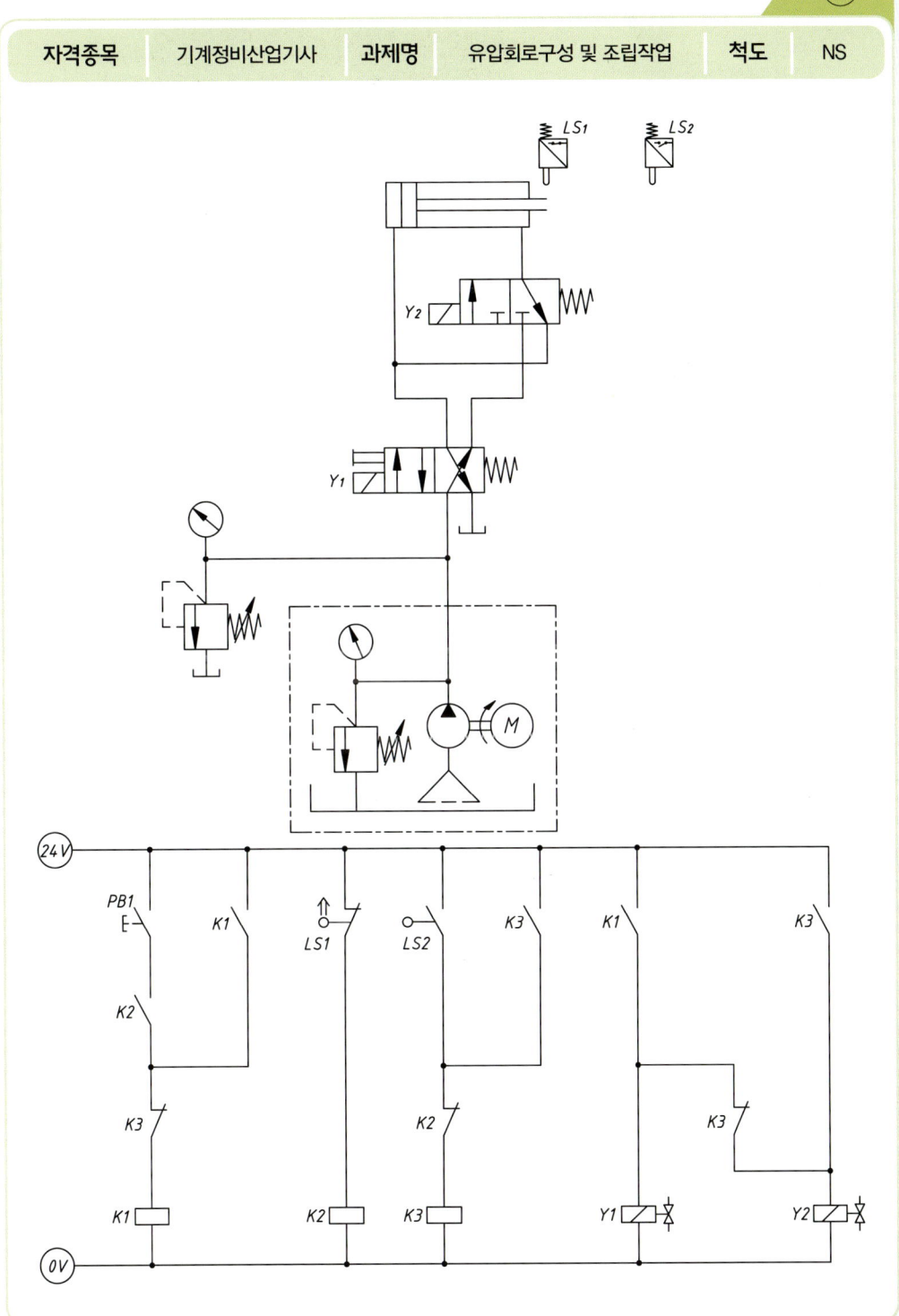

4-1 제4과제 유압 배관

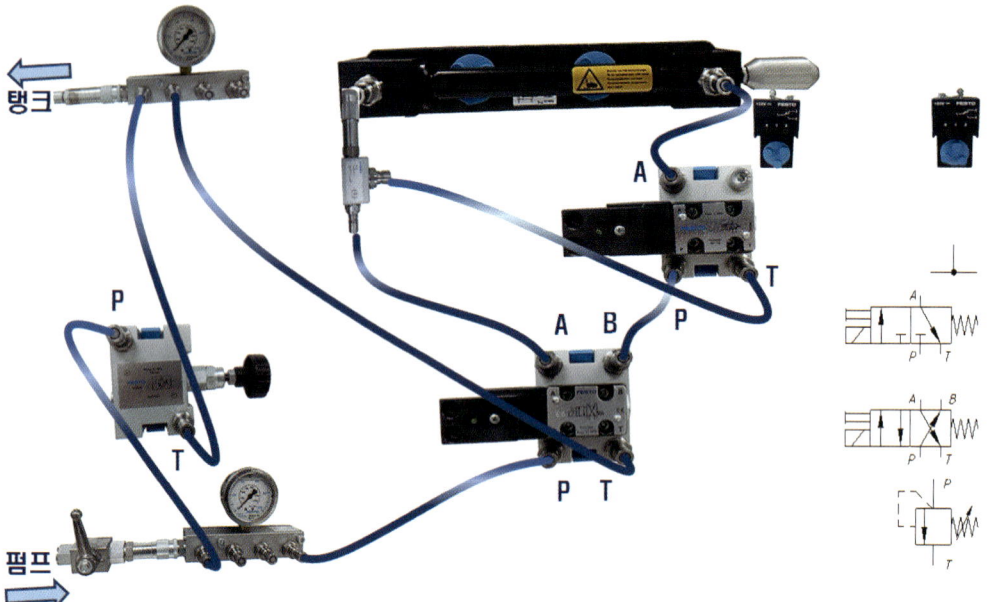

⑤ 전기유압 5과제

| 자격종목 | 기계정비산업기사 | 과제명 | 유압회로구성 및 조립작업 | 척도 | NS |

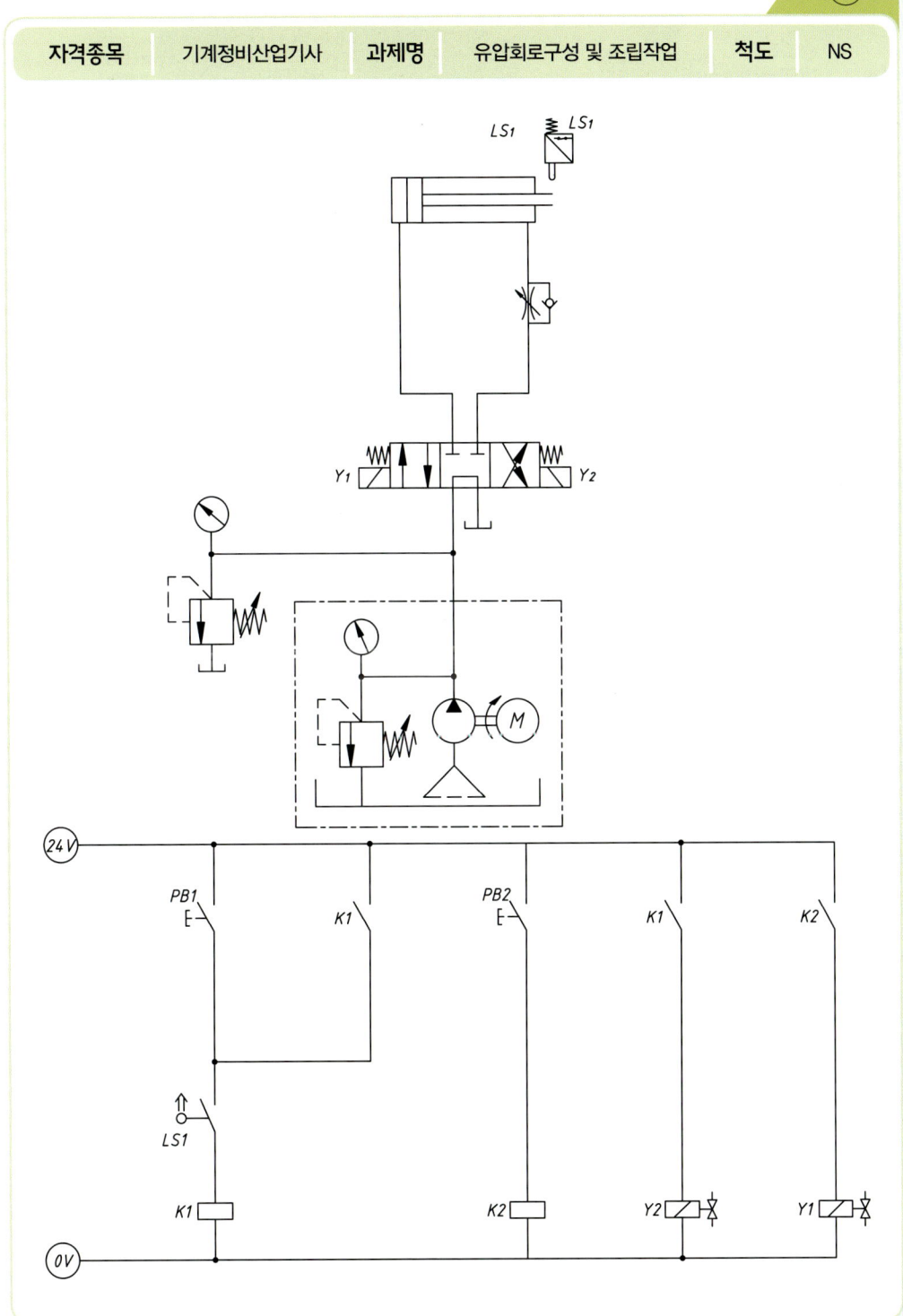

5-1 제5과제 유압 배관

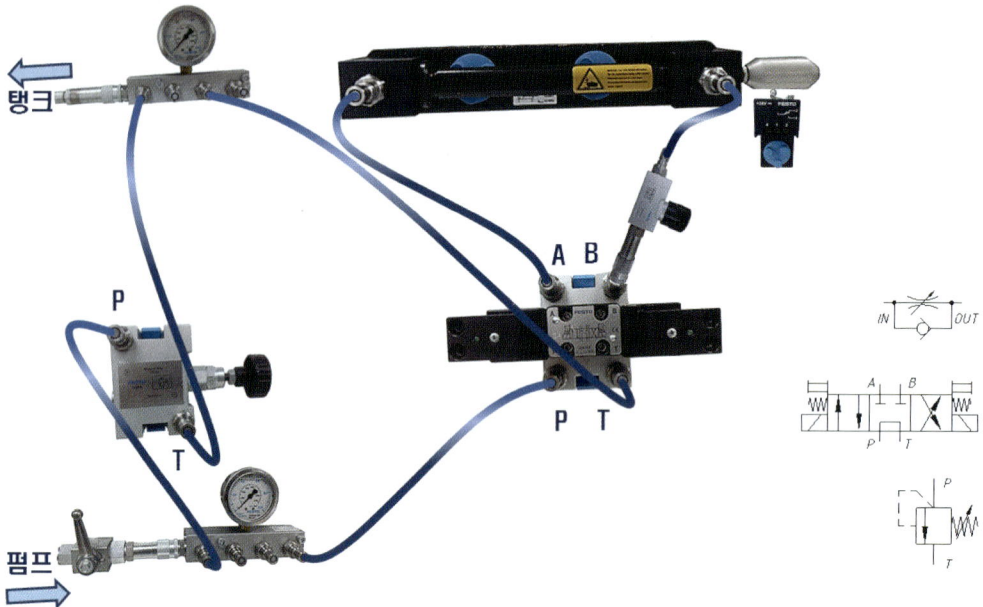

6 전기유압 6과제

| 자격종목 | 기계정비산업기사 | 과제명 | 유압회로구성 및 조립작업 | 척도 | NS |

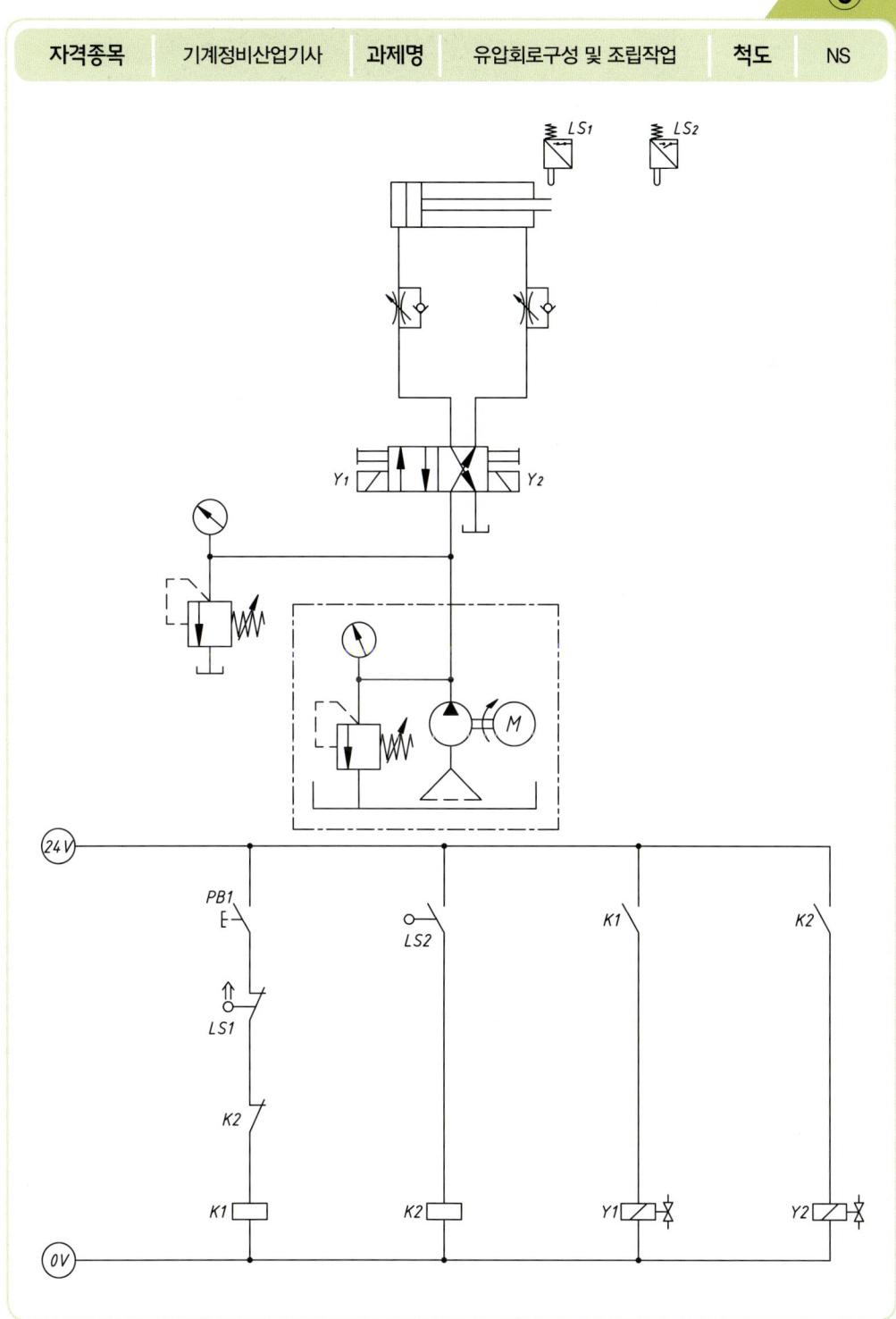

6-1 제6과제 유압 배관

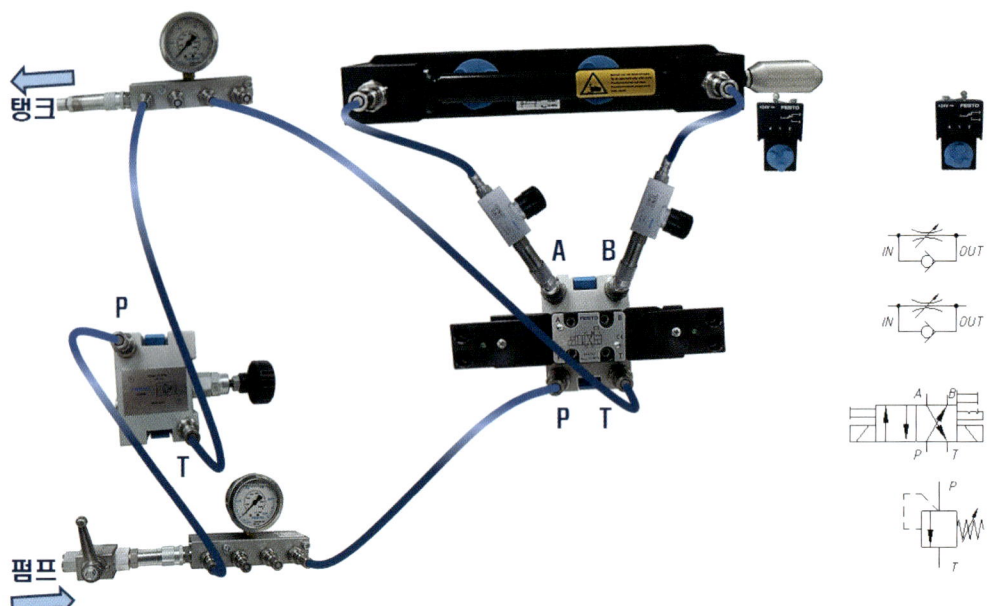

7 전기유압 7과제

| 자격종목 | 기계정비산업기사 | 과제명 | 유압회로구성 및 조립작업 | 척도 | NS |

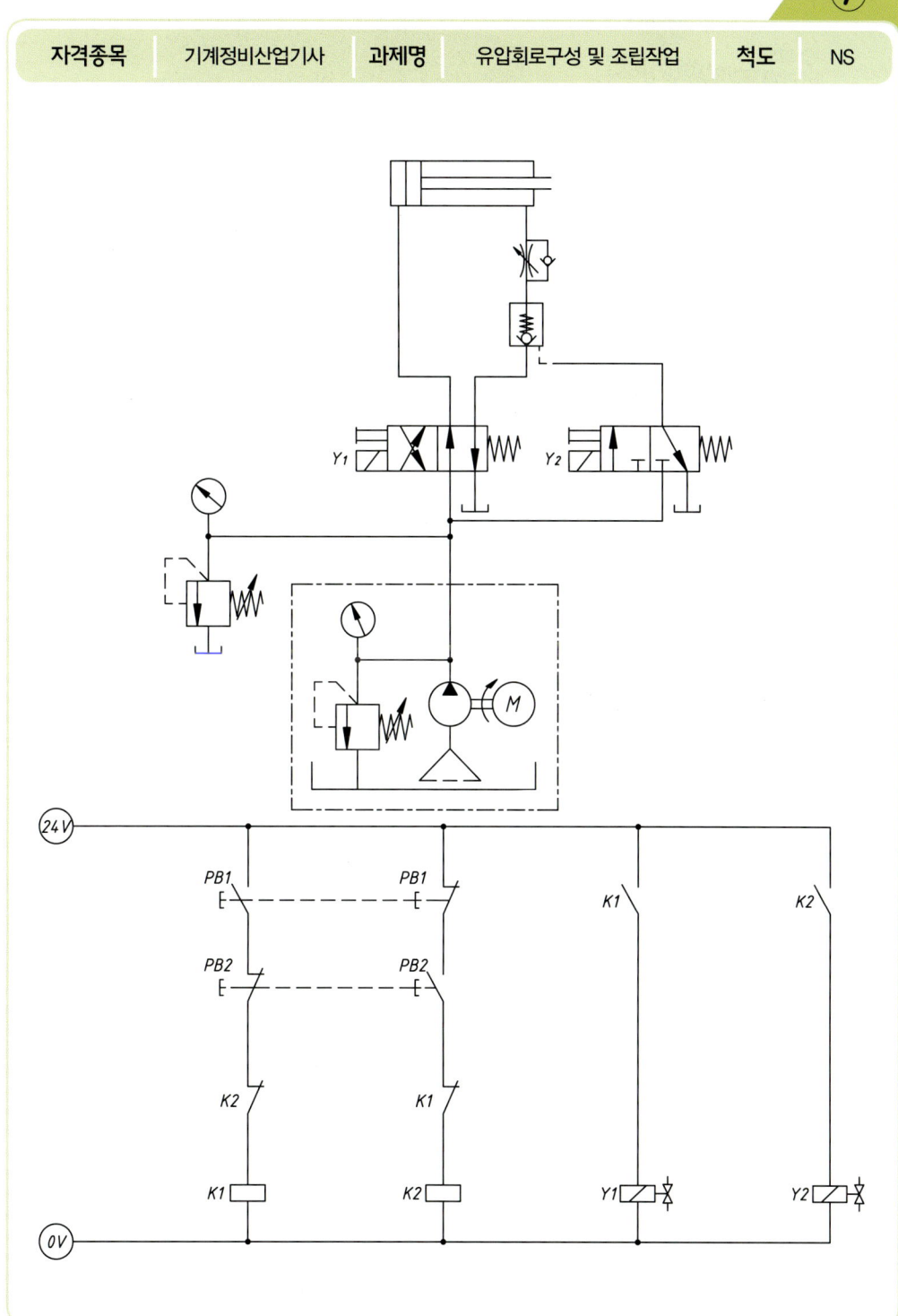

7-1 제7과제 유압 배관

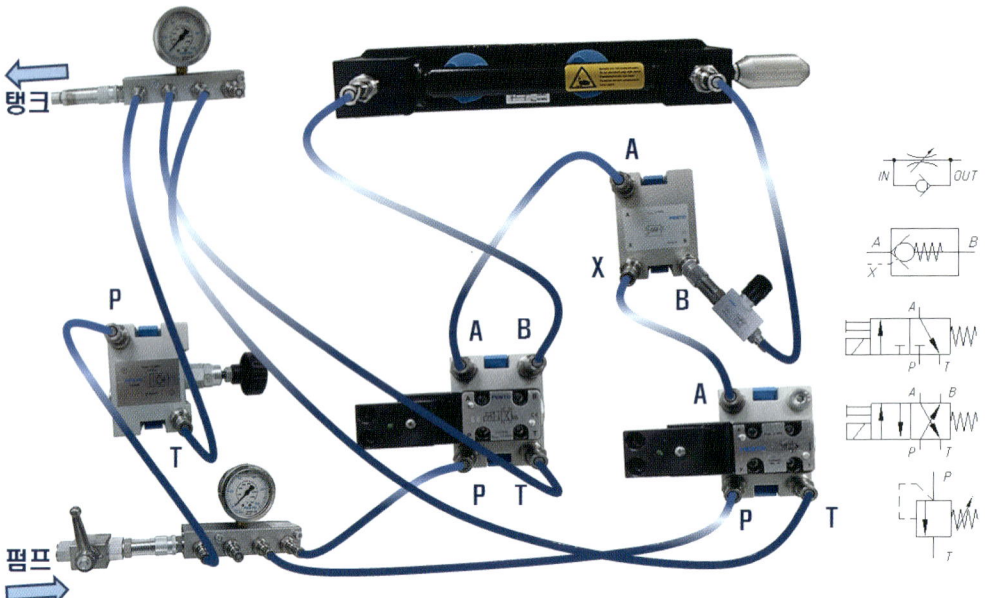

8 전기유압 8과제

| 자격종목 | 기계정비산업기사 | 과제명 | 유압회로구성 및 조립작업 | 척도 | NS |

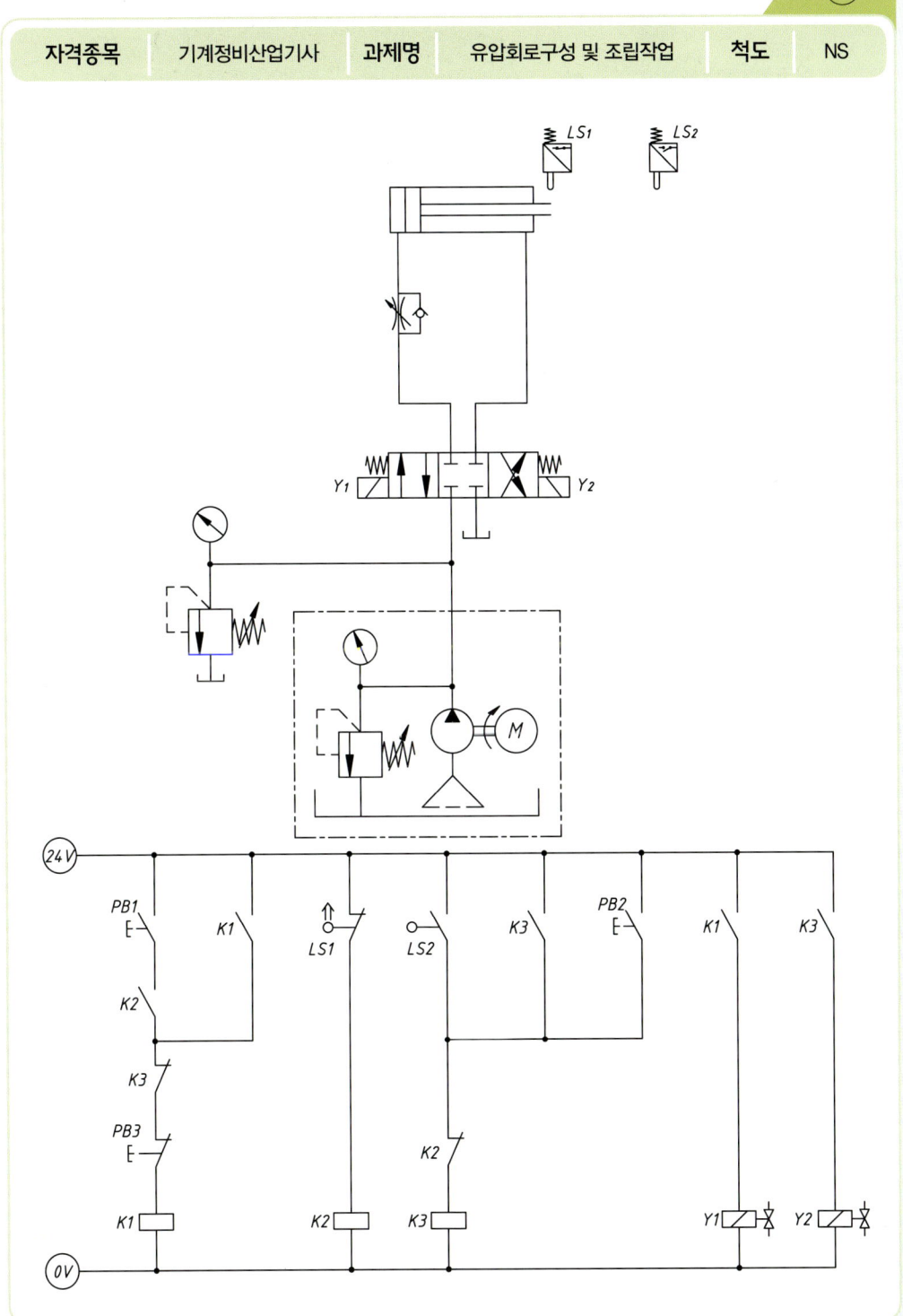

제1장 공유압회로 구성

8-1 제8과제 유압 배관

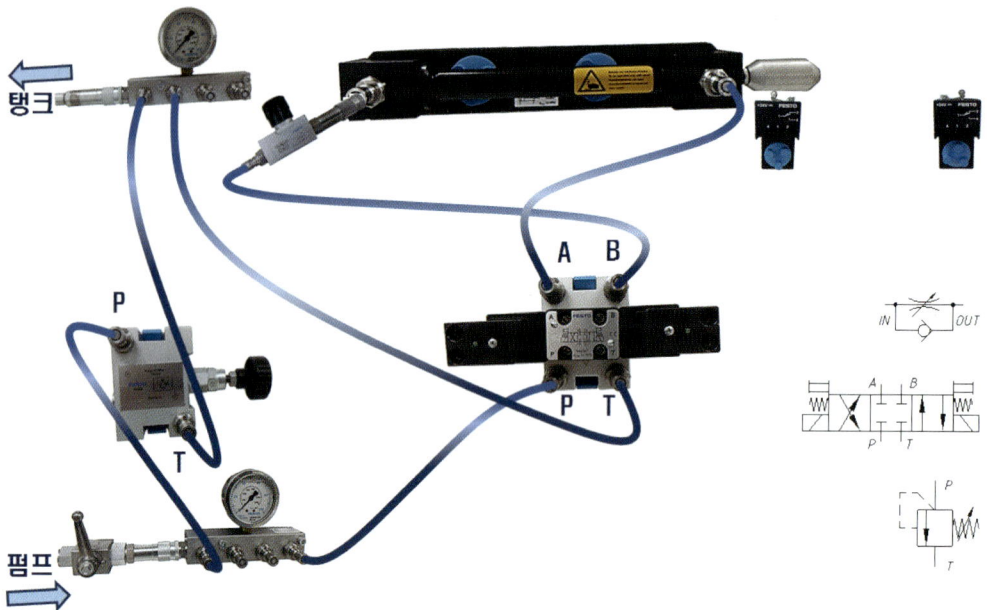

9 전기유압 9과제

| 자격종목 | 기계정비산업기사 | 과제명 | 유압회로구성 및 조립작업 | 척도 | NS |

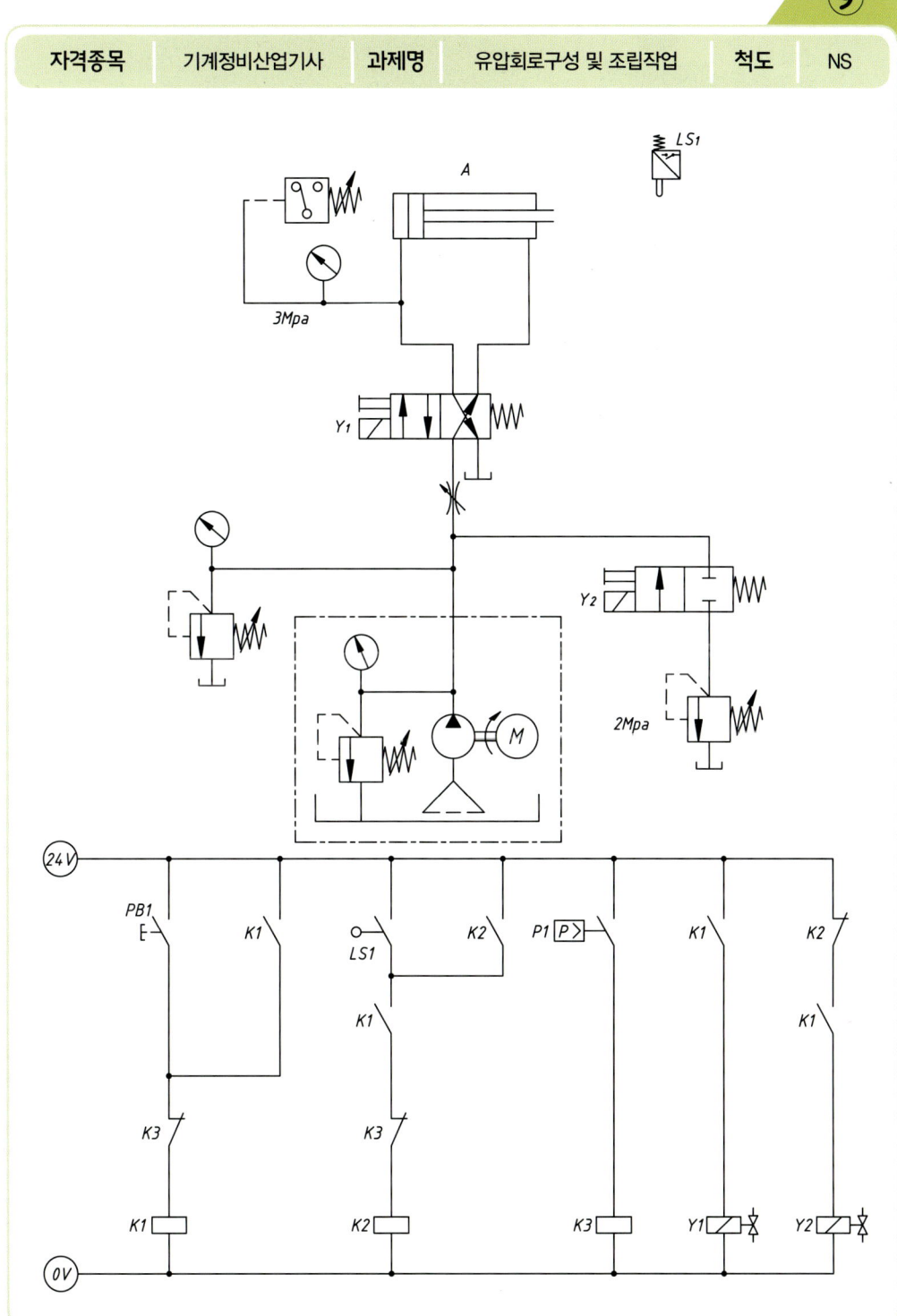

9-1 제9과제 유압 배관

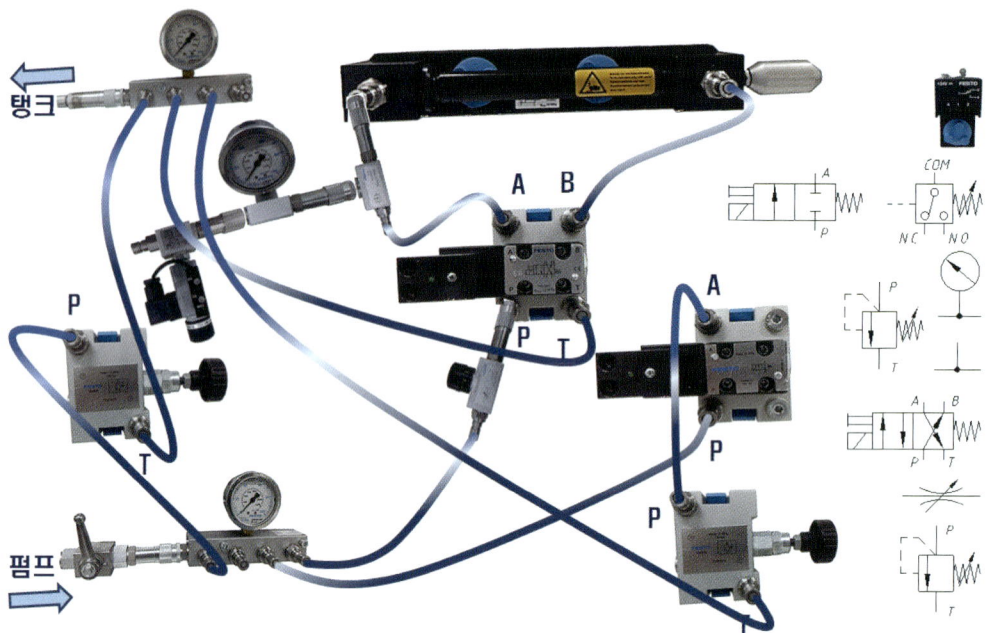

10 전기유압 10과제

| 자격종목 | 기계정비산업기사 | 과제명 | 유압회로구성 및 조립작업 | 척도 | NS |

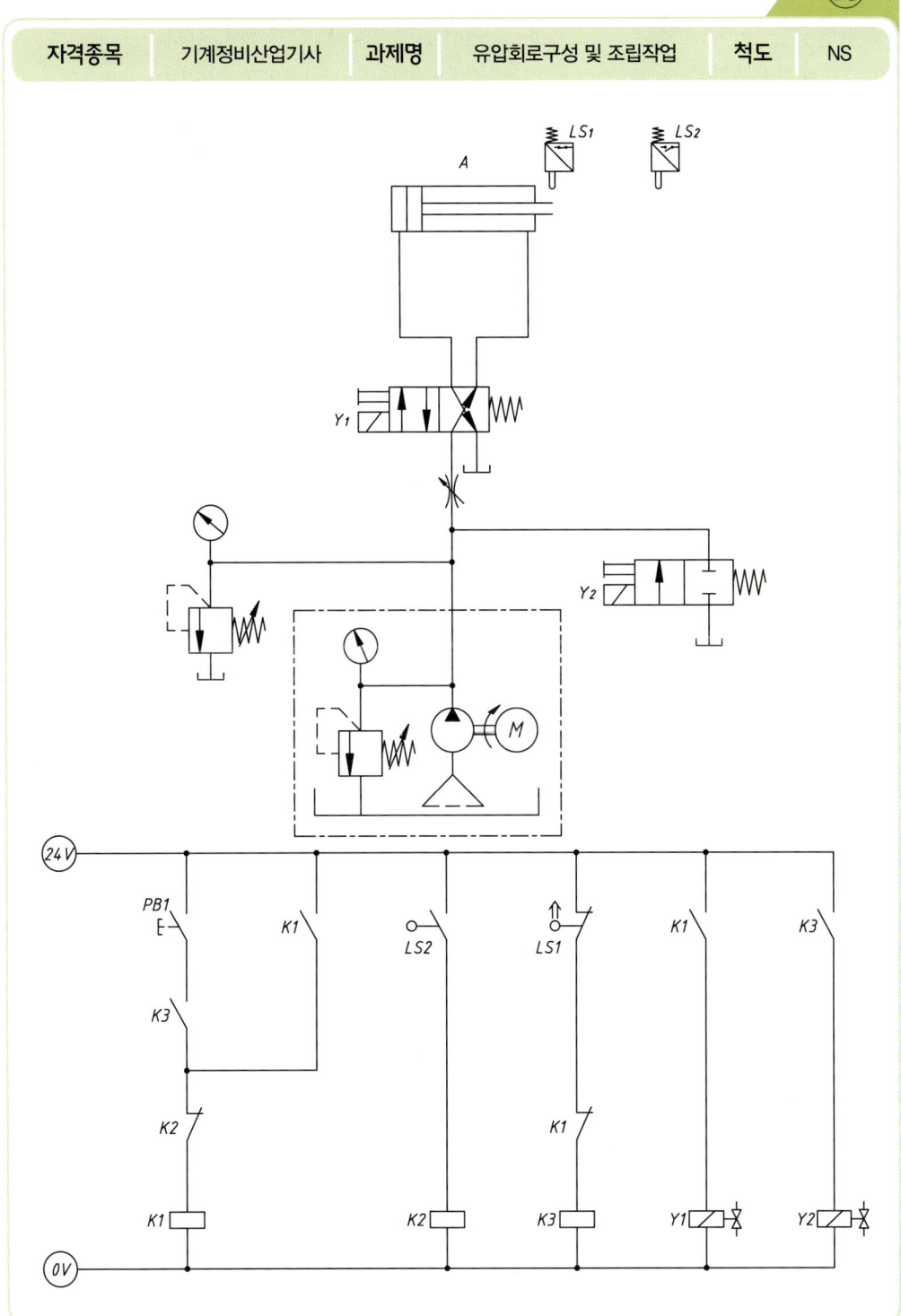

제1장 공유압회로 구성

10-1 제10과제 유압 배관

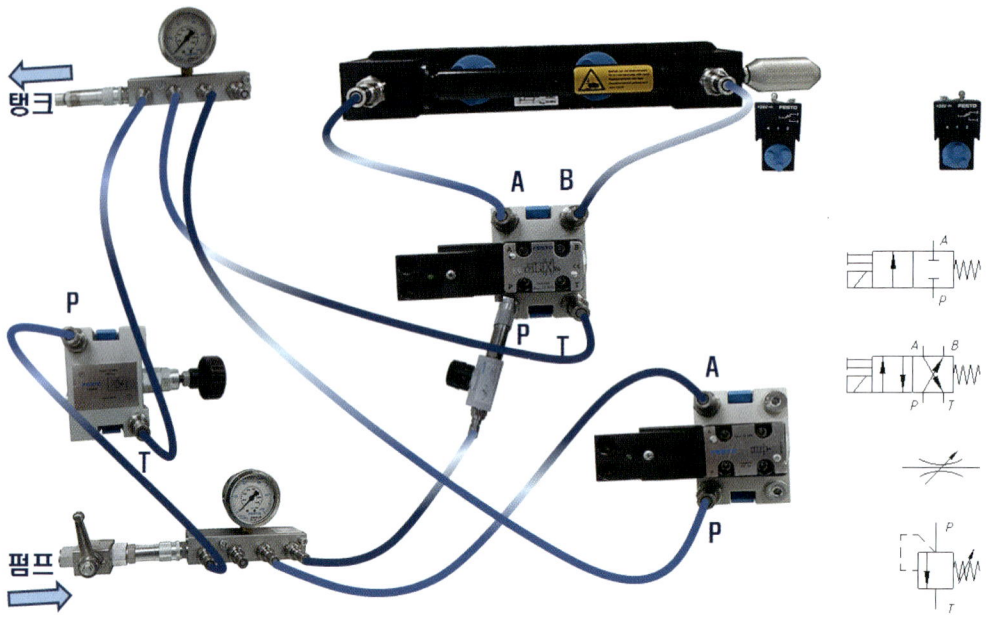

11 전기유압 11과제

| 자격종목 | 기계정비산업기사 | 과제명 | 유압회로구성 및 조립작업 | 척도 | NS |

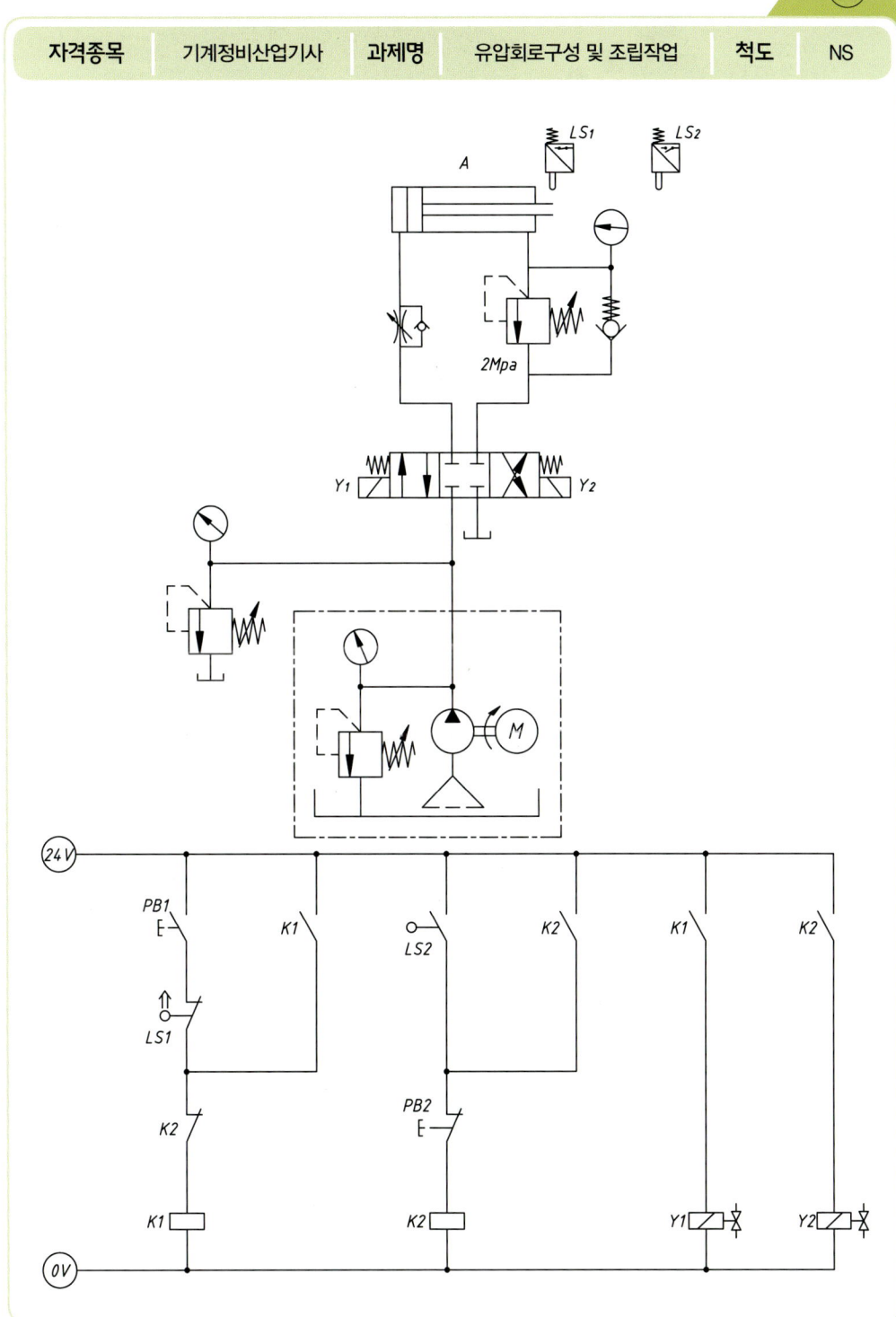

11-1 제11과제 유압 배관

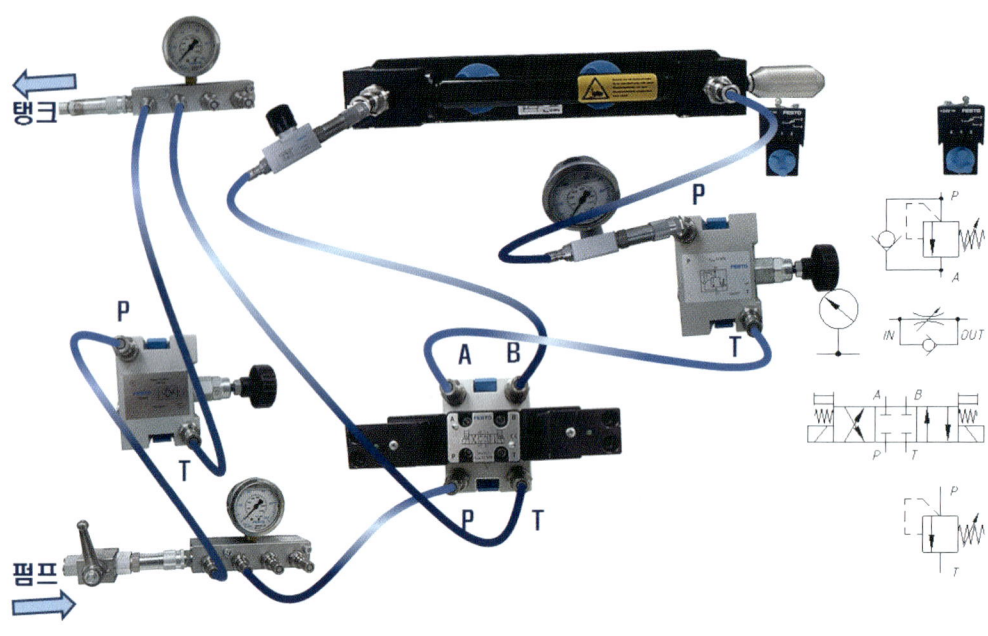

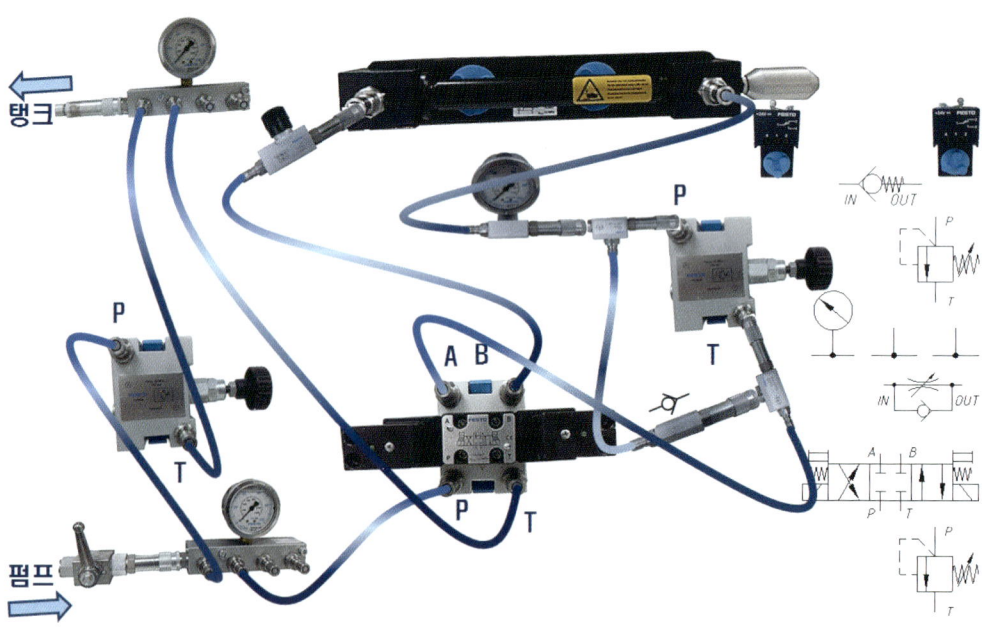

12 전기유압 12과제

| 자격종목 | 기계정비산업기사 | 과제명 | 유압회로구성 및 조립작업 | 척도 | NS |

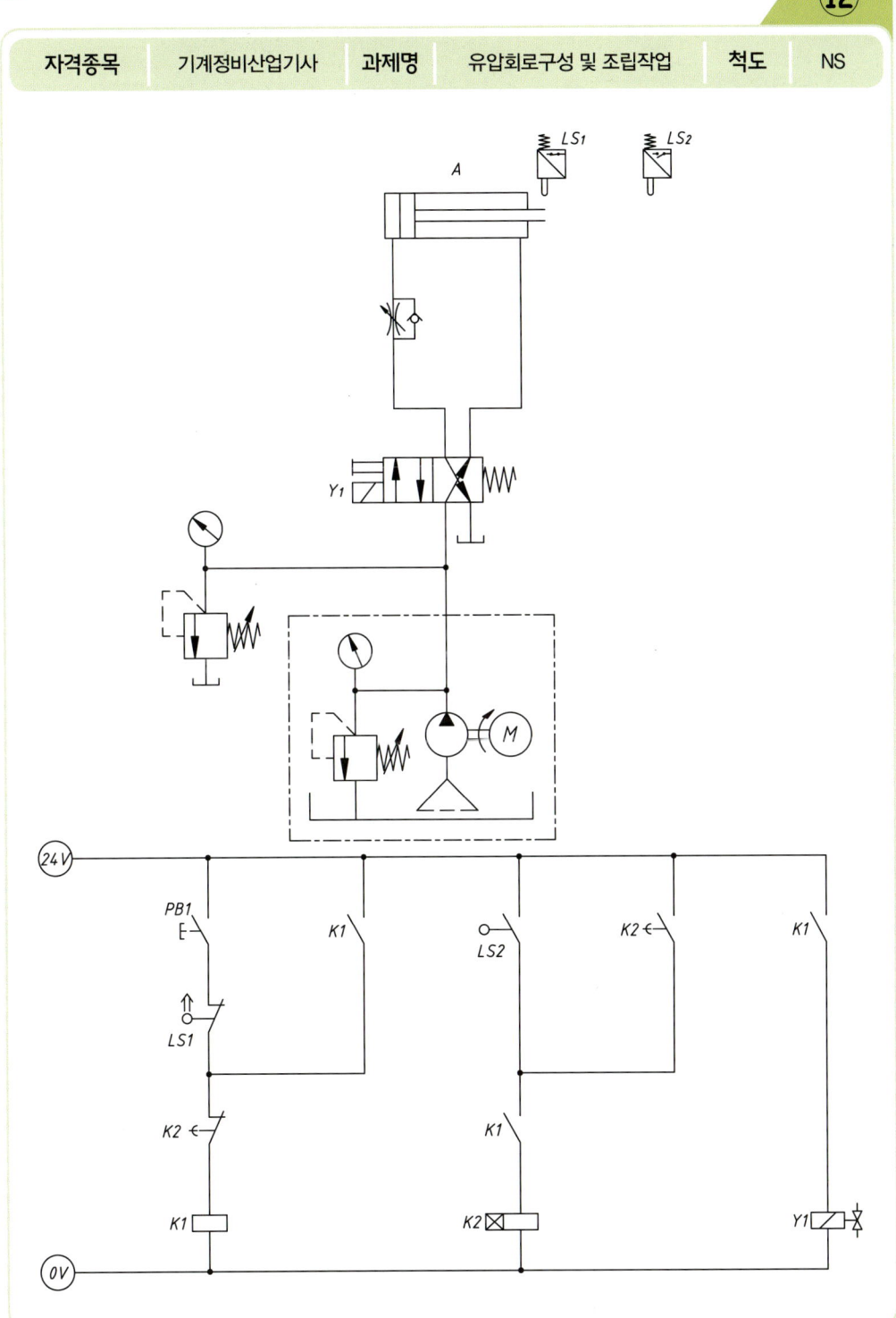

12-1 제12과제 유압 배관

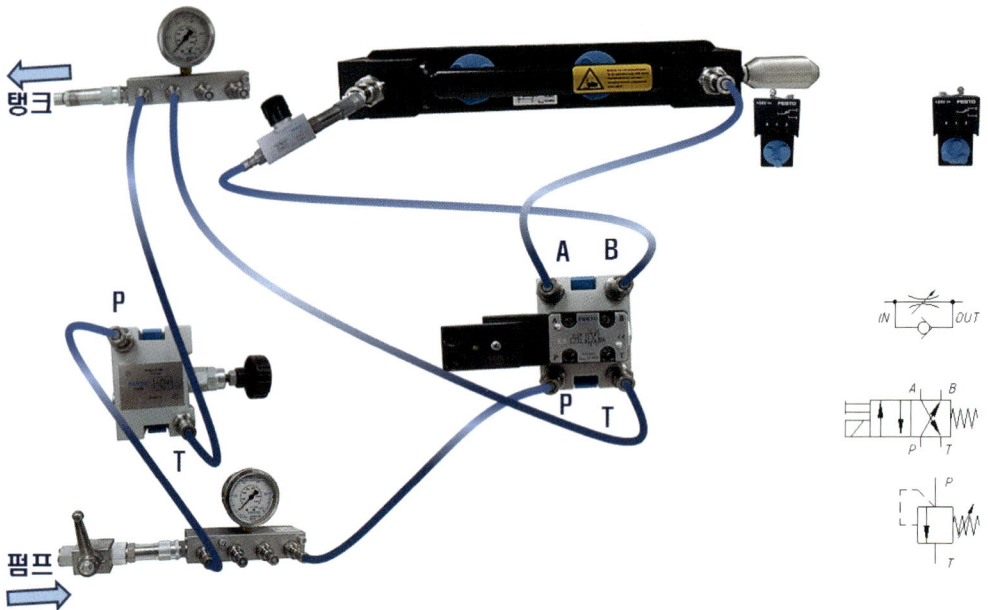

13 전기유압 13과제

| 자격종목 | 기계정비산업기사 | 과제명 | 유압회로구성 및 조립작업 | 척도 | NS |

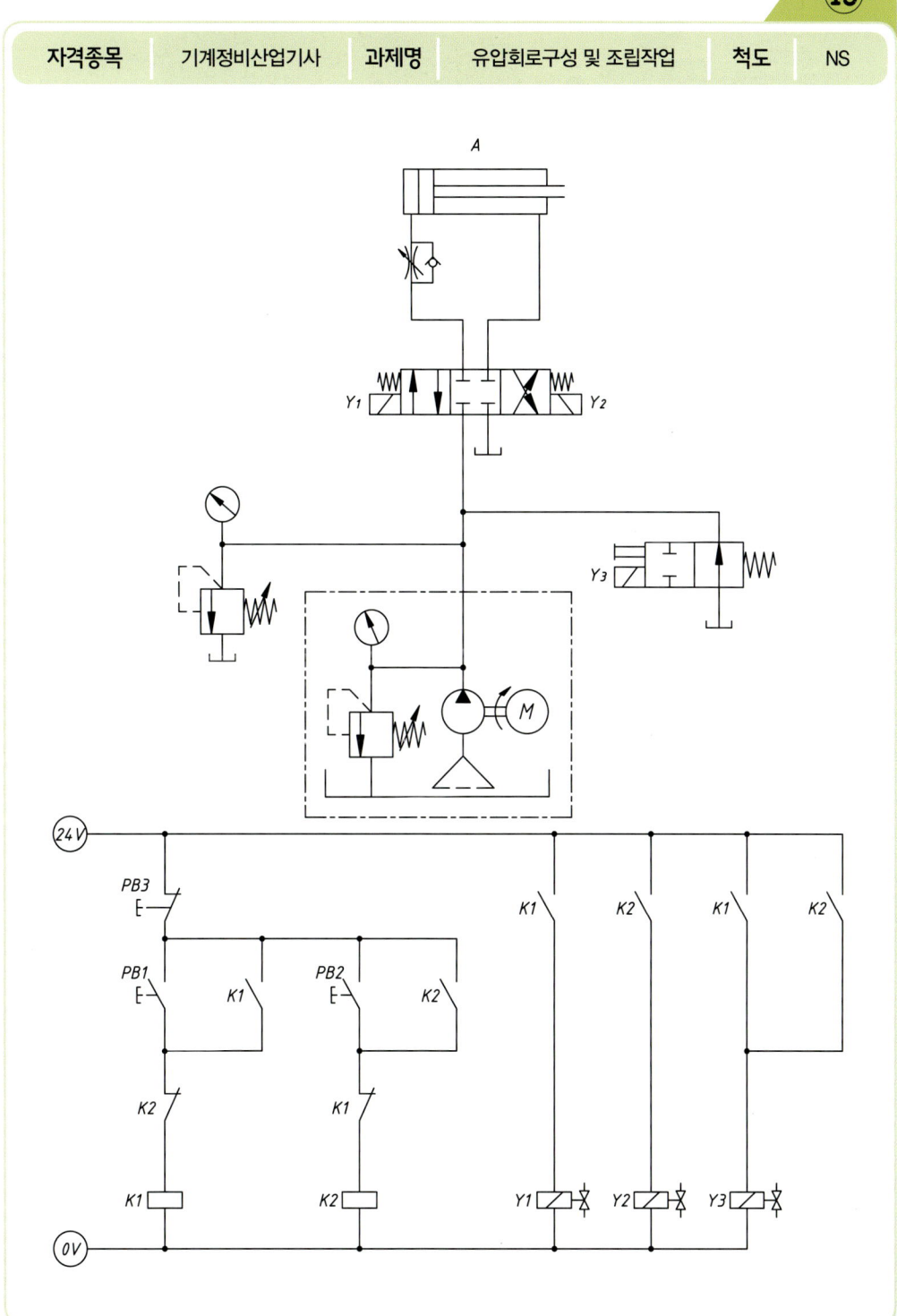

13-1 제13과제 유압 배관

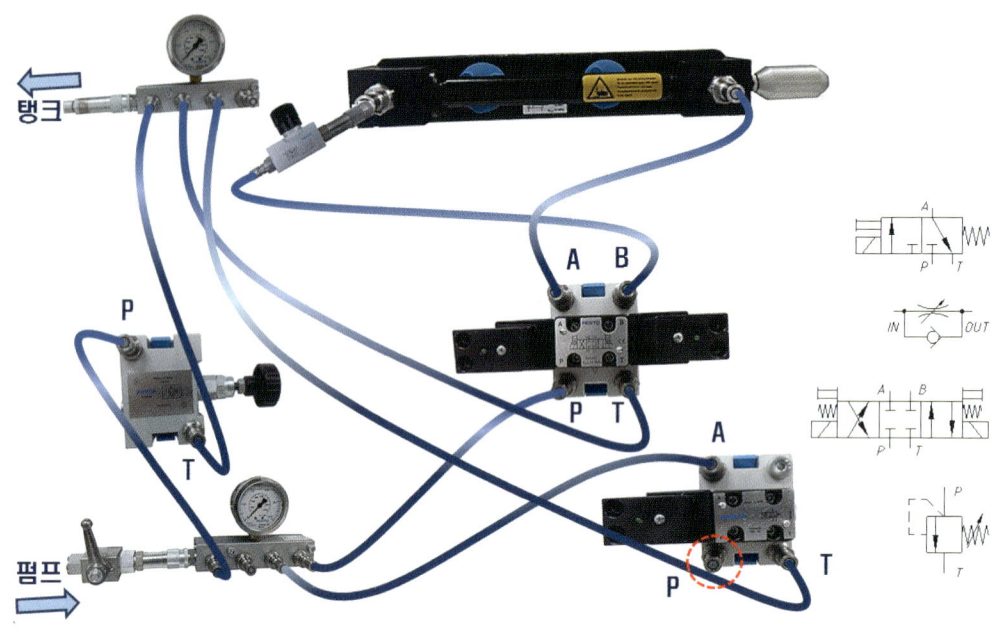

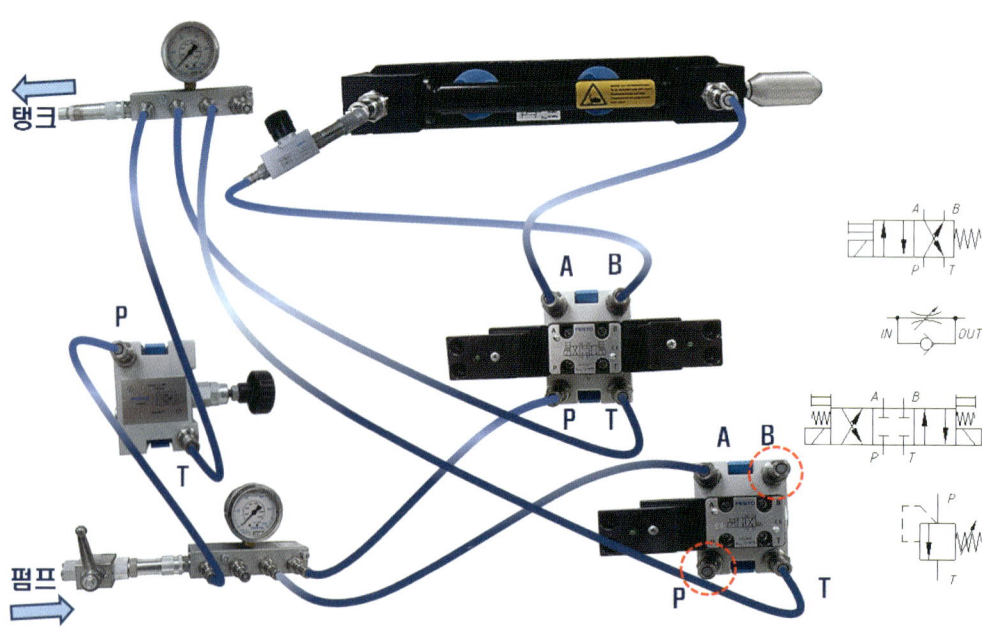

14 전기유압 14과제

| 자격종목 | 기계정비산업기사 | 과제명 | 유압회로구성 및 조립작업 | 척도 | NS |

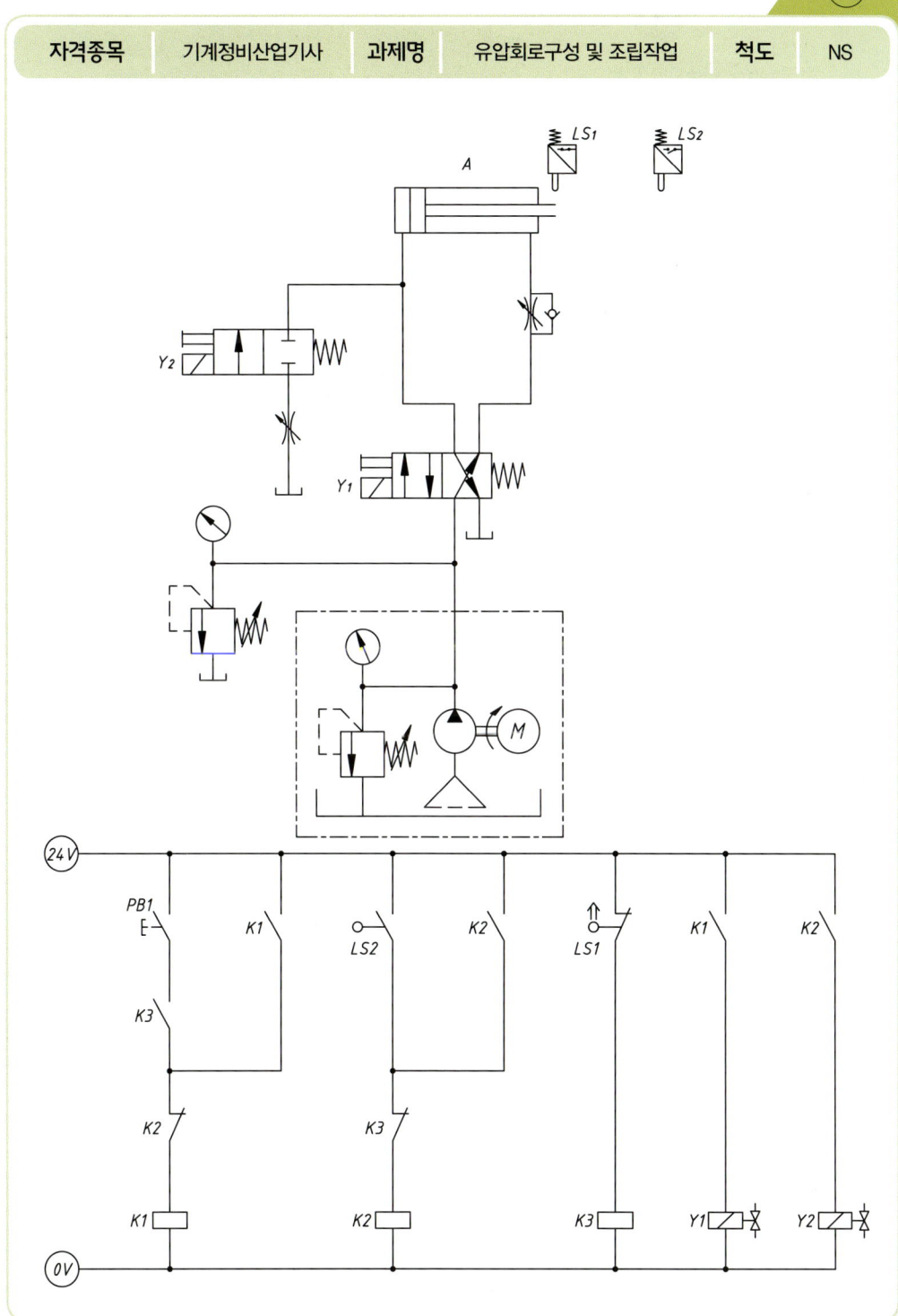

14-1 제14과제 유압 배관

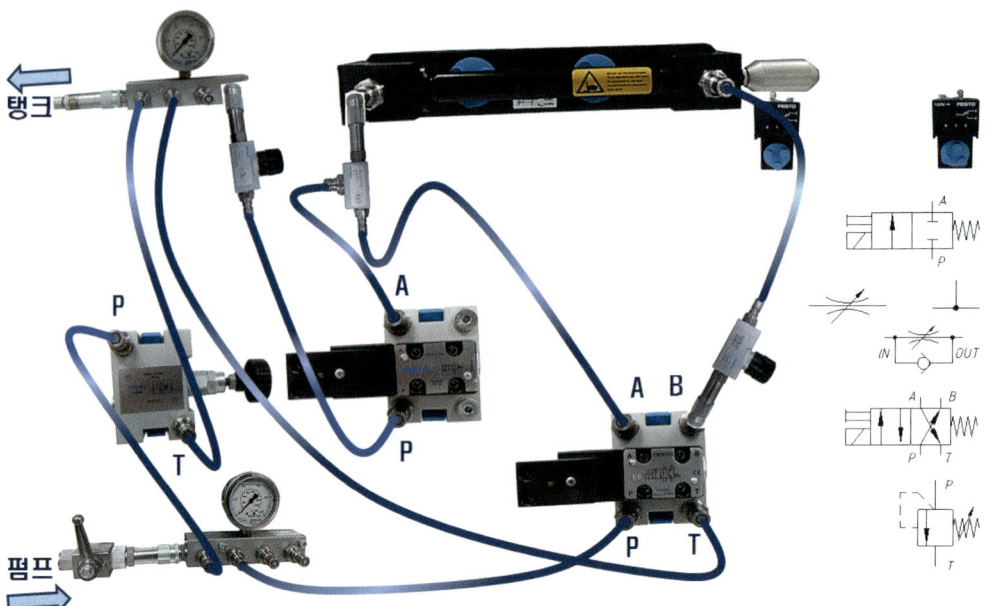

⑮ 전기유압 15과제

| 자격종목 | 기계정비산업기사 | 과제명 | 유압회로구성 및 조립작업 | 척도 | NS |

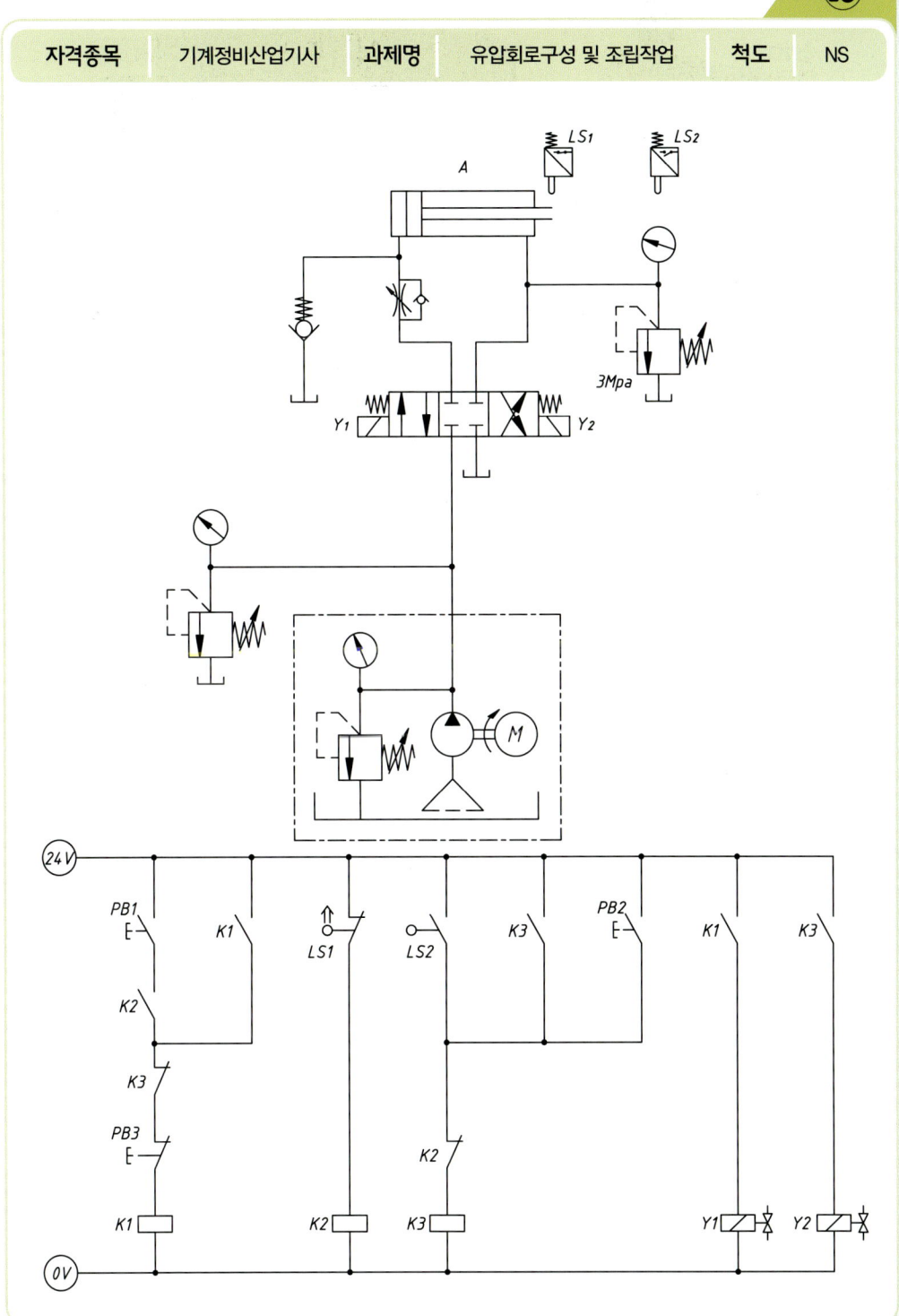

15-1 제15과제 유압 배관

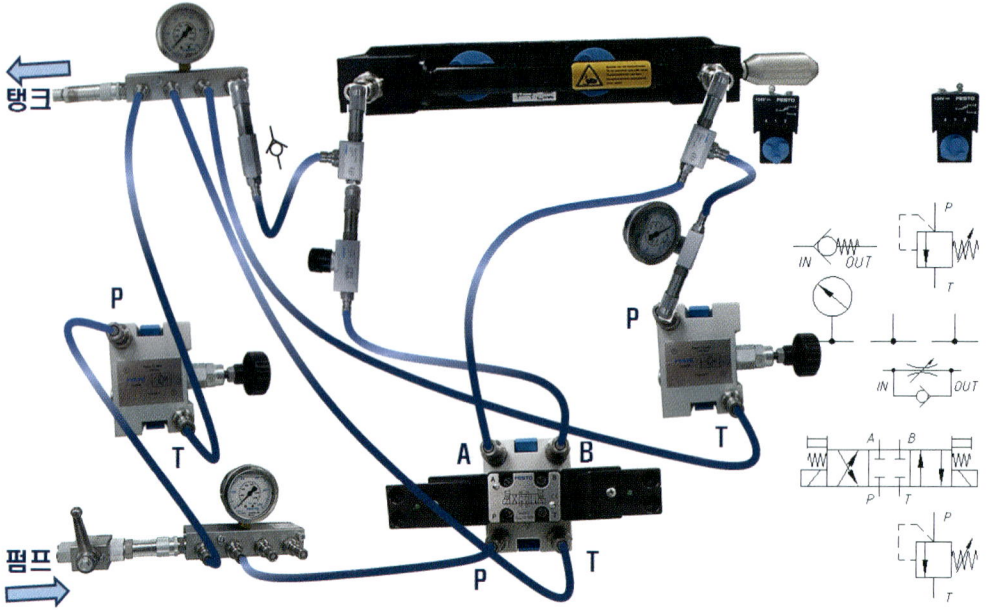

16 전기유압 16과제

| 자격종목 | 기계정비산업기사 | 과제명 | 유압회로구성 및 조립작업 | 척도 | NS |

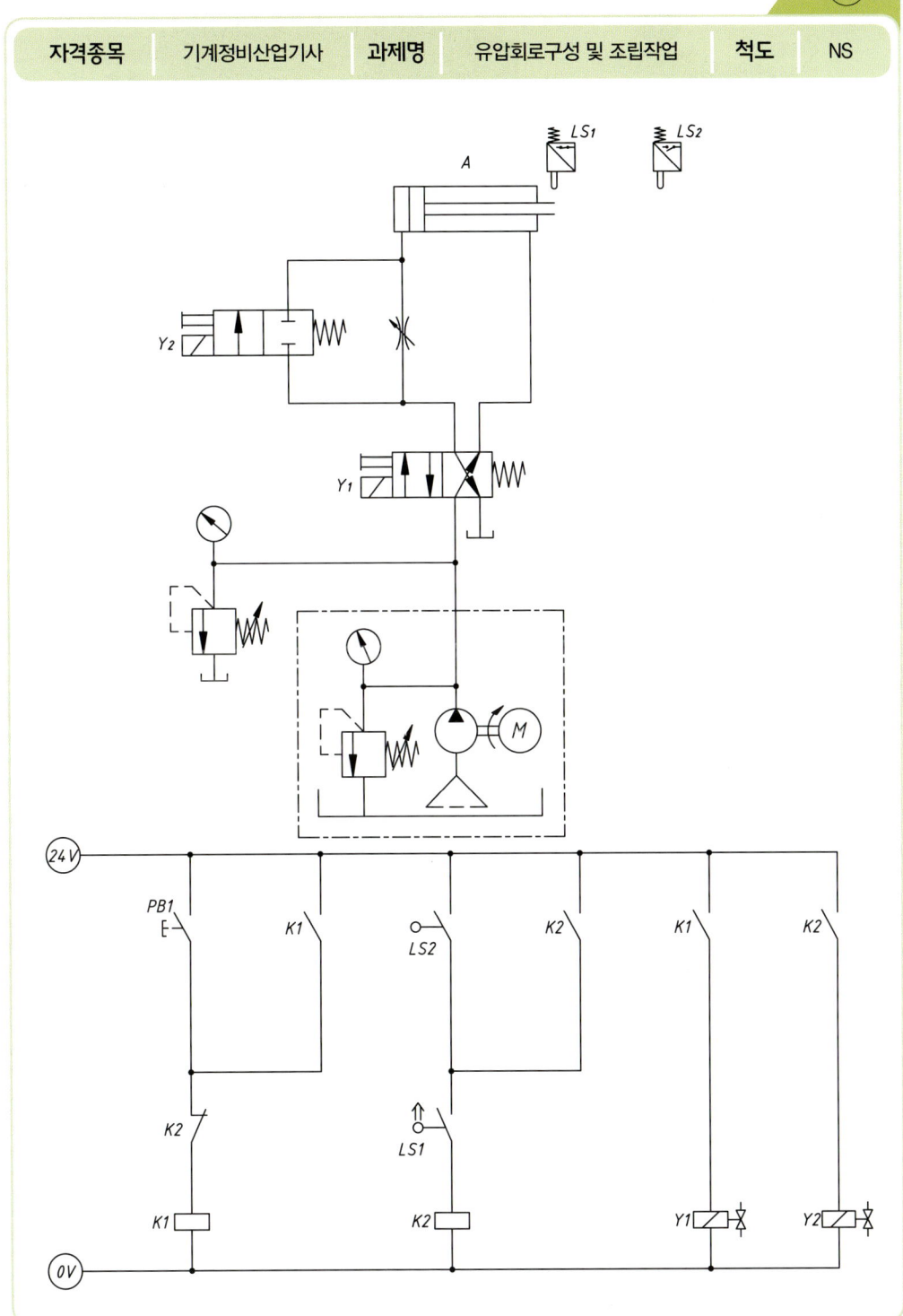

16-1 제16과제 유압 배관

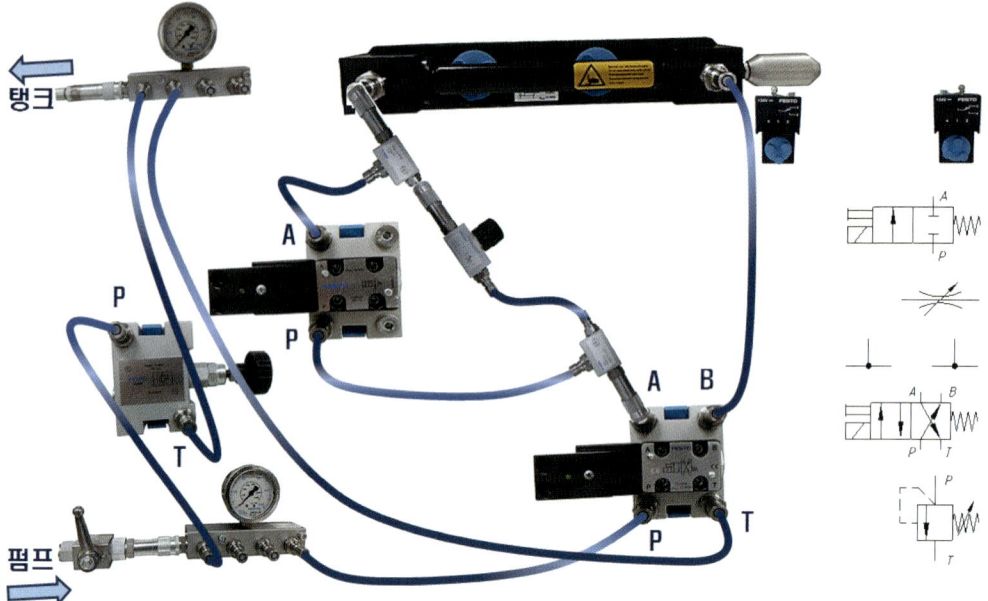

⑰ 전기유압 17과제

| 자격종목 | 기계정비산업기사 | 과제명 | 유압회로구성 및 조립작업 | 척도 | NS |

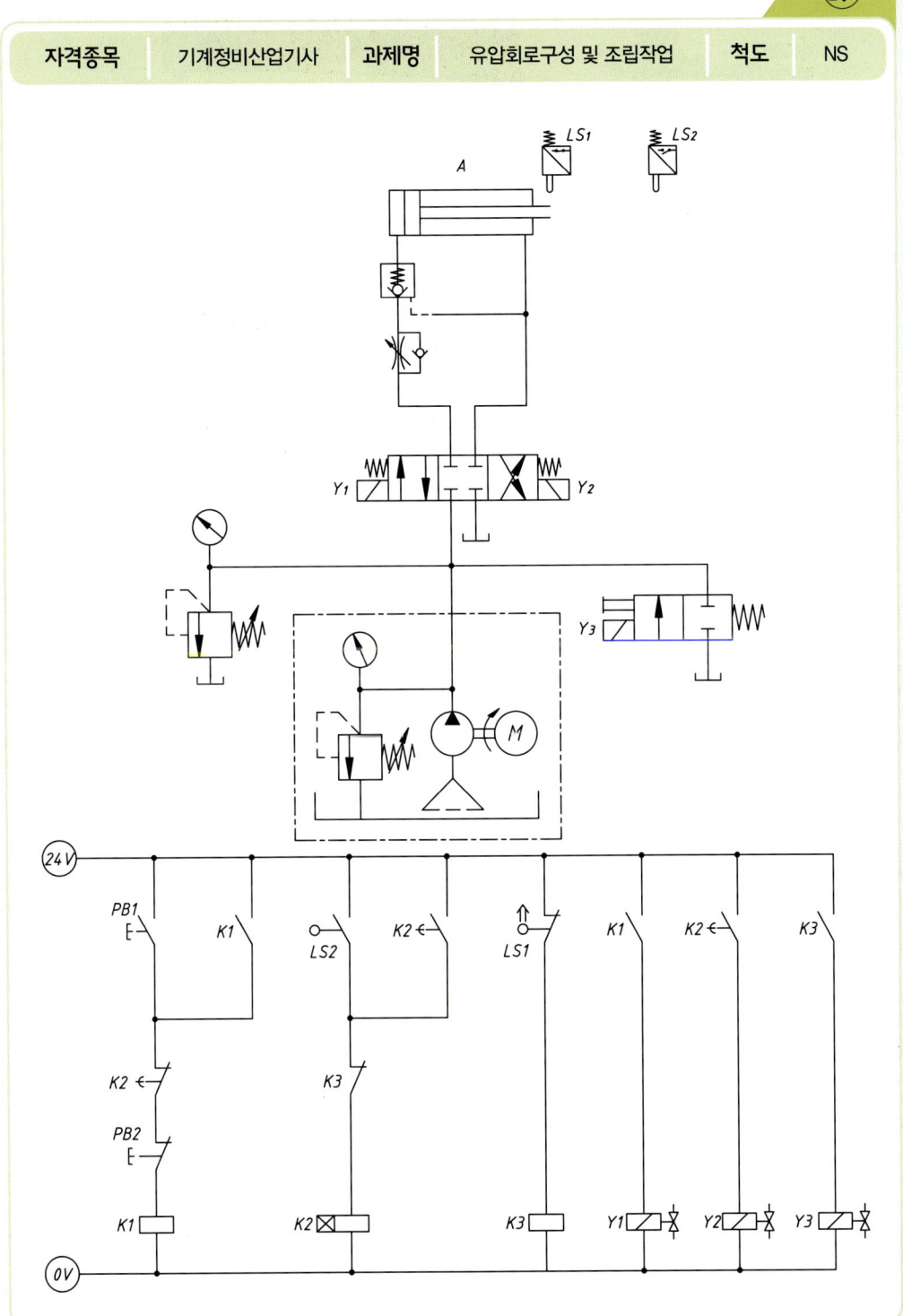

17-1 제17과제 유압 배관

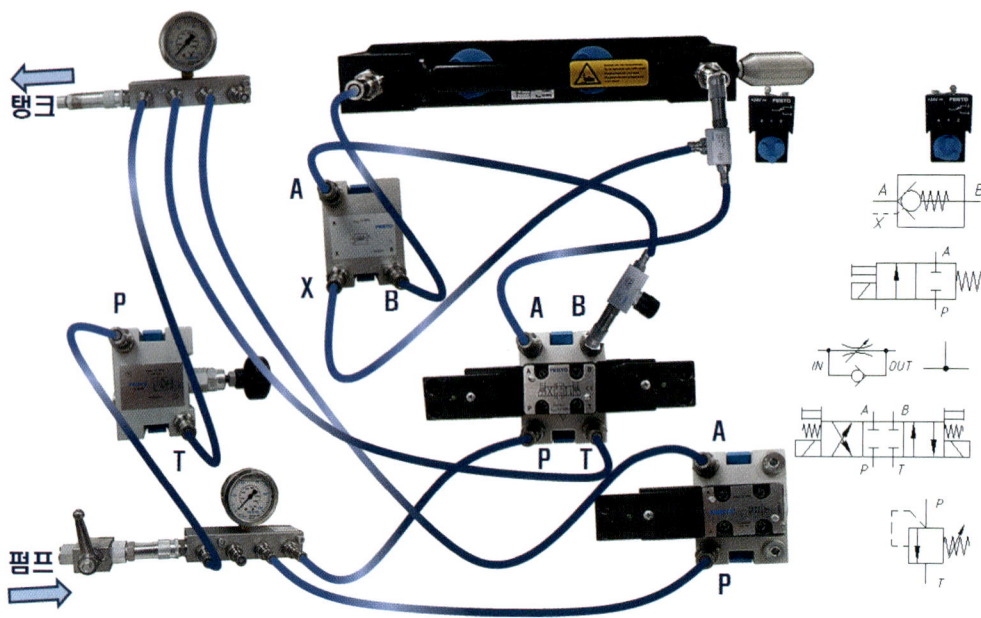

⑱ 전기유압 18과제

| 자격종목 | 기계정비산업기사 | 과제명 | 유압회로구성 및 조립작업 | 척도 | NS |

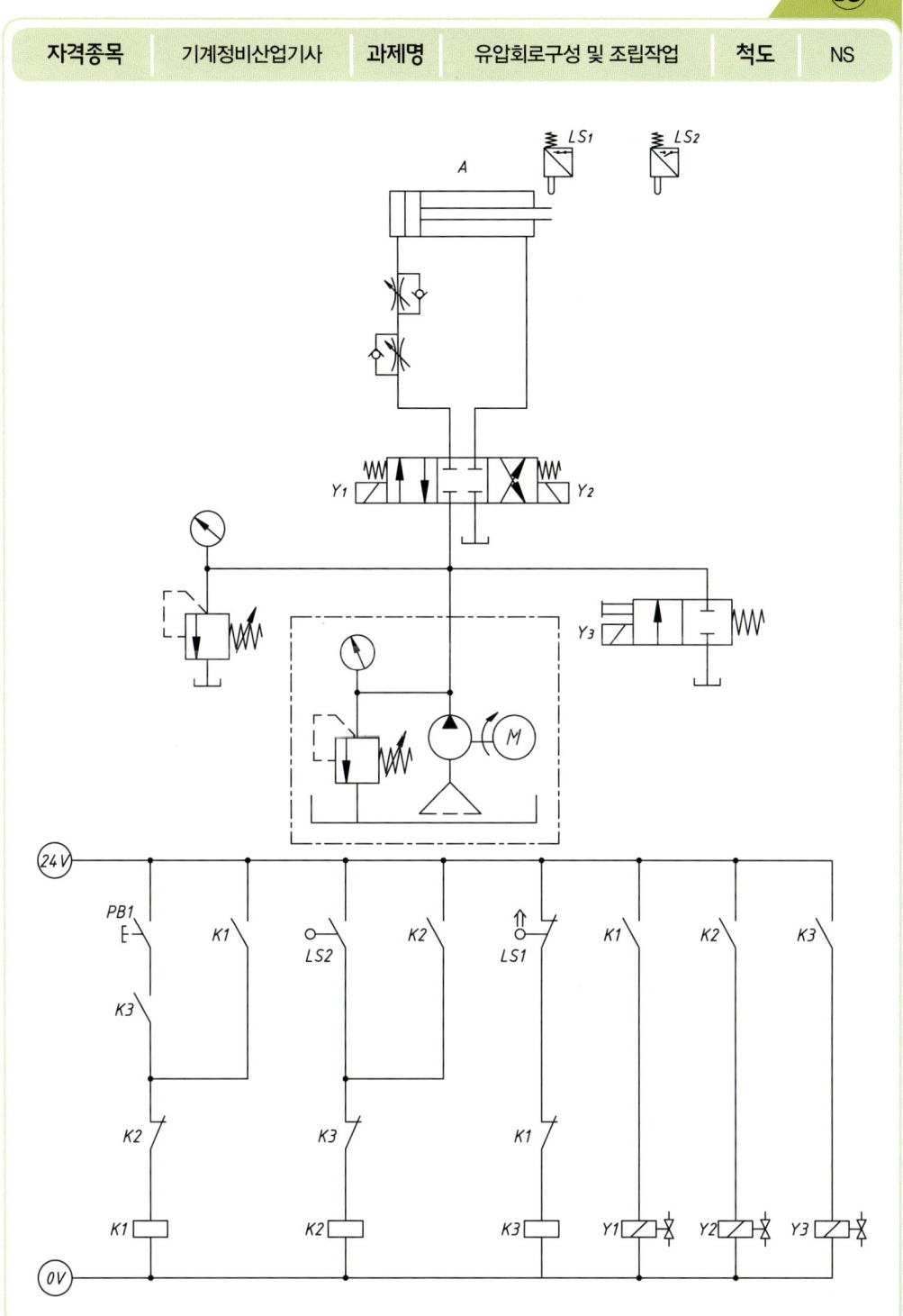

제1장 공유압회로 구성

18-1 제18과제 유압 배관

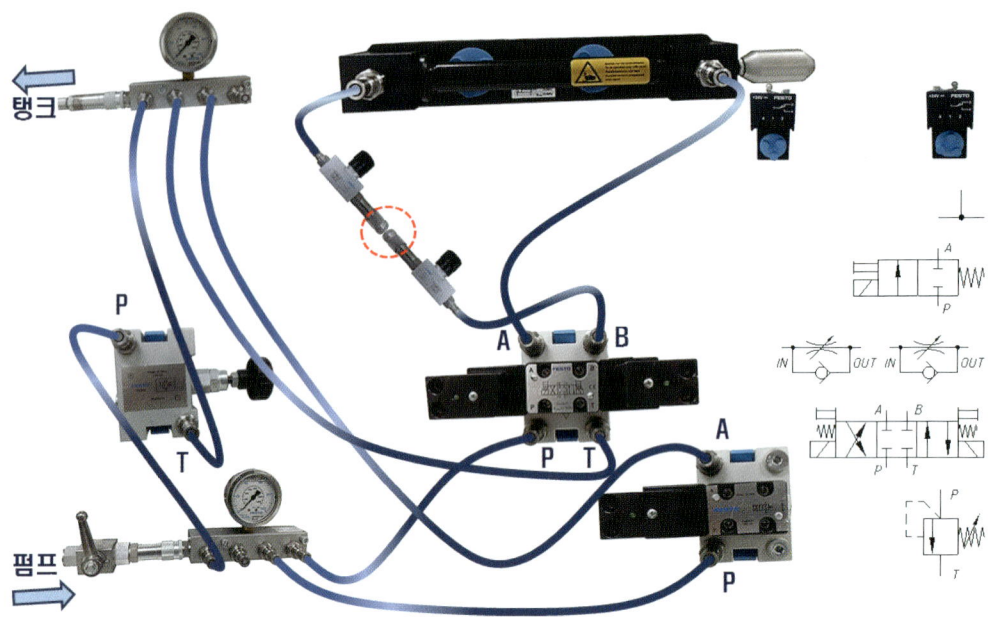

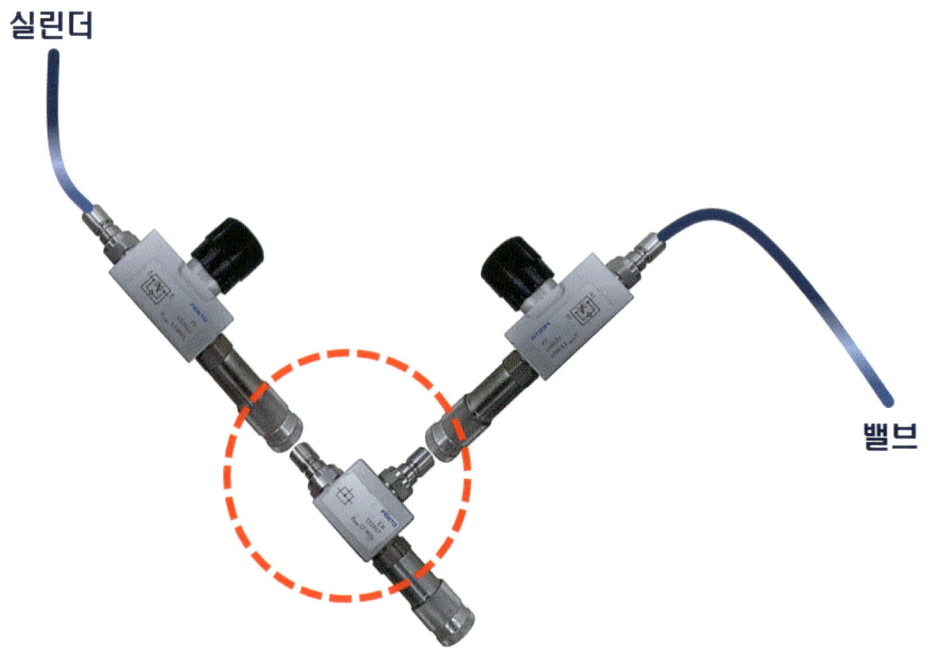

19 전기유압 19과제

| 자격종목 | 기계정비산업기사 | 과제명 | 유압회로구성 및 조립작업 | 척도 | NS |

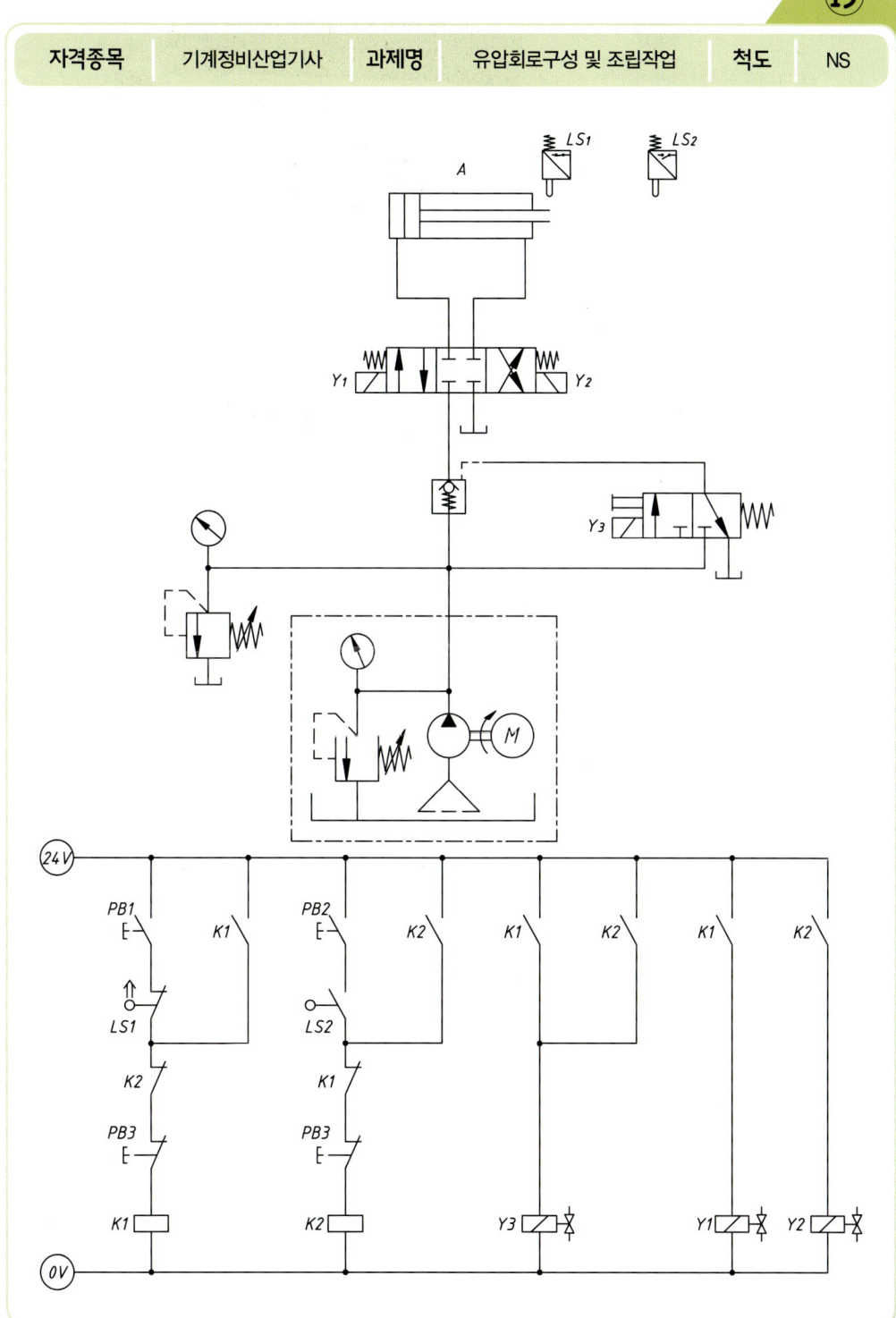

제1장 공유압회로 구성

19-1 제19과제 유압 배관

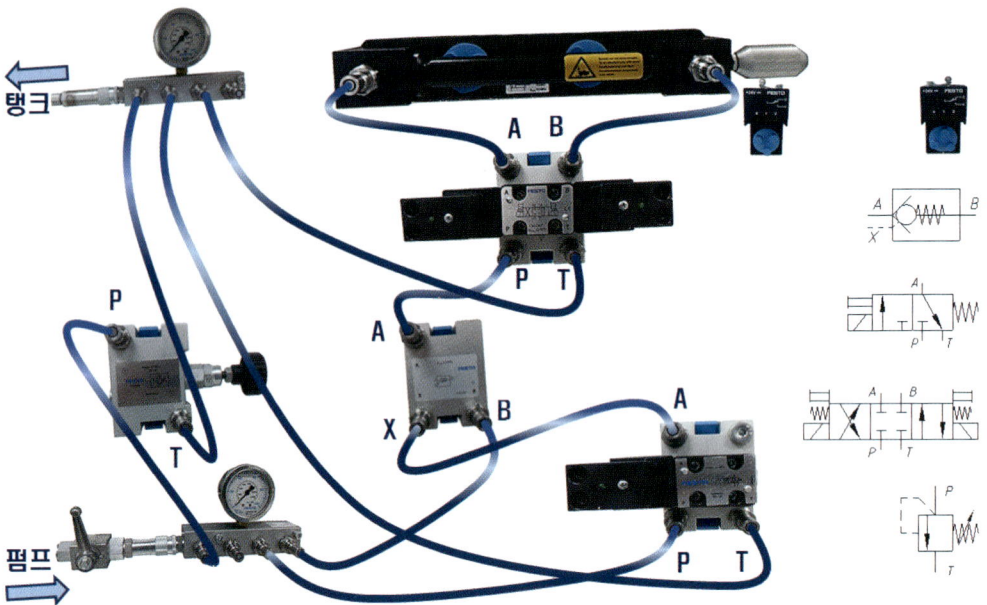

20 전기유압 20과제

| 자격종목 | 기계정비산업기사 | 과제명 | 유압회로구성 및 조립작업 | 척도 | NS |

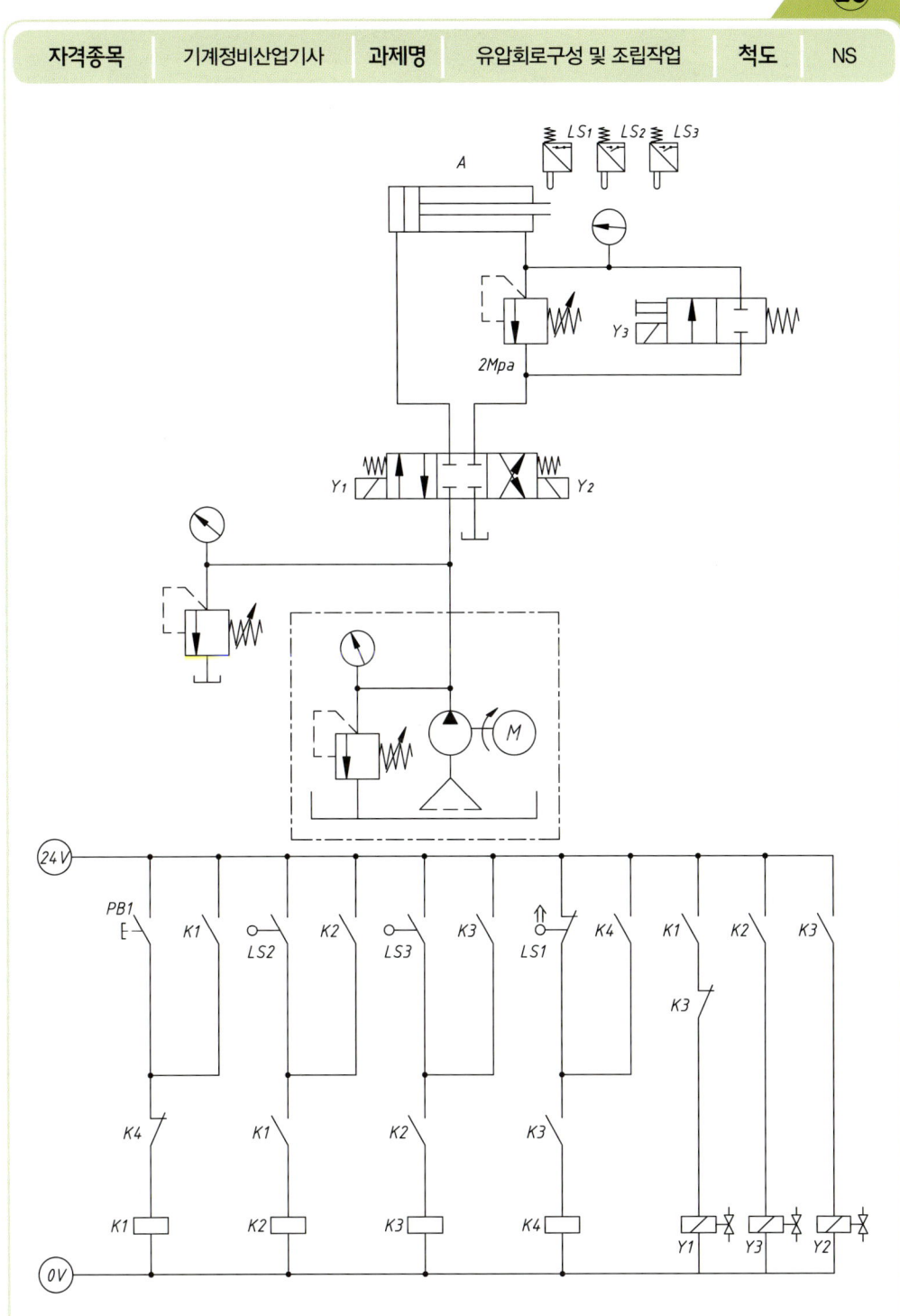

20-1 제20과제 유압 배관

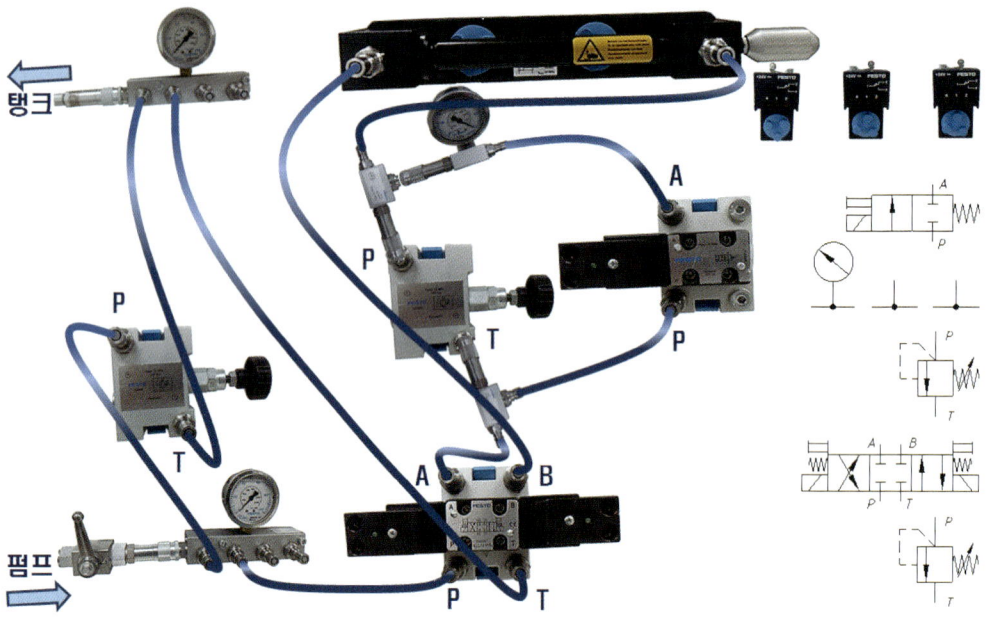

CHAPTER 2 설비진단

I 회전기계 진단

II 소음측정

설비진단

I. 회전기계 진단

1. 진동발생 시뮬레이터

가. 진동발생 시뮬레이터

② 진동측정

가. 설비진단 측정 작업 답안지 예시

과제명	설비진단 측정작업	답지

📚 3-1 진동 스펙트럼

상태	
회전속도(RPM)	

측정 위치(방향)	주요 성분(없음, 1X, 2X, 3X 등)	주파수
수평 방향(H)		
수직 방향(V)		
축 방향(A)		

스펙트럼 출력물 부착 란

나. 진동분석 시스템 시작

1) 진동분석 시스템 프로그램 실행

◈ 진동분석시스템

2) 메인화면 Analyzer 선택

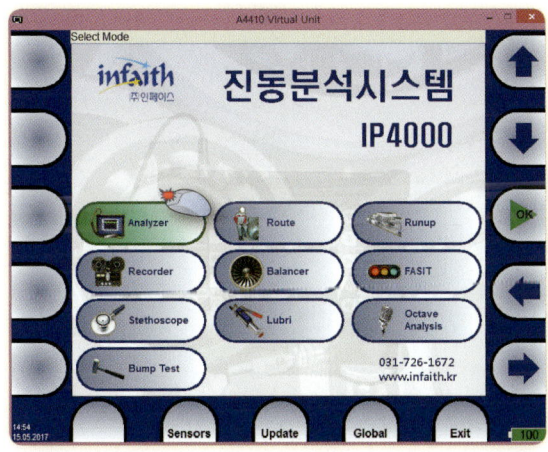

◈ Analyzer 선택

◈ Analyzer 선택 시 초기 화면

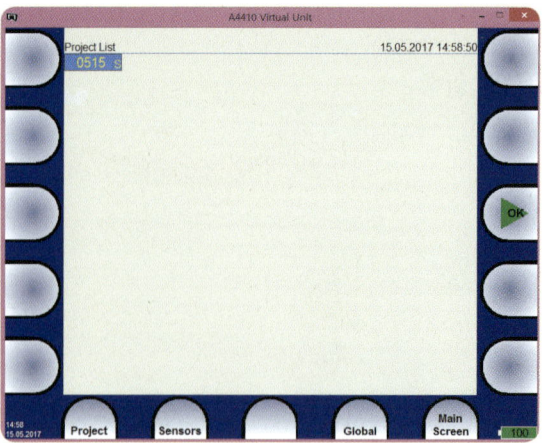

● Analyzer 선택 시 Project 비 삭제 화면

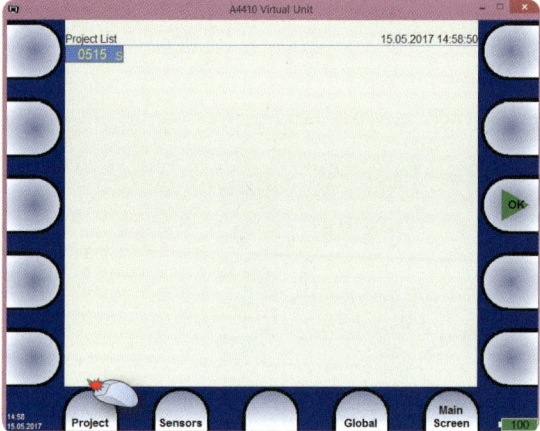

● Project 선택

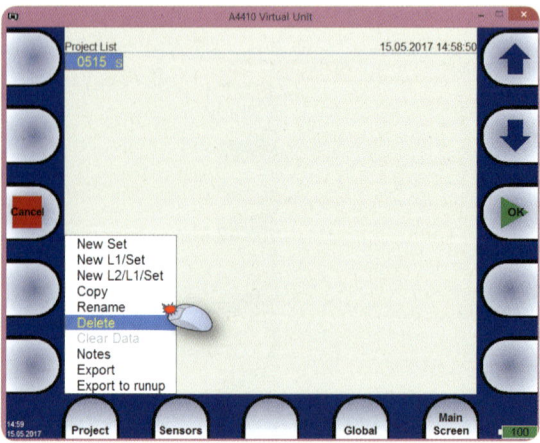

● Delete 선택

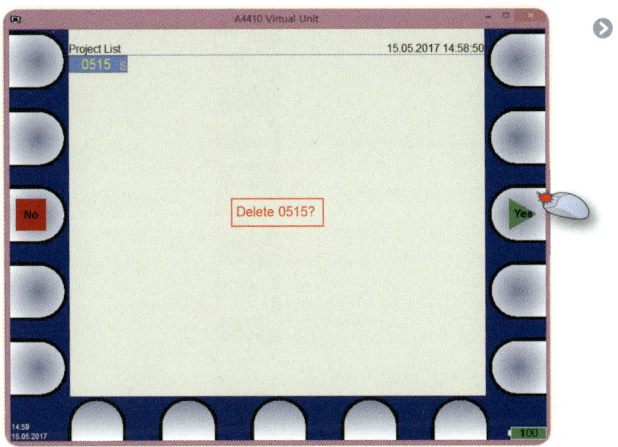
◈ Yes 선택

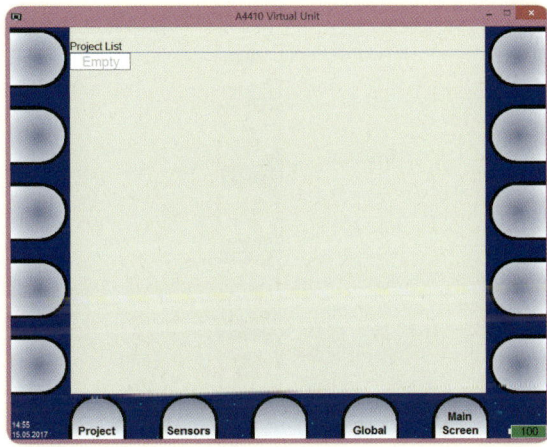
◈ 삭제 완료 화면

3) Project 생성

◈ Project 선택

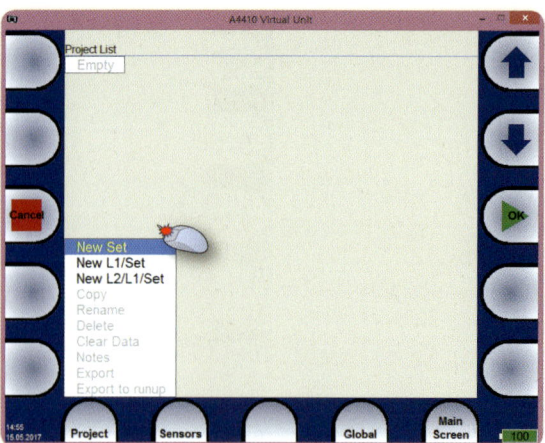

◐ New Set 선택

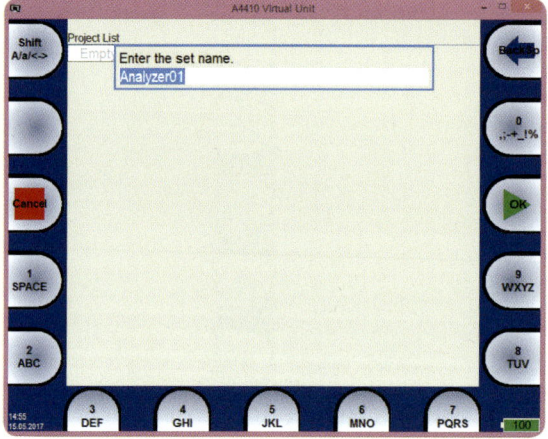

◐ 수험자 수험번호 입력

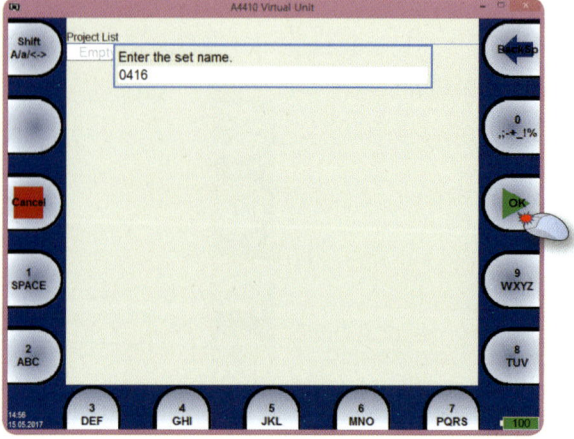

◐ 수험번호 0416(예) 입력 후 OK 선택

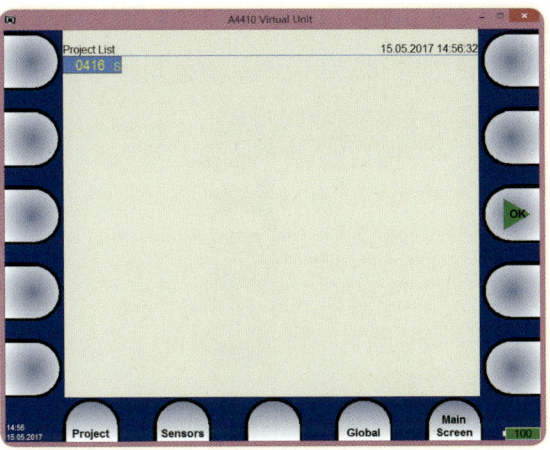

● Project명 0416 입력 후 화면

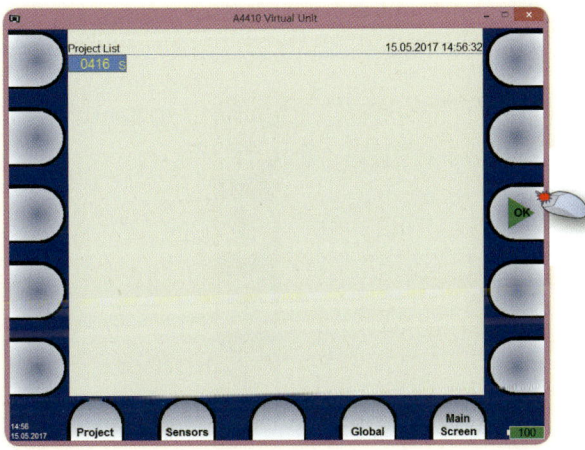

● 0416 선택 후 OK 선택

● OK 선택 후 화면

4) Sensor 설정(AC1, AC2, AC3 개별 설정) 비 권장 방법

[설치된 3축 센서[H, V, A]를 개별 적으로 On으로 설정 하는 방법]

◆ Sensors 선택

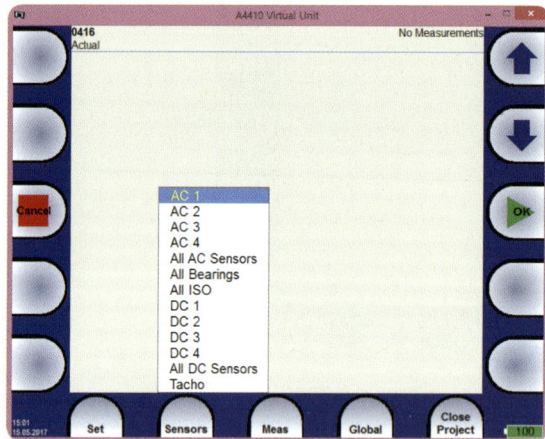

◆ Sensors 선택 후 AC1 선택

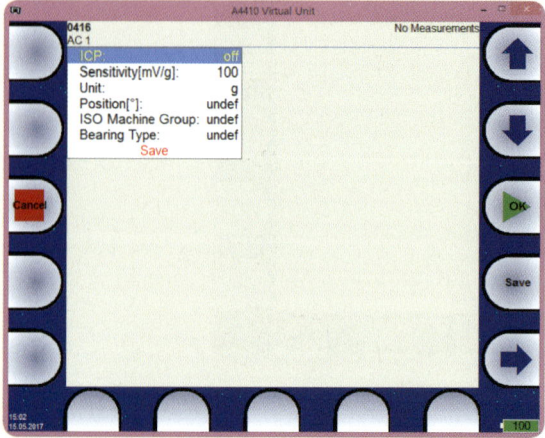

◆ Sensors 선택 후 AC1 선택 후 화면

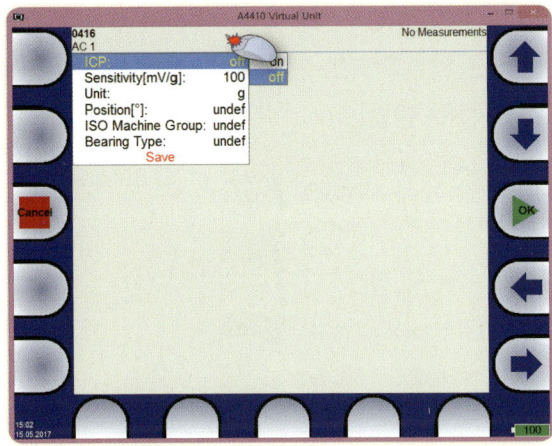

◎ AC1 선택 후 ICP : Off를 On 설정

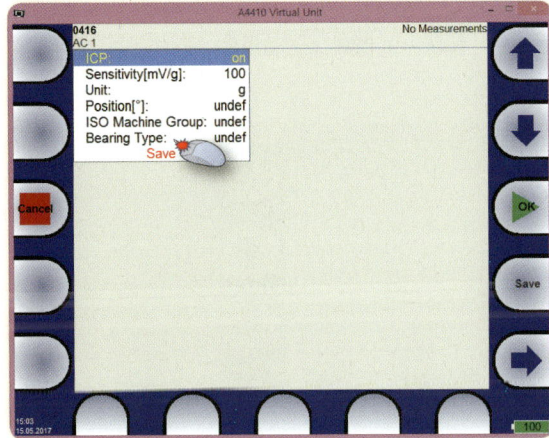

◎ ICP : On 설정 후 Save

X, Y, Z방향을 측정하기 위해 AC1과 동일하게 AC2, AC3을 On 설정 후 저장

5) Sensor 설정(AC1, AC2, AC3, AC4 전체 설정) 권장 방법

[설치된 센서는 3축 센서[H, V, A]이므로 전체 센서(4개)에 대한 옵션을 On으로 설정 후 1개의 센서를 Off로 변경하는 방법]

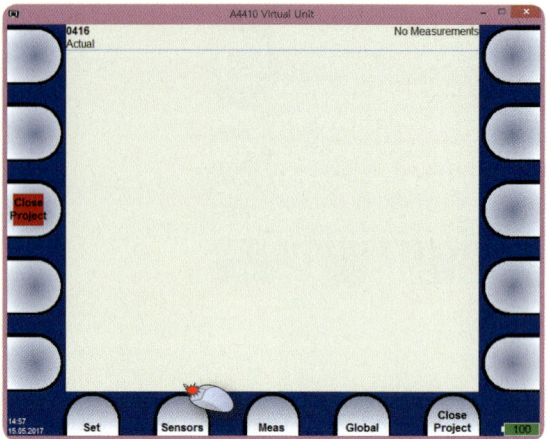

❯ Sensors 선택

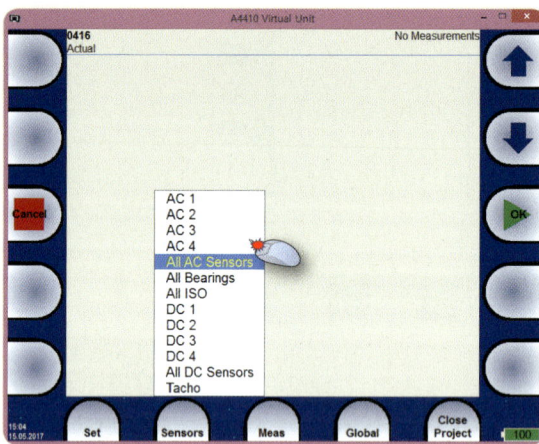

❯ All AC Sensors 선택

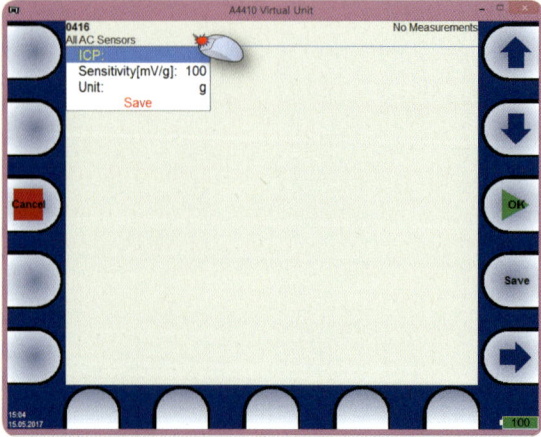

❯ ICP 선택

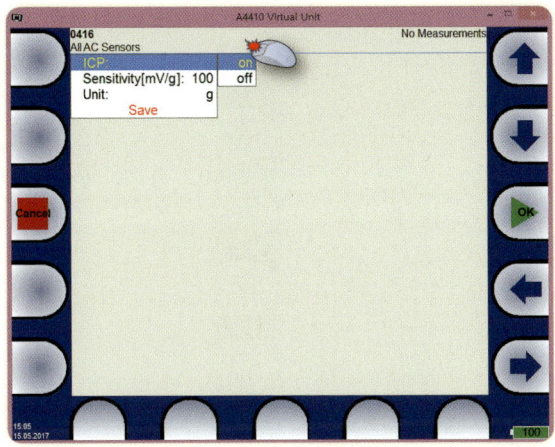

◉ ICP : On 선택

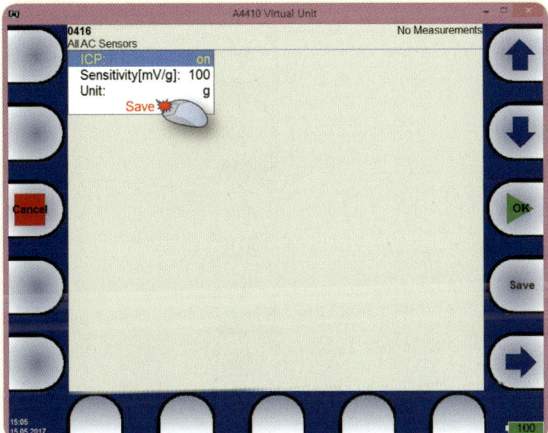

◉ On 선택 후 Save

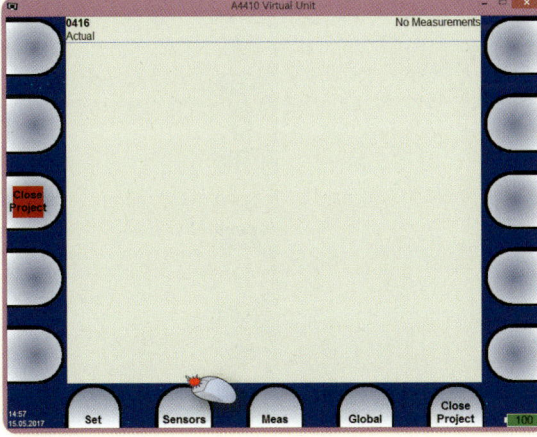

◉ Sensors 선택

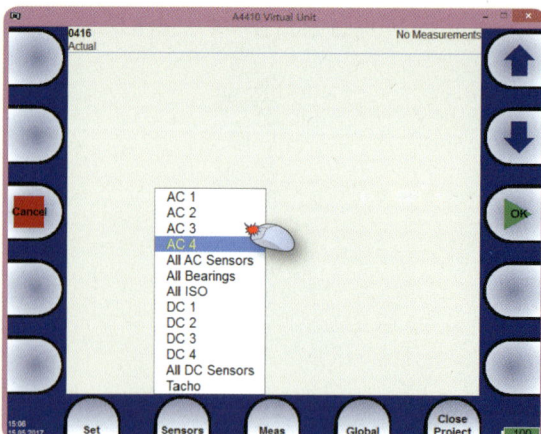

● AC 4 선택

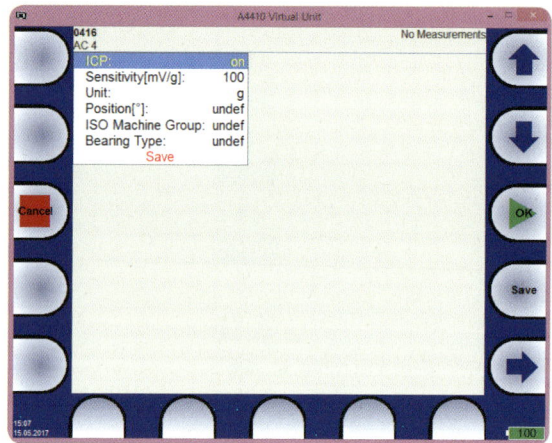

● AC 4 선택 후 화면

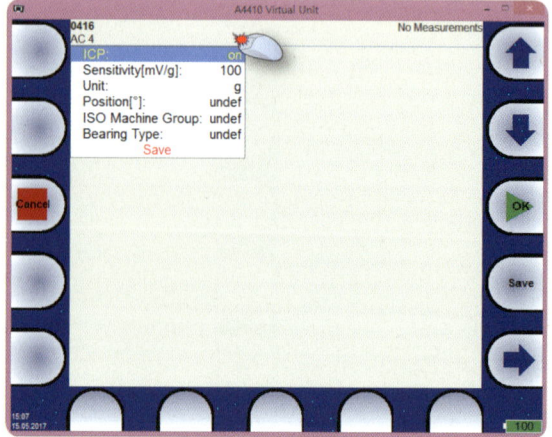

● AC 4 선택 후 ICP 선택

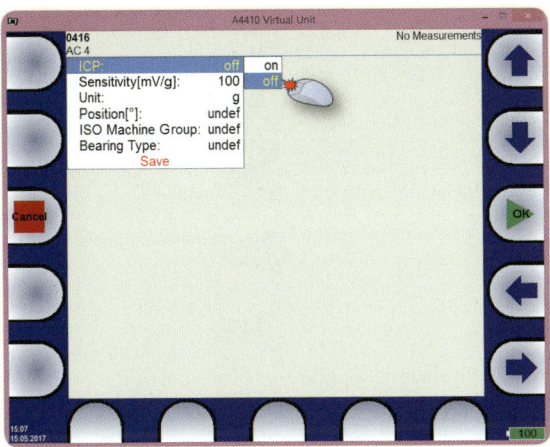
● AC 4 선택 후 ICP : On을 Off로 설정

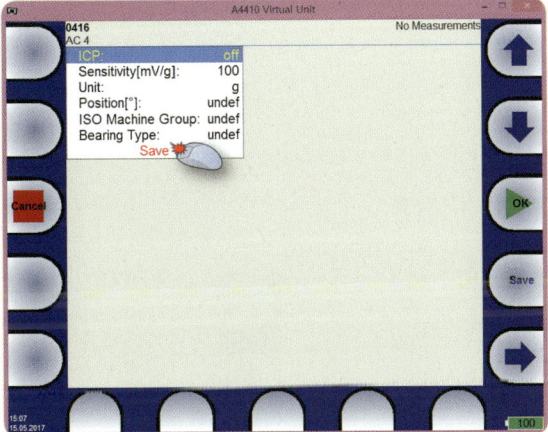
● Off 선택 후 Save

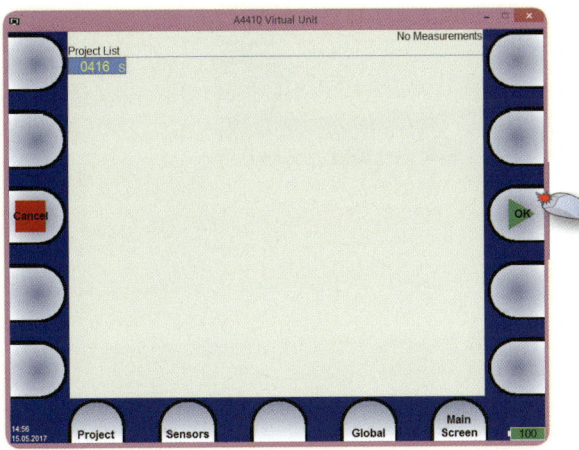
● OK 선택

◐ OK 선택 후 화면

- ICP : On(센서 종류)
- Sensitivity : 100(센서 감도)
- Unit : g(가속도 센서)

6) 측정 데이터 옵션 설정(ch 1 생성)

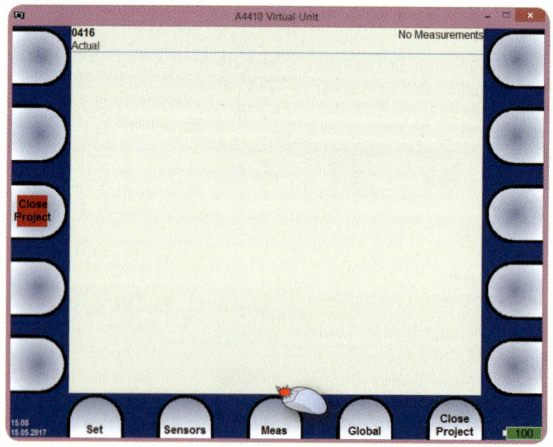

◐ Meas 선택

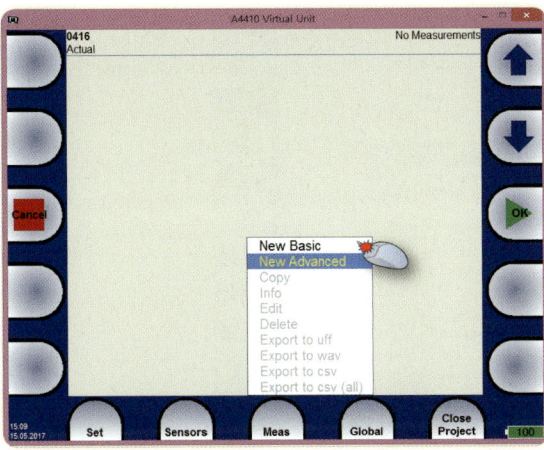

◐ Meas 선택 후 New Advanced 선택

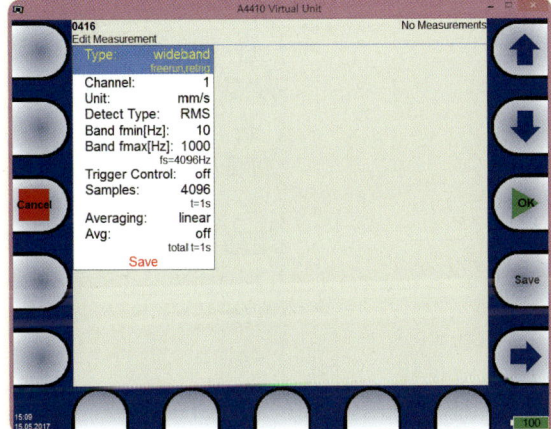

◐ New Advanced 선택 후 화면

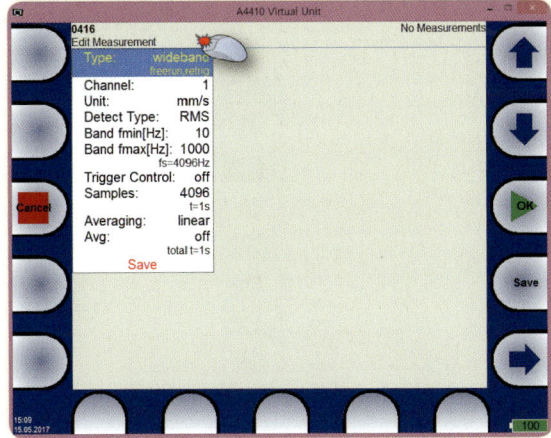

◐ Type 선택

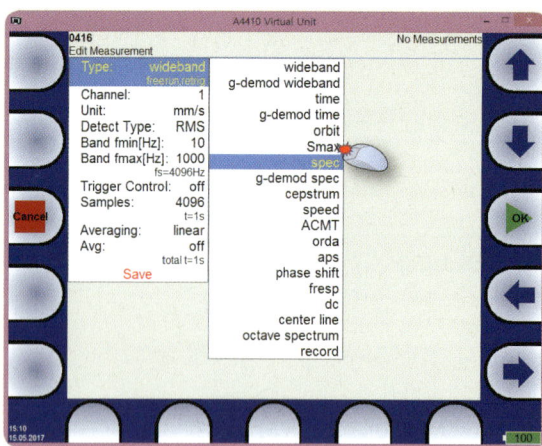

- Type 선택 후 Wideband를 spec으로 설정

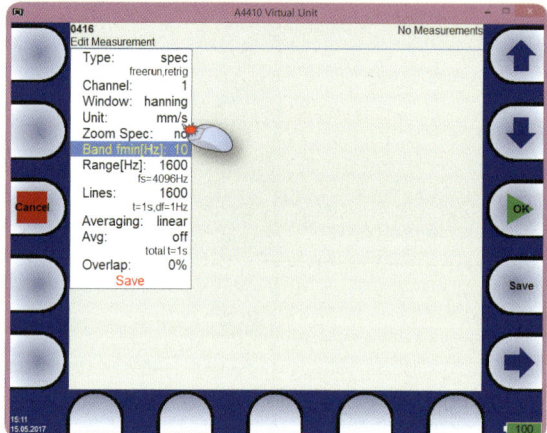

- Band fmin[Hz] : 10 선택

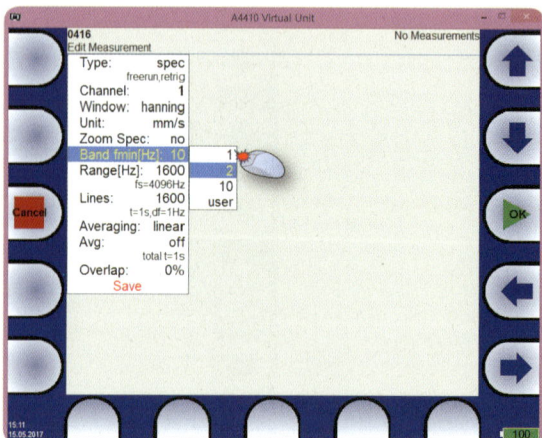

- Band fmin[Hz] : 10을 2로 설정

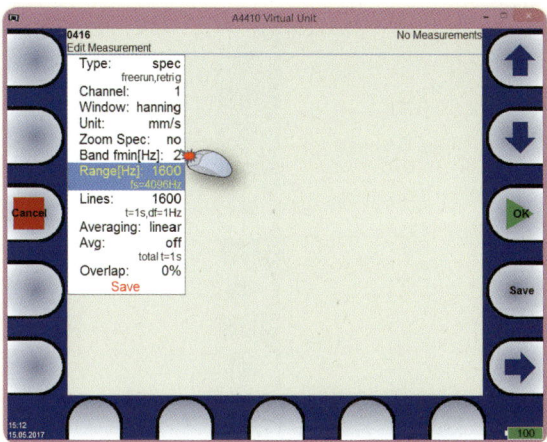

◉ Range[Hz] : 1600 선택

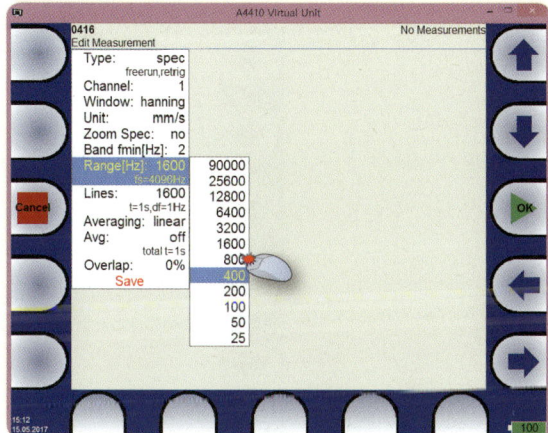

◉ Range[Hz] : 1600을 400으로 설정

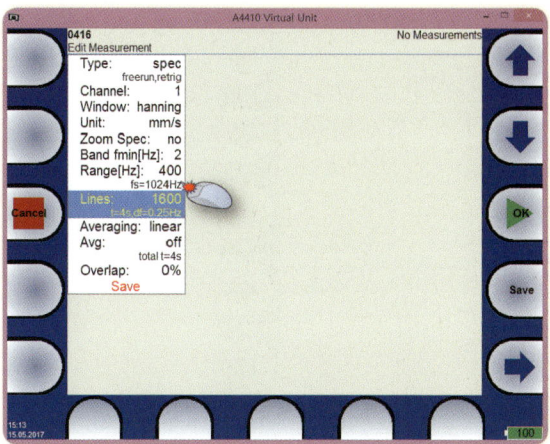

◉ Lines : 1600 선택

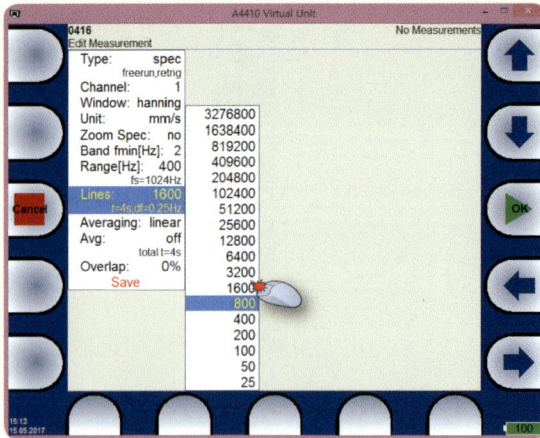

- Lines : 1600을 800으로 설정

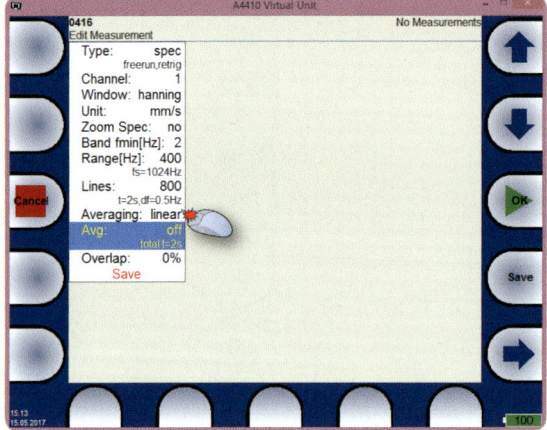

- Avg : off 선택

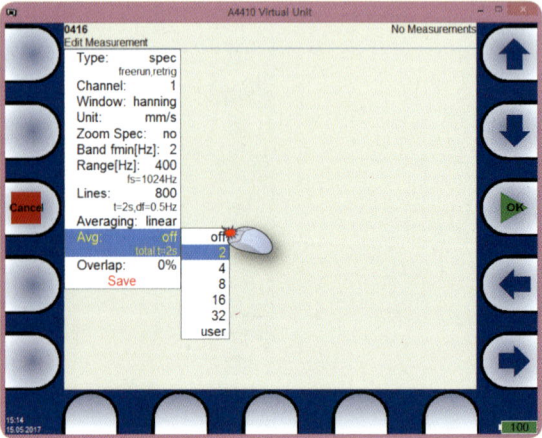

- Avg : off를 2로 설정

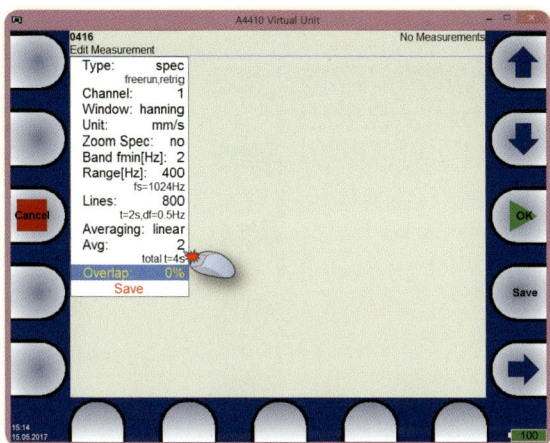

● Overlap : 0% 선택

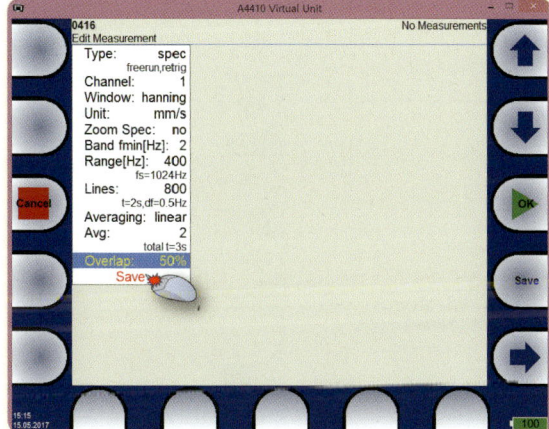

● Overlap : 0%를 50%로 설정 후 Save

7) 채널 생성 확인(ch 1)

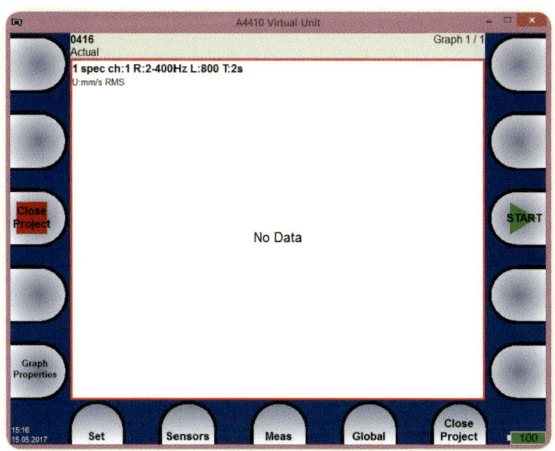

● ch : 1 생성 화면

8) 추가 채널 생성(ch 2)

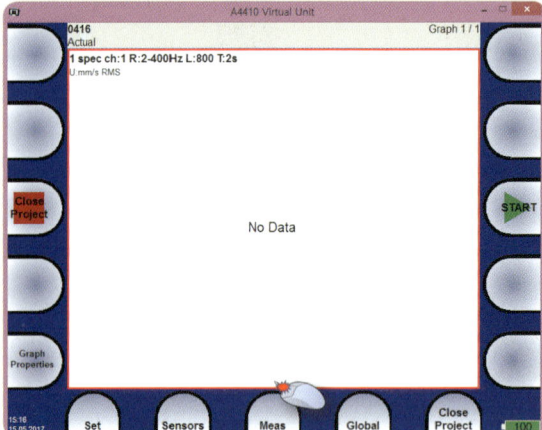

❯ Meas 선택

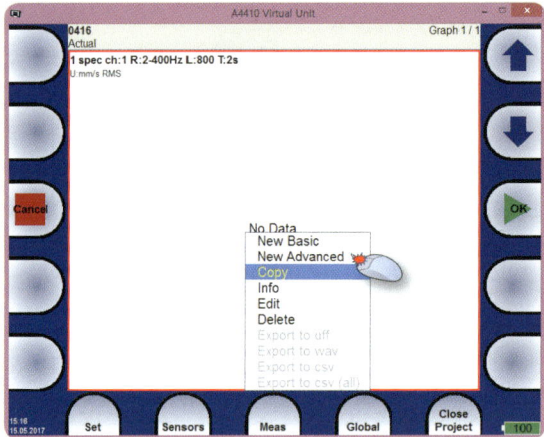

❯ Meas 선택 후 Copy 선택

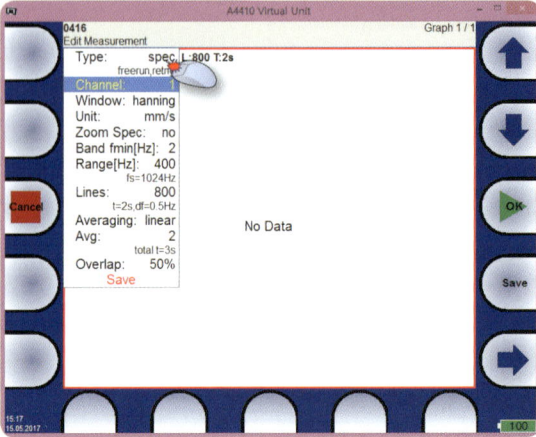

❯ Channel 1 선택

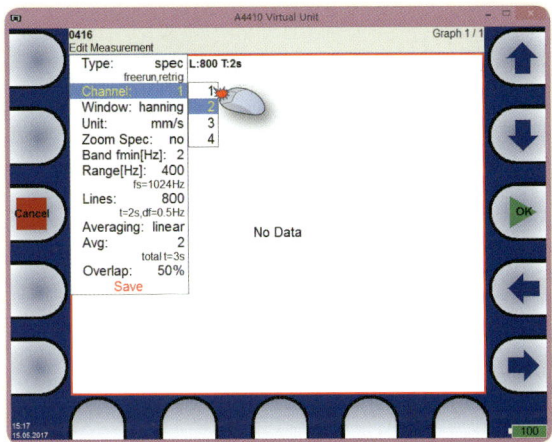

● Channel 1 선택 후 1을 2로 변경

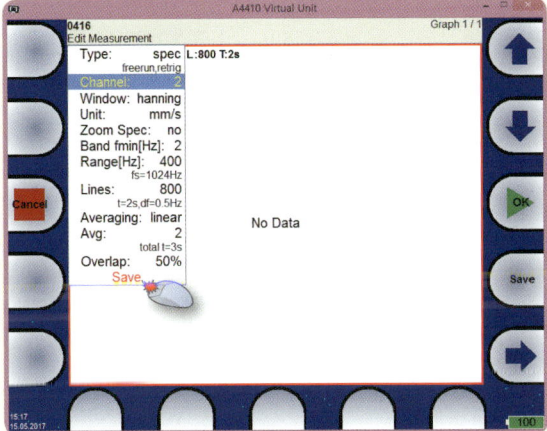

● Save 선택

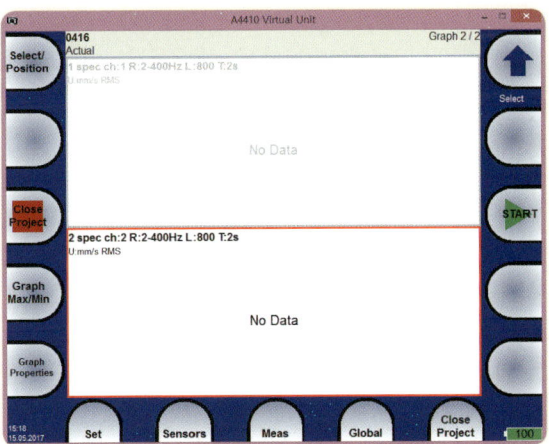

● ch : 2 추가 생성 화면

9) 추가 채널 생성(ch 3)

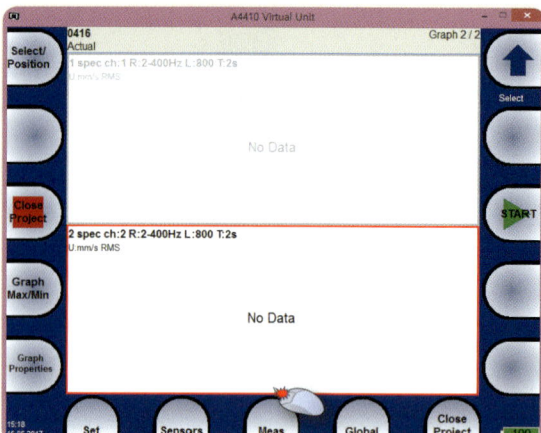

● Meas 선택

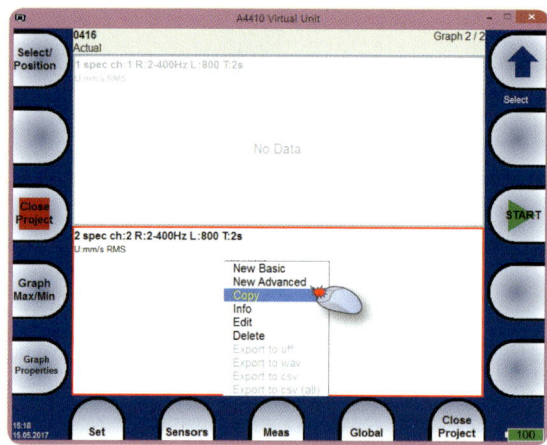

● Meas 선택 후 Copy 선택

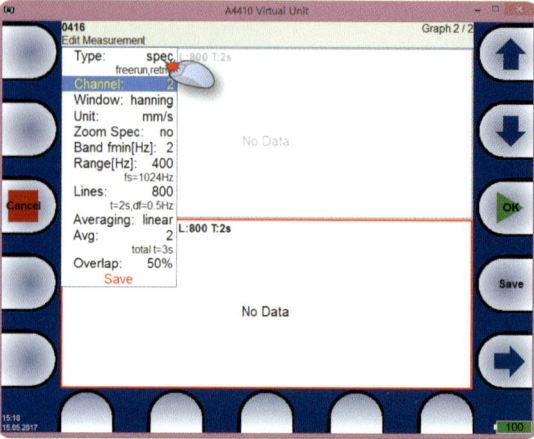

● Channel 2 선택

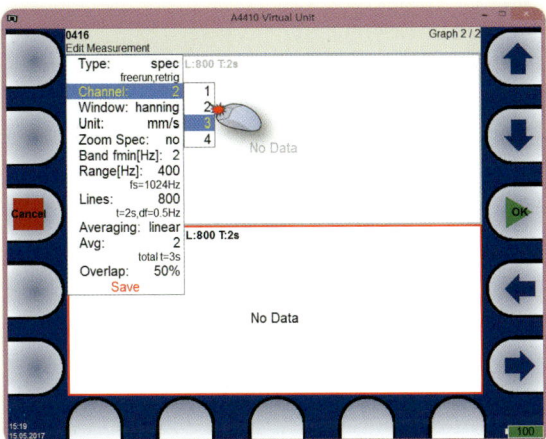

◉ Channel 2 선택 후 2를 3으로 변경

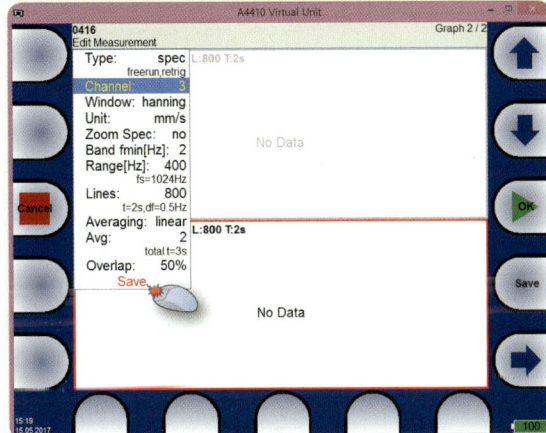

◉ Save 선택

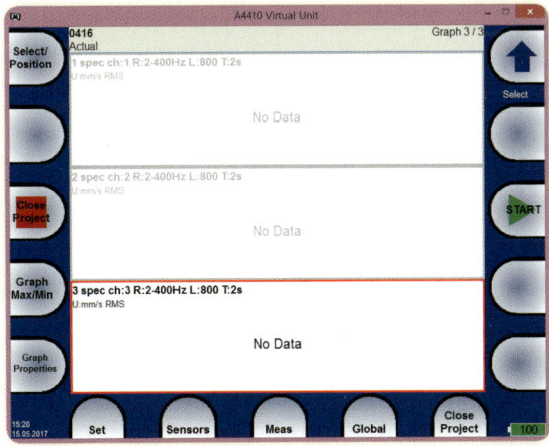

◉ ch : 3 추가 생성 화면

10) 진동 측정 시작

[시뮬레이터 기동 후 주파수 30Hz, 1,800RPM으로 회전하면 측정 실시]

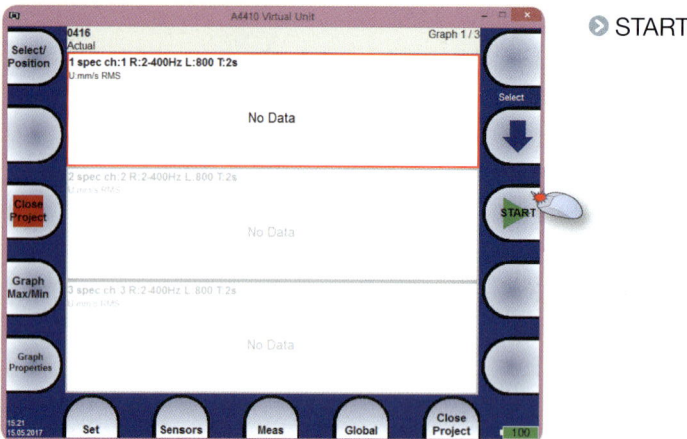

◉ START 선택

11) 진동 측정 정지

[START 버튼을 선택 후 Data의 측정을 시작하고, 대략 10초 측정 후 정지]

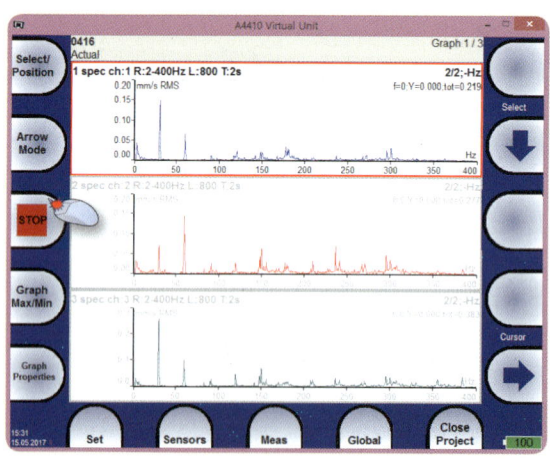

◉ 스팩트럼이 안정화되면 STOP 선택

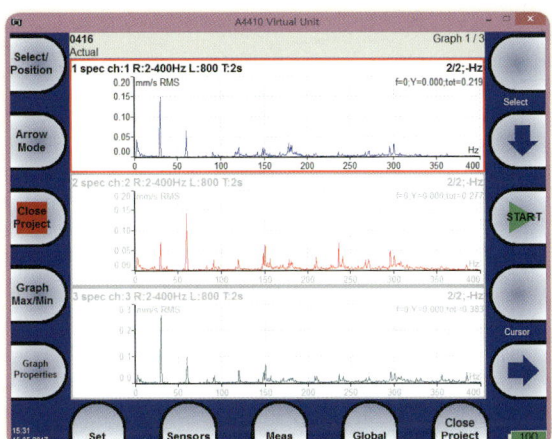

◆ STOP 선택 후 화면 정상 상태

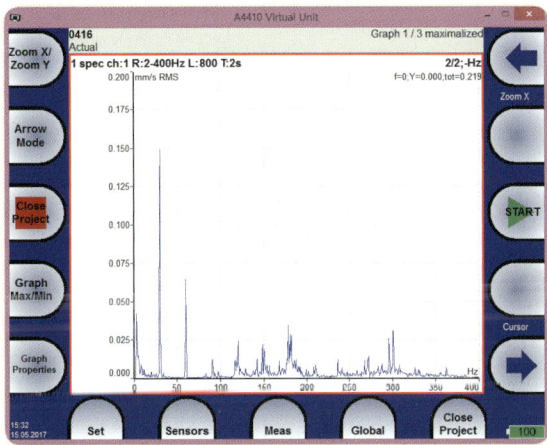

◆ ch 1 더블 클릭하여 확대한
　화면 측정 참조

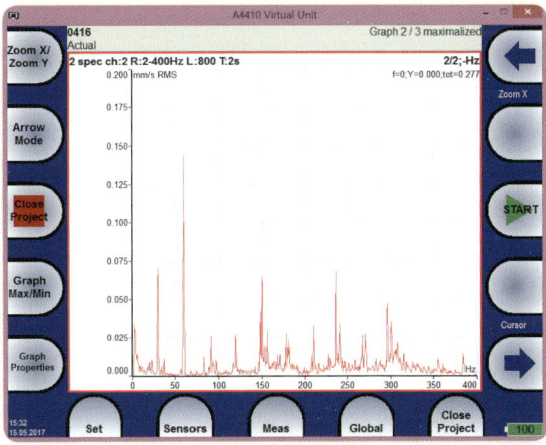

◆ ch 2 더블 클릭하여 확대한
　화면 측정 참조

제2장 설비진단　167

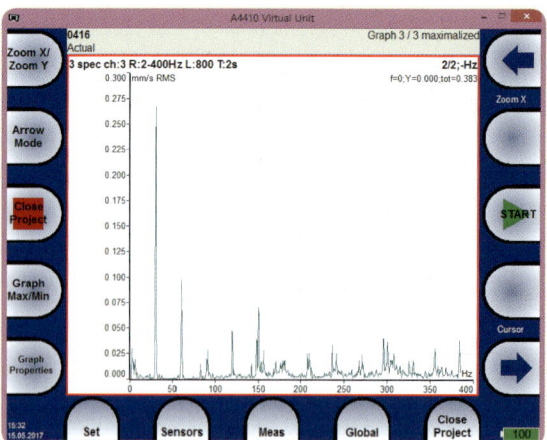

● ch 3 더블 클릭하여 확대한
　화면 측정 참조

12) 측정 데이터 이미지 저장 정상 상태

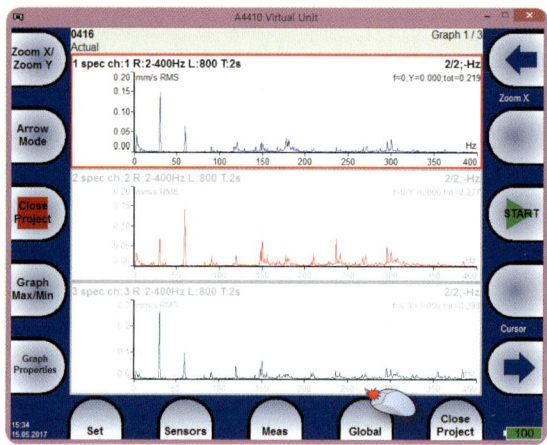

● Global 선택

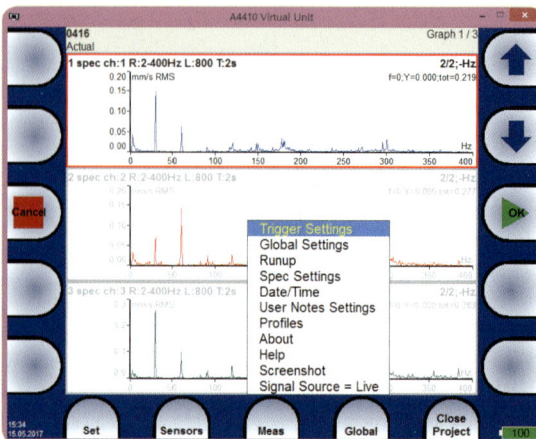

● Global 선택 후 화면

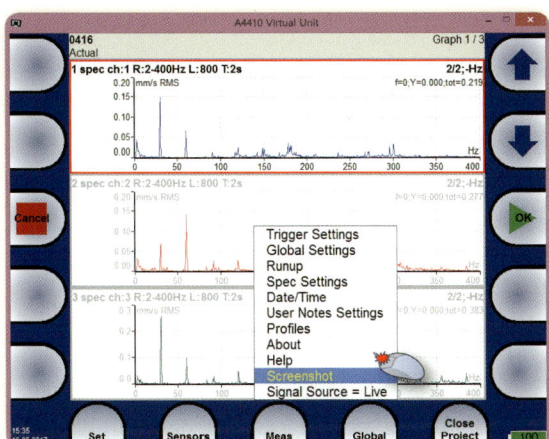

◆ Screen shot 선택

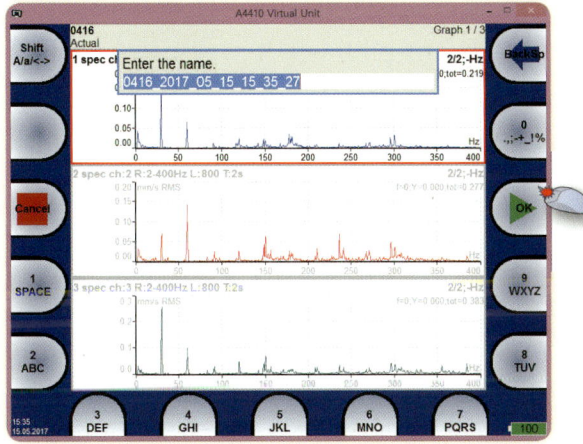

◆ 수험번호 0416(예) 확인 후 OK 선택

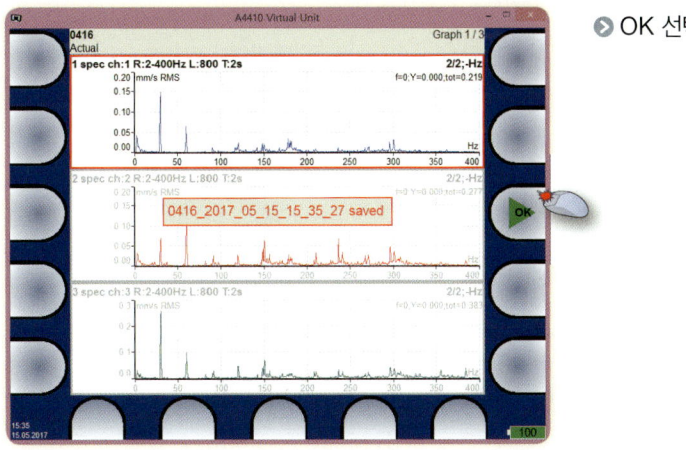

◆ OK 선택

◎ 바탕화면 진동분석시스템 캡쳐 그래프 선택

◎ 수험번호 0416, 년, 시, 분, 초 확인 후 출력 또는 세 가지 상태 저장 후 출력 정상 상태

13) 진동 측정 시작

[저장된 측정 옵션을 그대로 적용하므로, 시뮬레이터 기동 후 주파수 30Hz, 1,800RPM으로 회전하면 측정 실시]

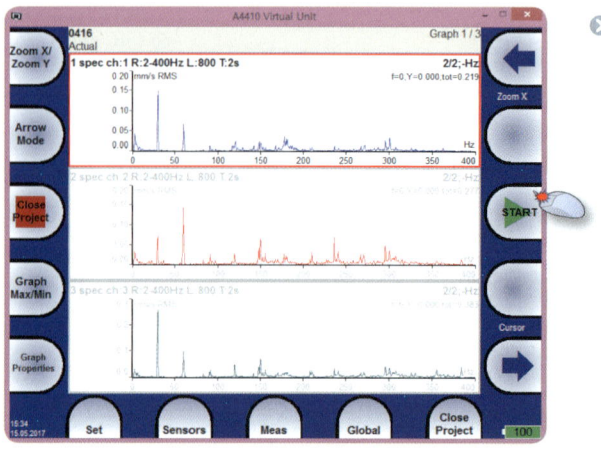

◎ START 선택

14) 진동 측정 정지

[START 버튼을 선택 후 Data의 측정을 시작하고, 대략 10초 측정 후 정지]

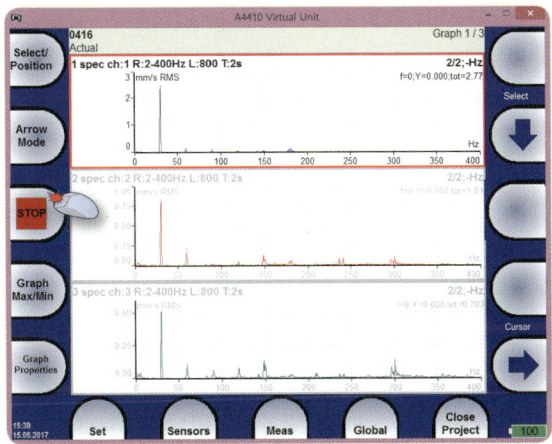

● 스팩트럼이 안정화되면 STOP 선택

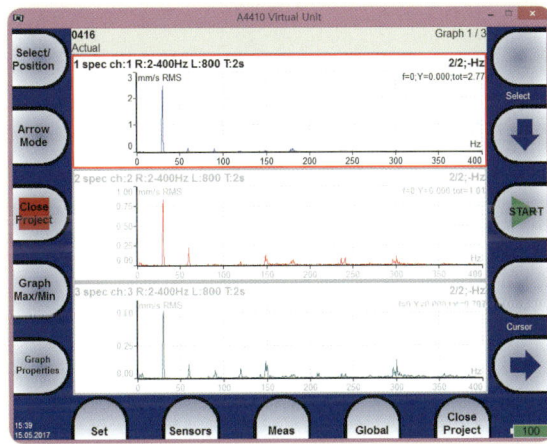

● STOP 선택 후 화면 질량 불평형 상태

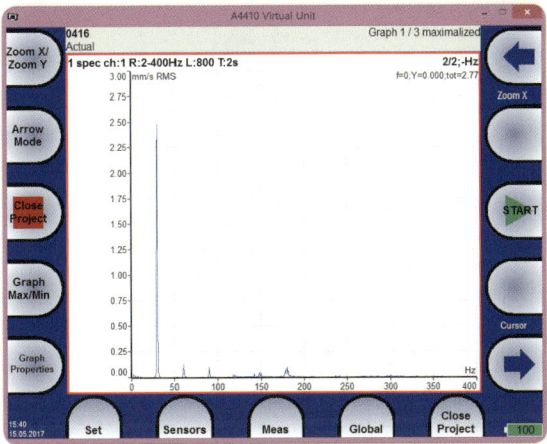

● ch 1 더블 클릭하여 확대한 화면 측정 참조

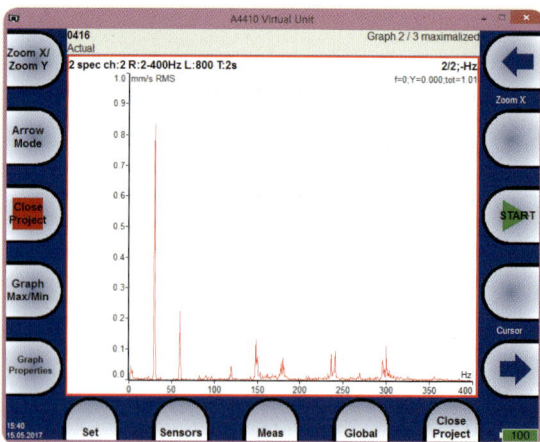

- ch 2 더블 클릭하여 확대한 화면 측정 참조

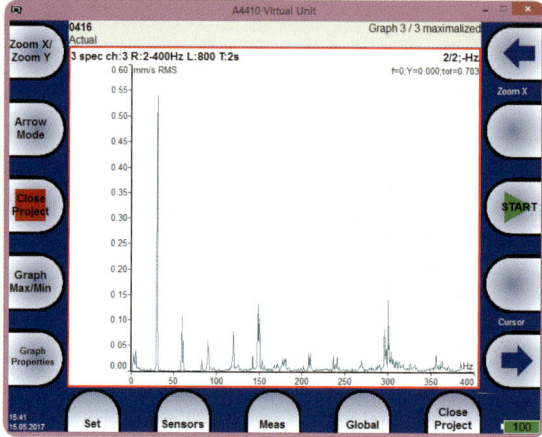

- ch 3 더블 클릭하여 확대한 화면 측정 참조

15) 측정 데이터 이미지 저장 질량 불평형 상태

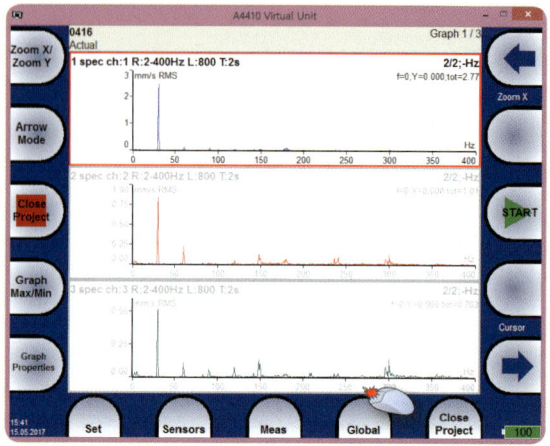

- Global 선택

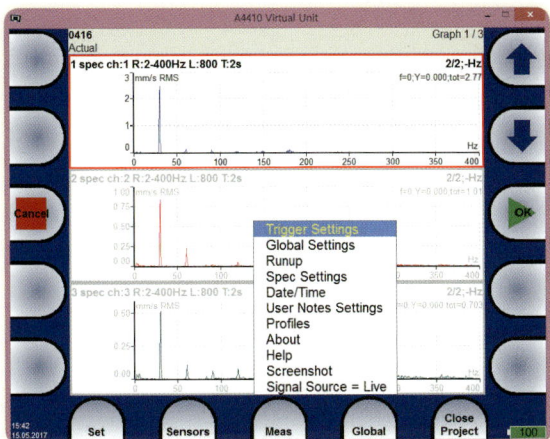
● Global 선택 후 화면

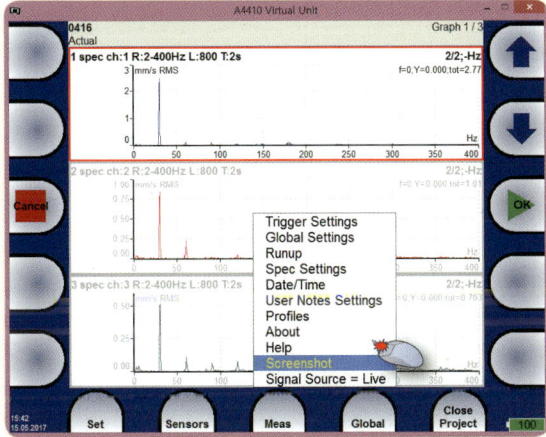
● Screen shot 선택

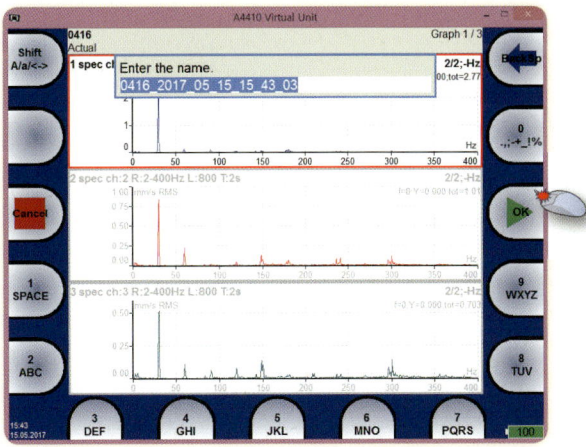
● 수험번호 0416(예) 확인 후 OK 선택

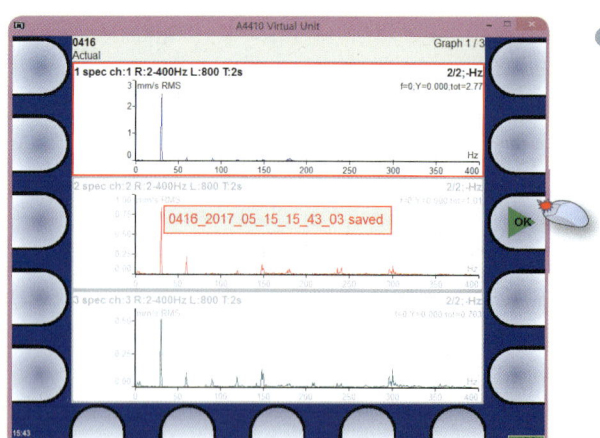

◐ OK 선택

◐ 바탕화면 진동분석시스템 캡쳐 그래프 선택

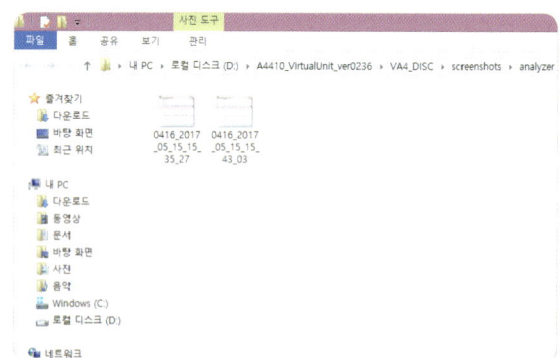

◐ 수험번호 0416, 년, 시, 분, 초 확인 후 출력 또는 세 가지 상태 저장 후 출력 질량 불평형 상태

16) 진동 측정 시작

[저장된 측정 옵션을 그대로 적용하므로, 시뮬레이터 기동 후 주파수 30Hz, 1,800RPM으로 회전하면 측정 실시]

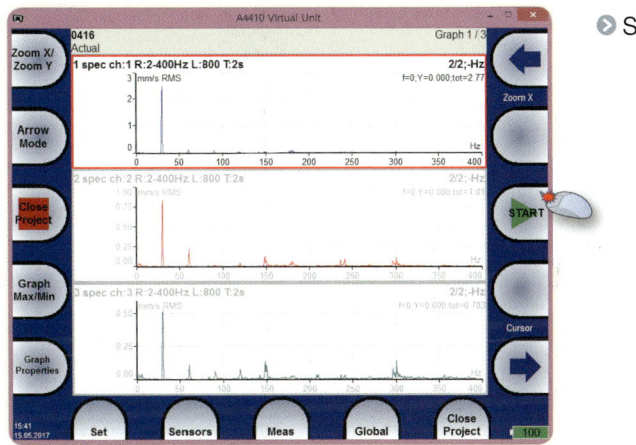

◈ START 선택

17) 진동 측정 정지

[START 버튼을 선택 후 Data의 측정을 시작하고, 대략 10초 측정 후 정지]

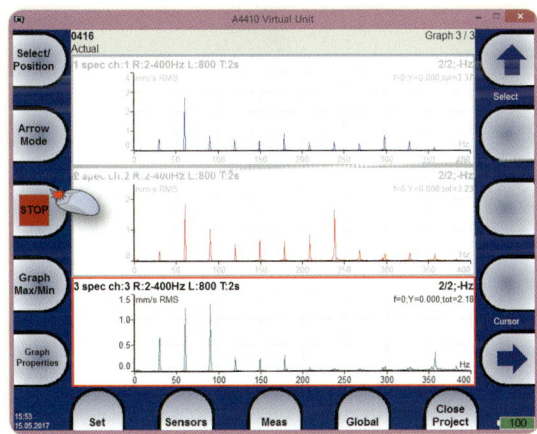

◈ 스팩트럼이 안정화되면 STOP 선택

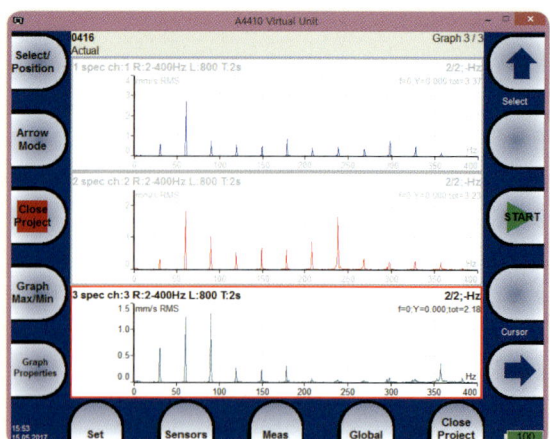

◈ STOP 선택 후 화면 축 오정렬 상태

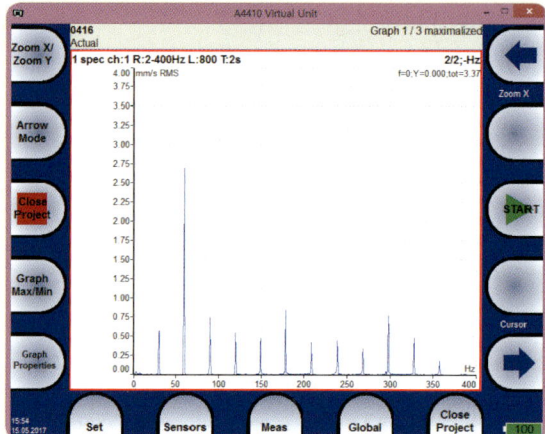

◈ ch 1 더블 클릭하여 확대한
  화면 측정 참조

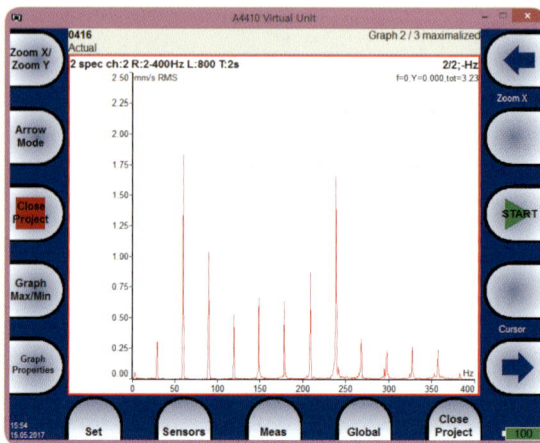

◈ ch 2 더블 클릭하여 확대한
  화면 측정 참조

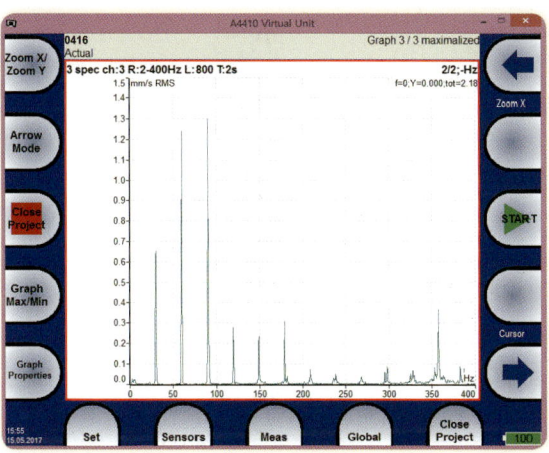

◉ ch 3 더블 클릭하여 확대한
  화면 측정 참조

18) 측정 데이터 이미지 저장 축 오정렬 상태

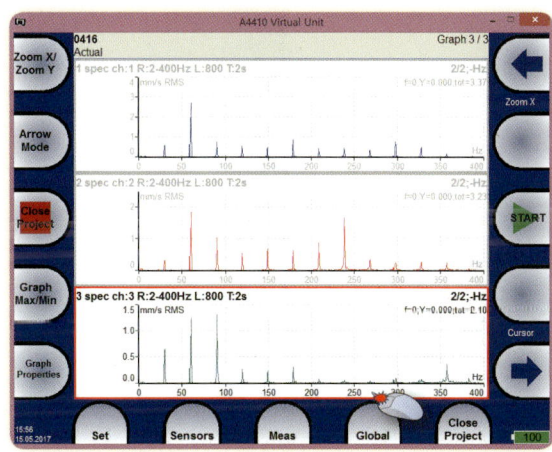

◉ Global 선택

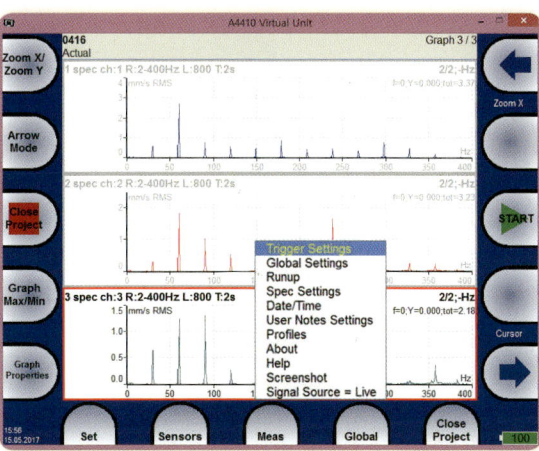

◉ Global 선택 후 화면

제2장 설비진단

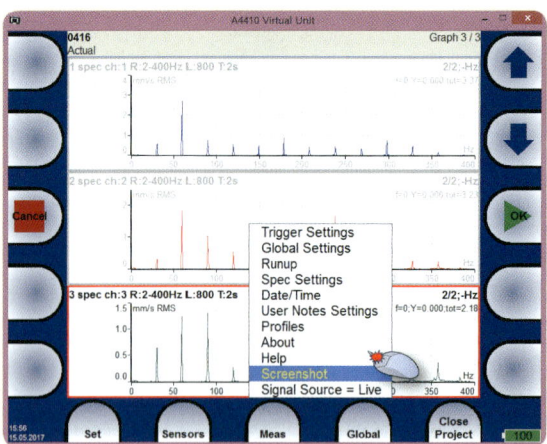
◐ Screen shot 선택

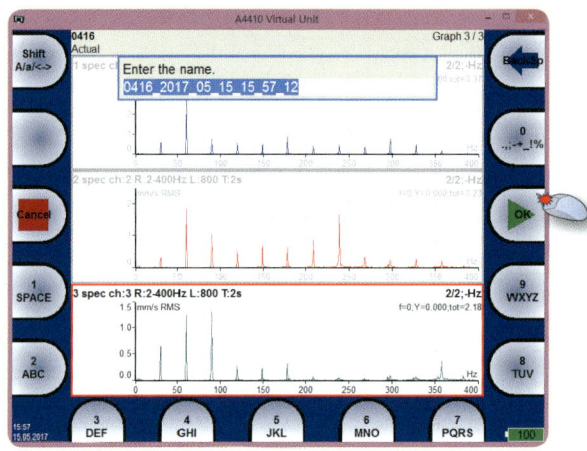
◐ 수험번호 0416(예) 확인 후 OK 선택

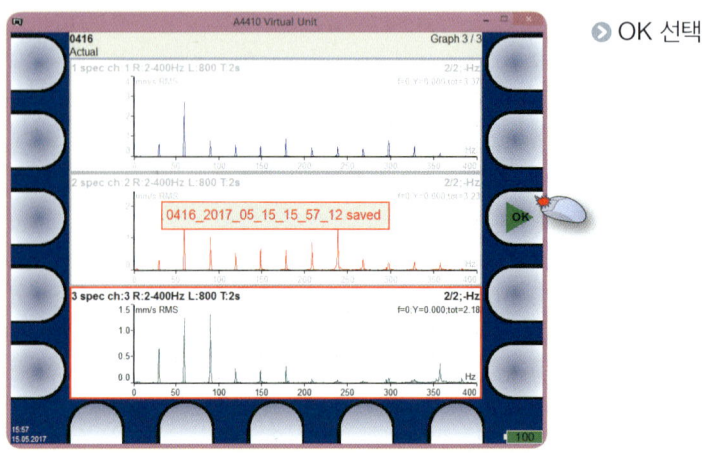
◐ OK 선택

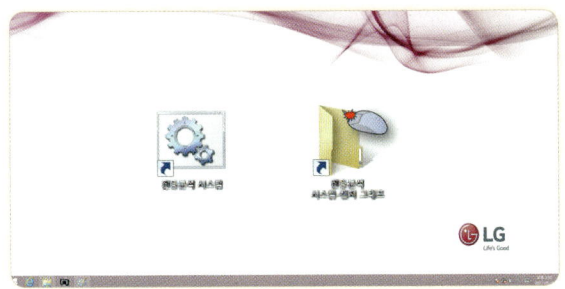

◉ 바탕화면 진동분석시스템 캡쳐 그래프 선택

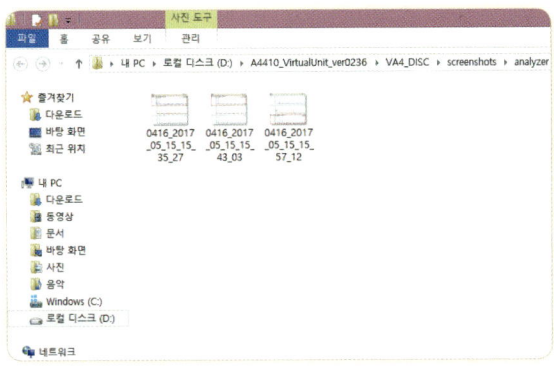

◉ 수험번호 0416, 년, 시, 분, 초 확인 후 출력 축 오정렬 상태

19) 측정 데이터 출력

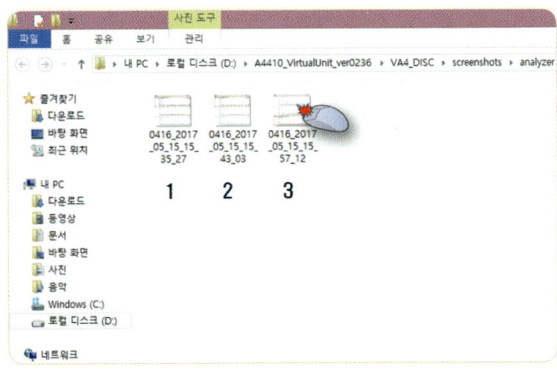

◉ 측정 데이터 더블 클릭

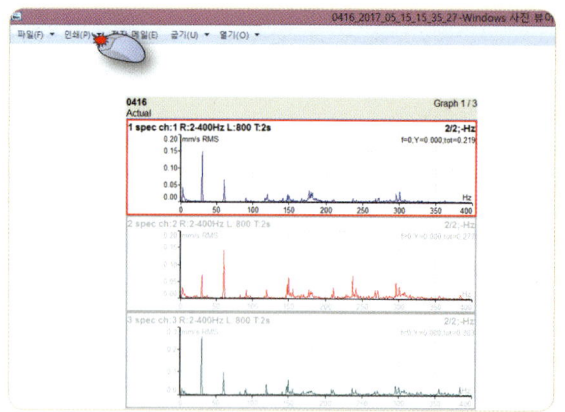
◆ 인쇄 선택

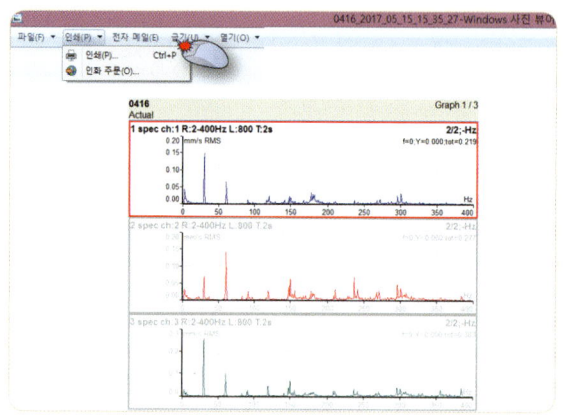
◆ 인쇄(P) 선택

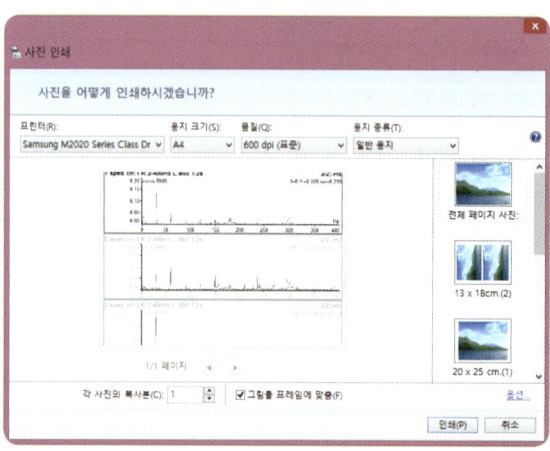
◆ 프린터 확인

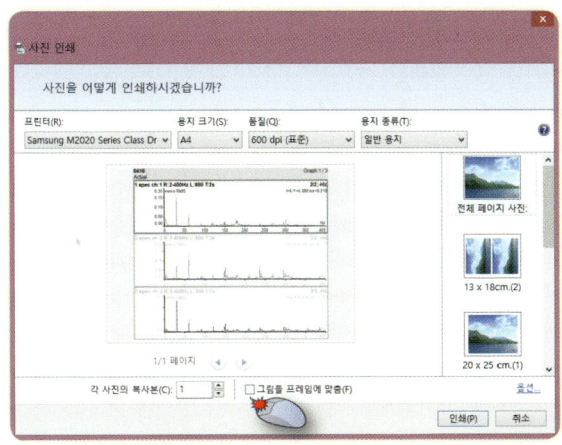

◎ 그림을 프레임에 맞춤(F) 옵션 해제

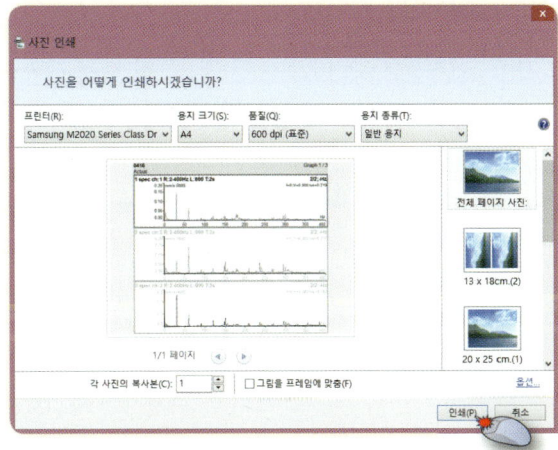

◎ 인쇄

③ 측정결과 해석

1) 측정 결과물 해석 주요사항

[주요 진동 성분은 0.5mm/s(예)를 기준으로 해석] 진동성분 기준 값은 유동적

가) 세 개의 측정 결과물 확인

나) Y축 스케일의 높이 차이 확인

다) 진동 값의 크기 확인(우측 상단 tot값)

라) 주요 주파수 확인

마) 질량 불평형 상태의 경우 반경(수평, 수직) 방향 확인
   (1) 정상 상태와 비교했을 때 1X 진동 성분이 상당히 높음.
   (2) 축 방향도 같이 높을 수 있음.

바) 축 오정렬 상태의 경우 축 방향 확인
   (1) 1X, 2X, 3X 진동 성분이 높으며, 그 이상도 높을 수 있으며, 3X 성분까지만 확인
   (2) 반경(수평, 수직) 방향도 함께 높을 수 있음.

2) 측정 결과물 해석 정상 상태

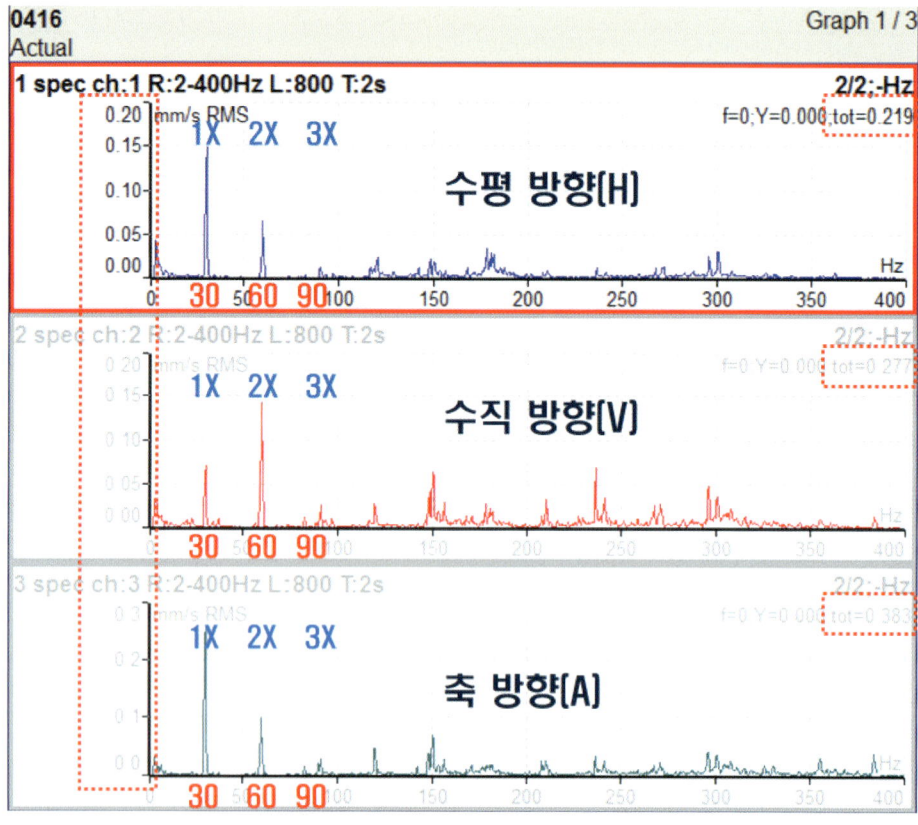

| 과제명 | 설비진단 측정작업 | 답지 |

2-1 진동 스펙트럼

상태	정상 상태
회전속도(RPM) 	1,800RPM

측정 위치(방향)	주요 성분(없음, 1X, 2X, 3X 등)	주파수
수평 방향(H)	없음	없음
수직 방향(V)	없음	없음
축 방향(A)	없음	없음

스펙트럼 출력물 부착 란

3) 측정 결과물 해석 질량 불평형 상태

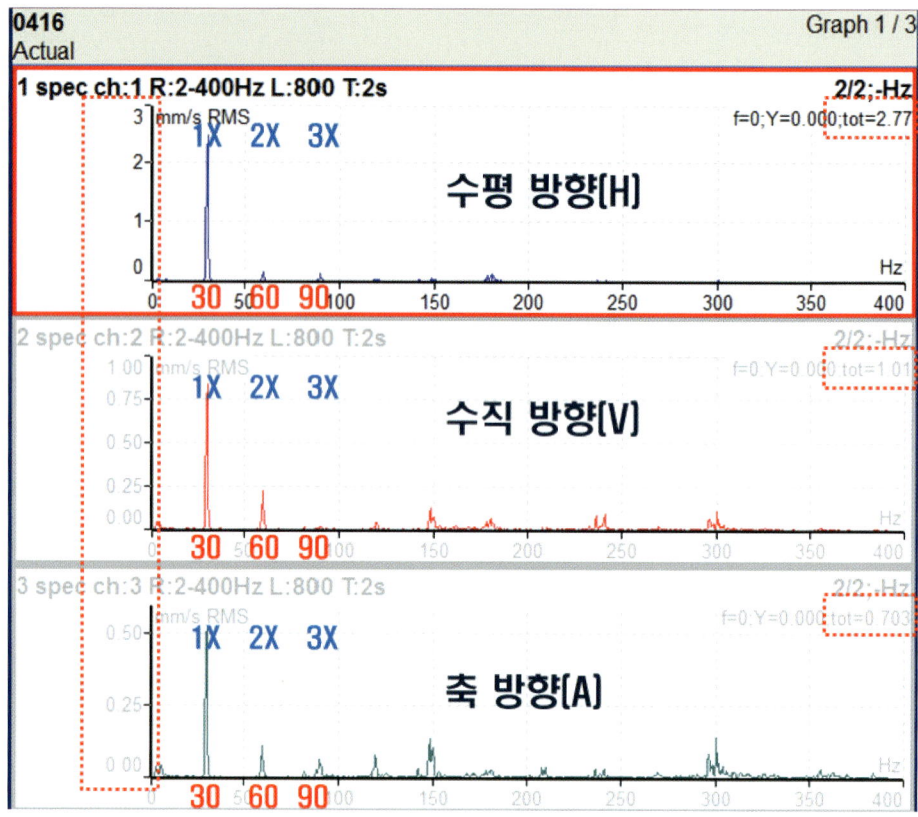

| 과제명 | 설비진단 측정작업 | 답지 |

📚 3-1 진동 스펙트럼

상태	질량 불평형 상태
회전속도(RPM)	1,800RPM

측정 위치(방향)	주요 성분(없음, 1X, 2X, 3X 등)	주파수
수평 방향(H)	1X	30Hz
수직 방향(V)	1X	30Hz
축 방향(A)	1X	30Hz

스펙트럼 출력물 부착 란

4) 측정 결과물 해석 축 오정렬 상태

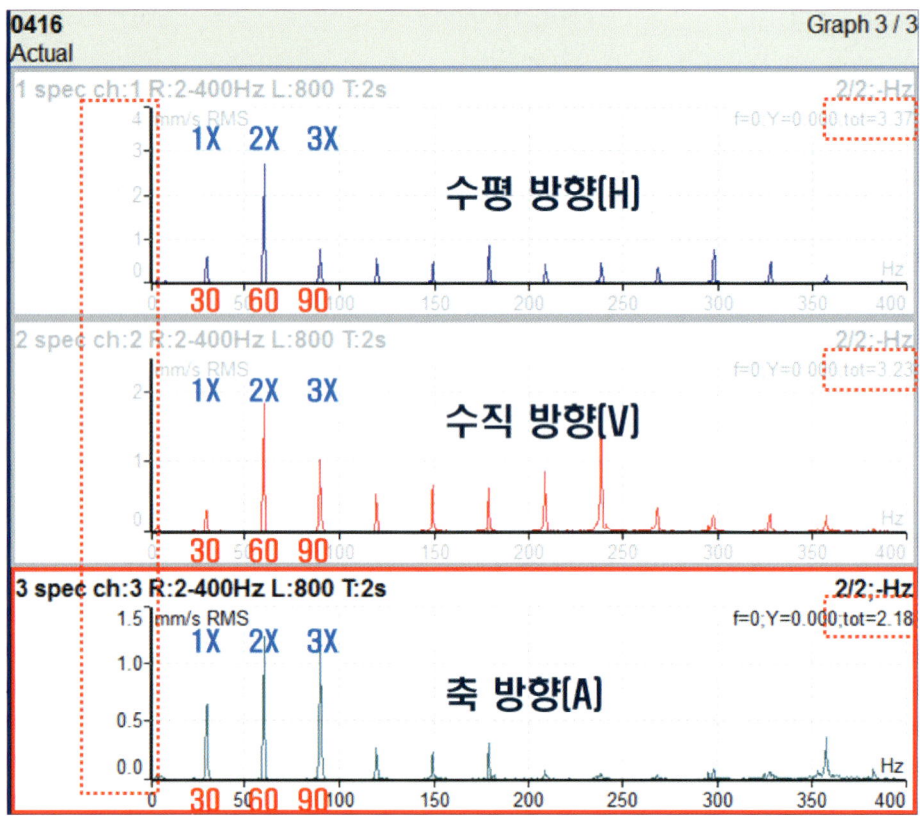

| 과제명 | 설비진단 측정작업 | 답지 |

📚 4-1 진동 스펙트럼

상태	축 오정렬 상태
회전속도(RPM)	1,800RPM

측정 위치(방향)	주요 성분(없음, 1X, 2X, 3X 등)	주파수
수평 방향(H)	1X, 2X, 3X	30Hz, 60Hz, 90Hz
수직 방향(V)	2X, 3X	60Hz, 90Hz
축 방향(A)	1X, 2X, 3X	30Hz, 60Hz, 90Hz

스펙트럼 출력물 부착 란

④ 측정결과 예시

가. 질량 불평형 상태 예

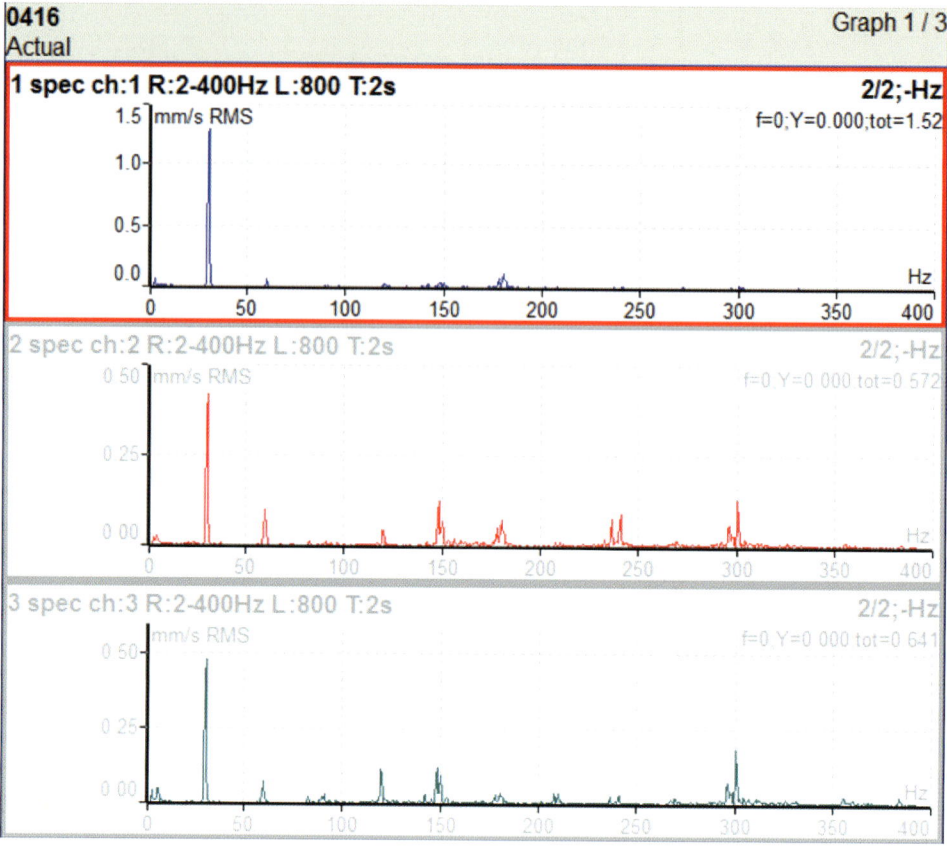

상태	질량 불평형 상태
회전속도(RPM)	1,800RPM

측정 위치(방향)	주요 성분(없음, 1X, 2X, 3X 등)	주파수
수평 방향(H)	1X	30Hz
수직 방향(V)	1X	30Hz
축 방향(A)	1X	30Hz

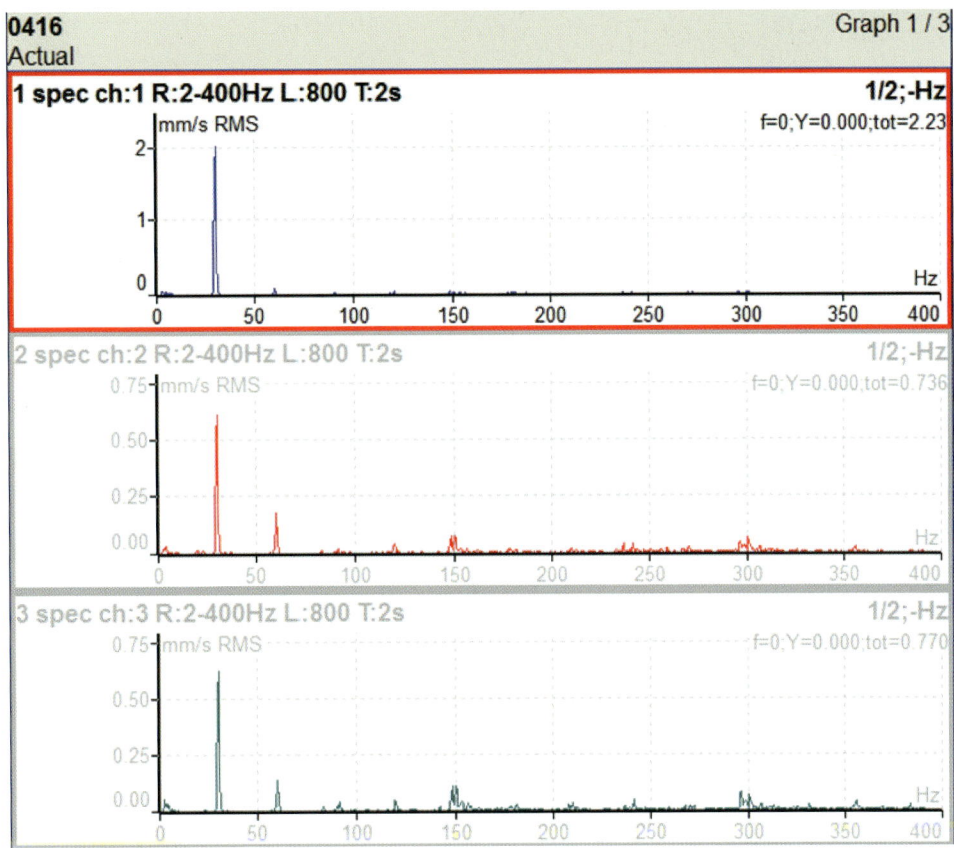

상태	질량 불평형 상태
회전속도(RPM)	1,800RPM

측정 위치(방향)	주요 성분(없음, 1X, 2X, 3X 등)	주파수
수평 방향(H)	1X	30Hz
수직 방향(V)	1X	30Hz
축 방향(A)	1X	30Hz

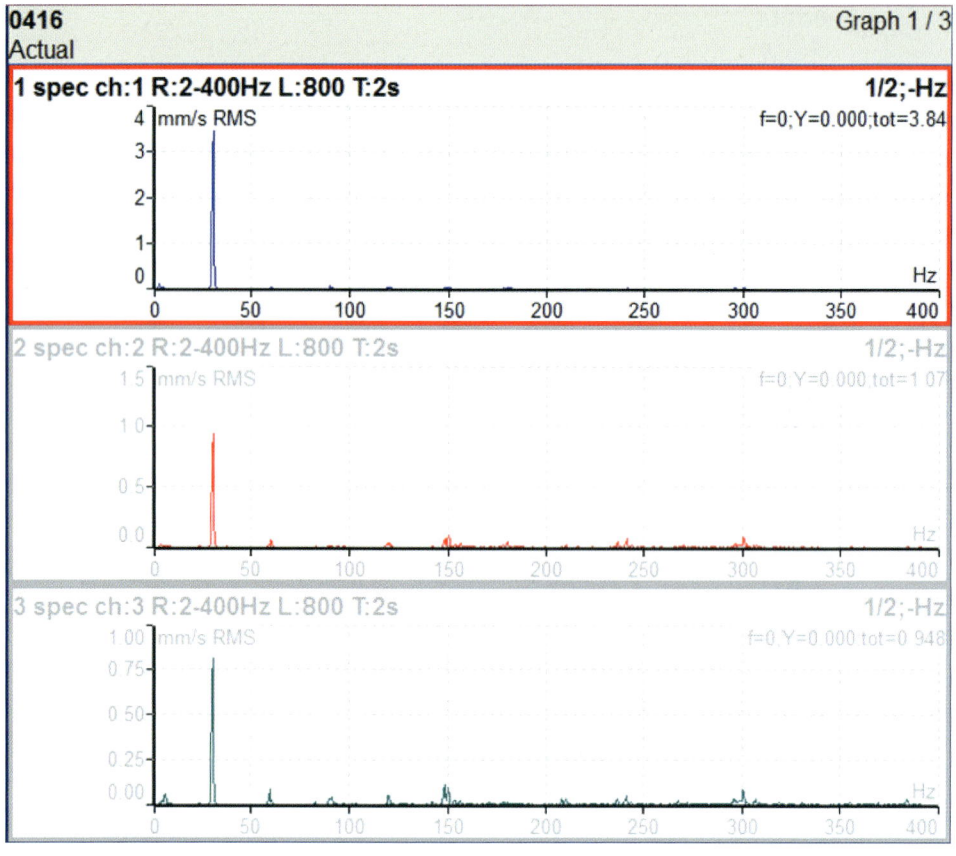

상태	질량 불평형 상태
회전속도(RPM)	1,800RPM

측정 위치(방향)	주요 성분(없음, 1X, 2X, 3X 등)	주파수
수평 방향(H)	1X	30Hz
수직 방향(V)	1X	30Hz
축 방향(A)	1X	30Hz

나. 축 오정렬 상태 예

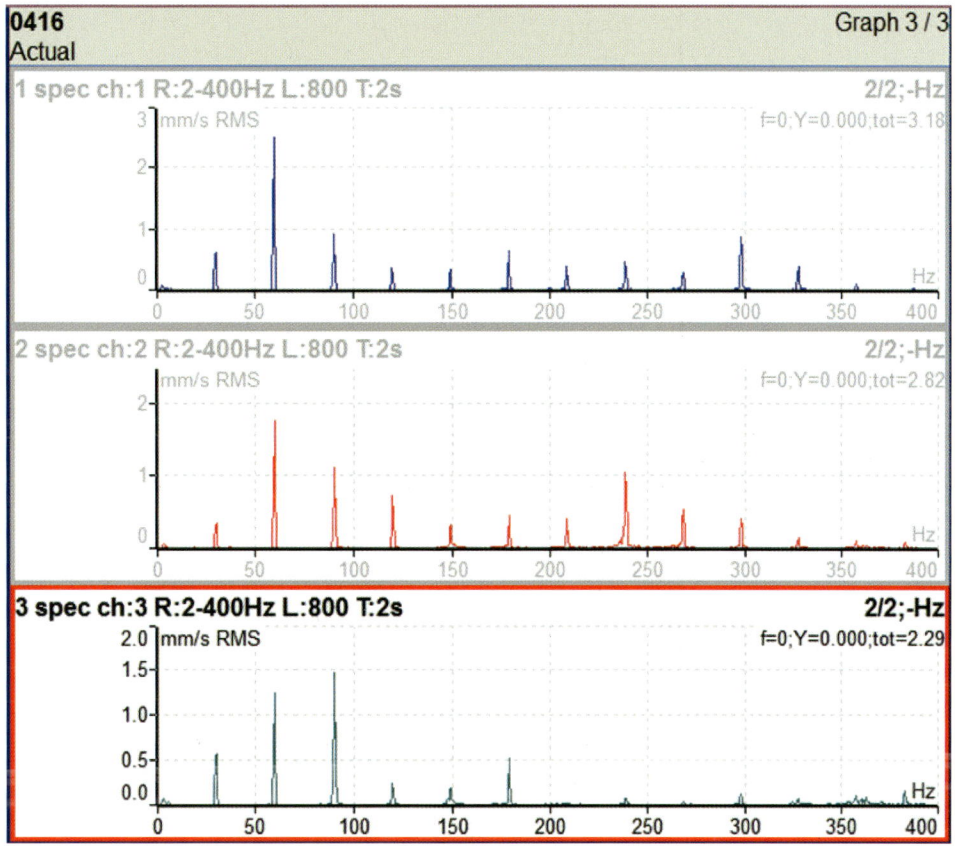

상태	축 오정렬 상태
회전속도(RPM)	1,800RPM

측정 위치(방향)	주요 성분(없음, 1X, 2X, 3X 등)	주파수
수평 방향(H)	1X, 2X, 3X	30Hz, 60Hz, 90Hz
수직 방향(V)	2X, 3X	60Hz, 90Hz
축 방향(A)	1X, 2X, 3X	30Hz, 60Hz, 90Hz

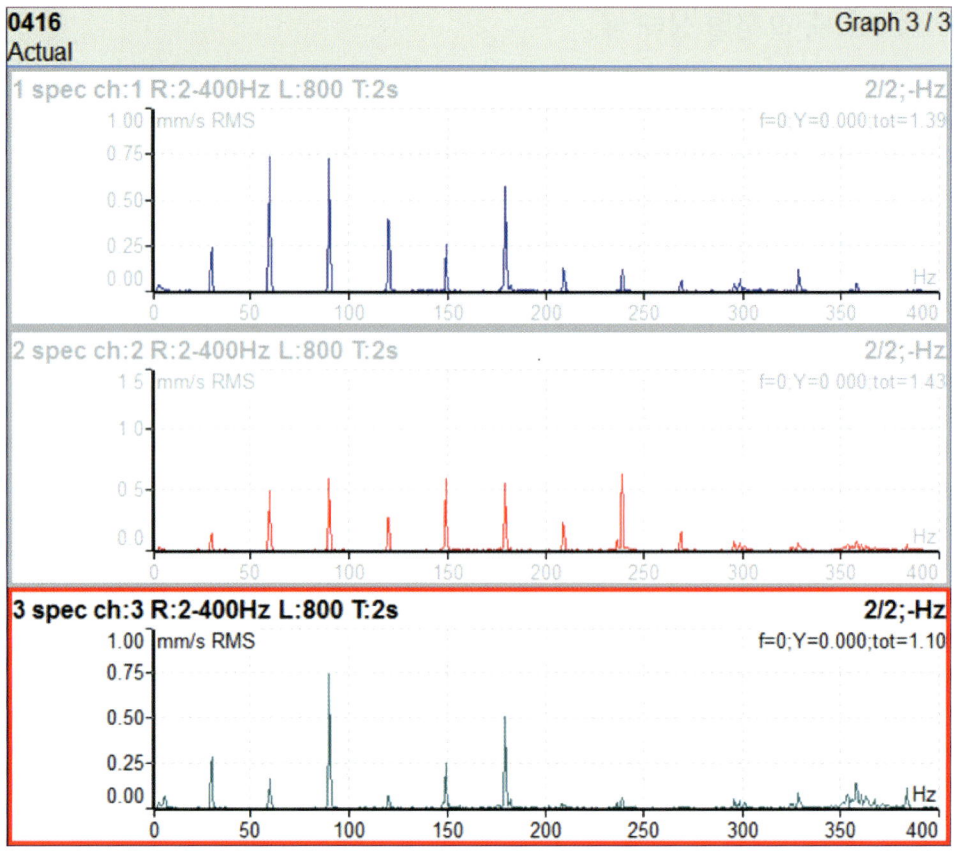

상태	축 오정렬 상태
회전속도(RPM)	1,800RPM

측정 위치(방향)	주요 성분(없음, 1X, 2X, 3X 등)	주파수
수평 방향(H)	2X, 3X	60Hz, 90Hz
수직 방향(V)	2X, 3X	60Hz, 90Hz
축 방향(A)	3X	90Hz

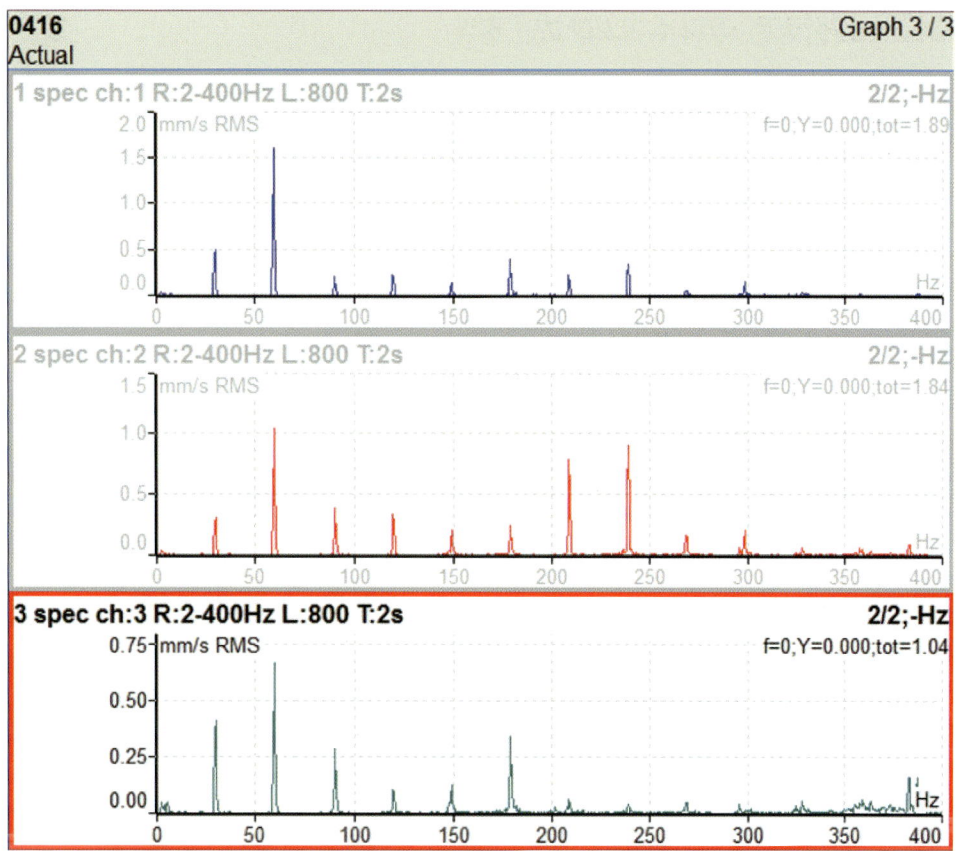

상태	축 오정렬 상태
회전속도(RPM)	1,800RPM

측정 위치(방향)	주요 성분(없음, 1X, 2X, 3X 등)	주파수
수평 방향(H)	1X, 2X	30Hz, 60Hz
수직 방향(V)	2X	60Hz
축 방향(A)	2X	60Hz

다. 설정된 주파수가 25Hz인 경우

주요 성분	주파수	회전수
1X	25Hz	1,500RPM
2X	50Hz	1,500RPM
3X	75Hz	1,500RPM

라. 설정된 주파수가 20Hz인 경우

주요 성분	주파수	회전수
1X	20Hz	1,200RPM
2X	40Hz	1,200RPM
3X	60Hz	1,200RPM

Ⅱ 소음측정

1 소음측정장치

가. 소음측정실 구성

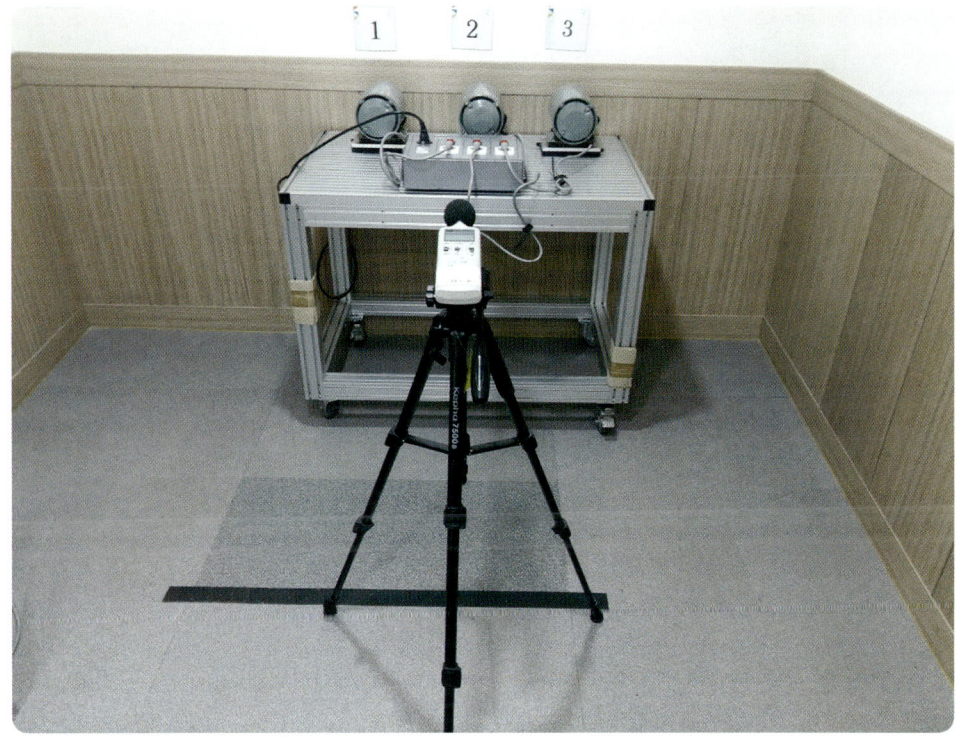

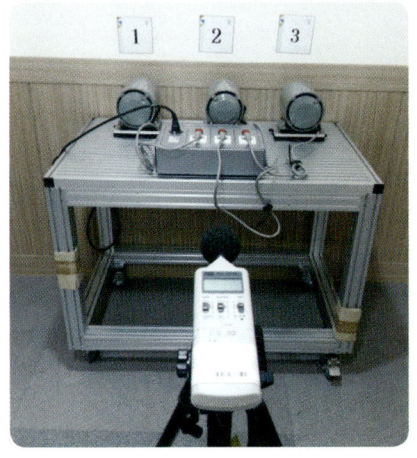
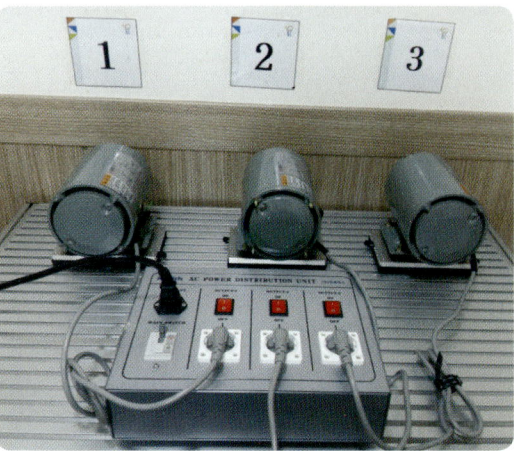

나. 소음계

[모델명 : TES 1350A]

다. 소음계 설정법

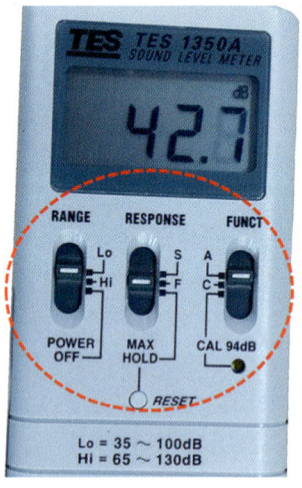

1) RANGE : Lo
2) RESPONSE : F(Fast)
3) FUNCT : A

② 소음측정

가. 소음계 설정을 확인한다.

나. [RANGE] POWER OFF를 Lo로 변경 시 전원이 켜진다.

다. 1번 모터, 2번 모터, 3번 모터를 각각 기동시킨다.

라. 각각의 모터를 기동시켜 소음 측정 시 소음 값의 변동이 있으나 평균값으로 메모한다.

마. 1번 모터, 2번 모터, 3번 모터의 소음 값이 바뀌지 않도록 주의한다.

바. 소음측정 결과를 작성한다.

3 소음측정 결과 작성

가. 소음측정 결과 작성

과제명	설비진단 측정작업	답지

1 소음이 가장 큰 모터

   1) 번호 : _____

   2) 소음값 : _____

2 소음 합성

   1) 모터 Ⓐ : _____

   2) 모터 Ⓑ : _____

   3) 합성 계산식 : _____

   4) 합성 값 : _____

1) 소음측정 결과

   가) ①번 모터 : 53.8 dB(A)
   나) ②번 모터 : 58.7 dB(A)
   다) ③번 모터 : 65.4 dB(A)

2) 결과지 작성

| 과제명 | 설비진단 측정작업 | 답지 |

1 소음이 가장 큰 모터

　　1) 번호 : 3번 모터

　　2) 소음값 : 65.4 dB(A)

2 소음 합성

　　1) 모터 Ⓐ : 53.8 dB(A)

　　2) 모터 Ⓑ : 58.7 dB(A)

　　3) 합성 계산식 : $10\log(10^{\frac{53.8}{10}} + 10^{\frac{58.7}{10}})$

　　4) 합성 값 : 59.92 dB(A)

합성소음 계산 값 59.91754677 소수점 셋째 자리에서 반올림하여 둘째 자리 표현

  소음측정 예시

가. 소음측정 예 1

　1) 소음측정 결과

　　　가) ①번 모터 : 64.1 dB(A)
　　　나) ②번 모터 : 52.9 dB(A)
　　　다) ③번 모터 : 57.5 dB(A)

2) 결과지 작성

| 과제명 | 설비진단 측정작업 | 예 1. 답지 |

1 소음이 가장 큰 모터

    1) 번호 :   1번 모터

    2) 소음값 :   64.1 dB(A)

2 소음 합성

    1) 모터 Ⓐ :   52.9 dB(A)

    2) 모터 Ⓑ :   57.5 dB(A)

    3) 합성 계산식 : $10\log(10^{\frac{52.9}{10}} + 10^{\frac{57.5}{10}})$

    4) 합성 값 :   58.79dB(A)

> 합성소음 계산 값   58.79282744 소수점 셋째 자리에서 반올림하여 둘째 자리 표현

나. 소음측정 예 2

1) 소음측정 결과

    가) ①번 모터 : 55.4 dB(A)
    나) ②번 모터 : 59.6 dB(A)
    다) ③번 모터 : 48.1 dB(A).

2) 결과지 작성

과제명	설비진단 측정작업	예 2. 답지

1 소음이 가장 큰 모터

    1) 번호 :   2번 모터

    2) 소음값 :   59.6 dB(A)

2 소음 합성

    1) 모터 Ⓐ :   55.4 dB(A)

    2) 모터 Ⓑ :   48.1 dB(A)

    3) 합성 계산식 : $10\log(10^{\frac{55.4}{10}} + 10^{\frac{48.1}{10}})$

    4) 합성 값 :   56.14 dB(A)

합성소음 계산 값   56.1416111 소수점 셋째 자리에서 반올림하여 둘째 자리 표현

다. 계산기 사용법

1) 『10』 입력
2) 『log』 키 선택
3) 『(』 선택
4) 『Shift』 선택 ⇨ 『5.54』 입력[지수를 5.54로 변경]
5) REPLAY 키 『▷』 선택
6) 『+』 입력
7) 『Shift』 선택 ⇨ 『4.81』 입력[지수를 4.81로 변경]
8) REPLAY 키 『▷』 선택
9) 『)』 선택
10) 『=』 선택

CHAPTER 3 기계요소 스케치 및 정비

I   감속기 분해 조립

II   기계요소 스케치

CHAPTER 3 기계요소 스케치 및 정비

I. 감속기 분해 조립

1 웜 기어 감속기

가. 웜 기어 감속기 구조

[모델명 : SY-WU-60]

2 감속기 분해

가. 감속기 확인, 공기구 확인

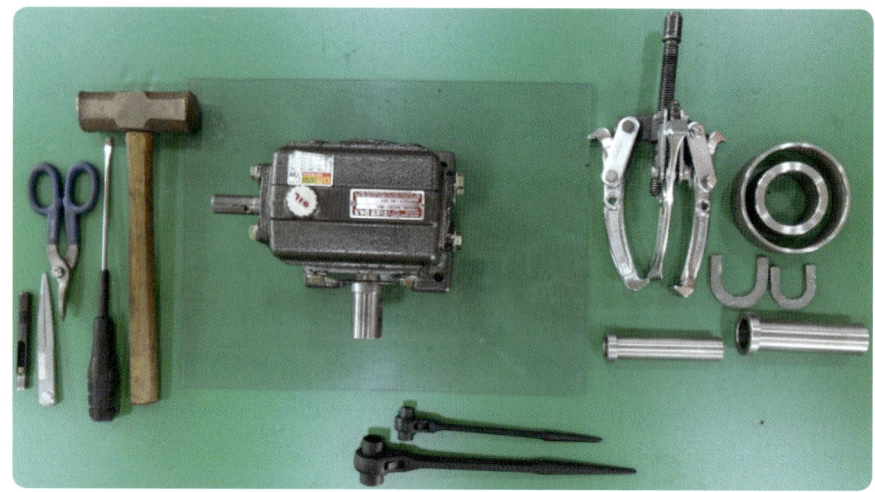

◎ 감속기의 조립상태를 확인하고 분해/조립에 필요한 공기구를 확인한다.

나. 키 분해

◎ 축의 길이 방향에서 40°, 드라이버 손잡이를 20° 아래로 선회 후 타격한다.

다. 커버 볼트 분해

🔺 라쳇 렌치 손잡이와 머리 부를 잡고 볼트를 손으로 돌릴 수 있을 때까지 풀어준다.

라. 커버 볼트 분리

🔺 적당히 풀린 볼트는 양손으로 빠르게 분리한다.

마. 원동 축 분해

🔺 고정단 축 커버 분리 후 반대편으로 드라이브 축을 분리한다. 드라이브 축은 ASS'Y 상태로 분리 후 커버를 분리한다.

마. 종동 축 분해

▲ 종동 축은 ASS'Y 상태로 커버와 함께 분리하고 후에 커버를 분리한다.

바. 분해 후 정리

▲ 커버 내 가스켓을 분리 하고 케이스는 작업대 가장자리에 지정하여 위치시킨다.

사. 기어 풀러 사용

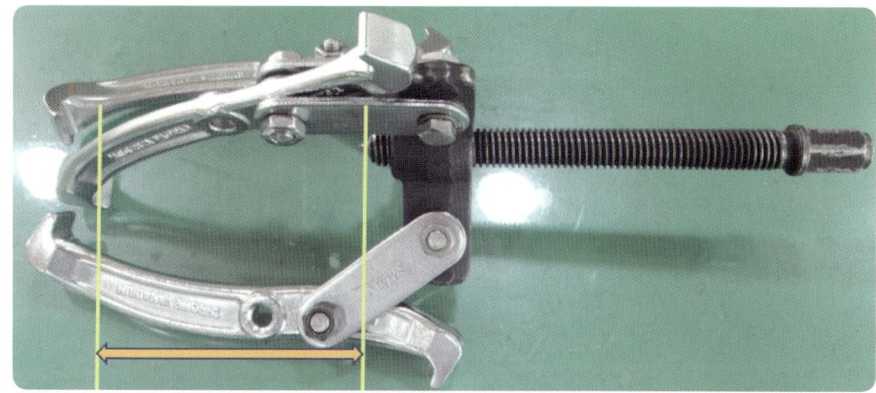

◎ 스핀들 축과 조우 간격을 확인한다.

◁ 스핀들 축과 조우 간격에 따라 분해할 요소를 선정한다.

◁ 스핀들의 이송은 헤드 부분을 양손으로 비비듯 취급하면 쉽다.

아. 종동축 ASS'Y 분해

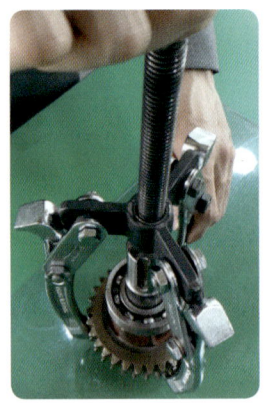

◎ 웜 휠과 베어링은 동시에 분리한다. 이때 풀러 조우의 간격을 일정하게 유지하고 풀러 스핀들을 축의 중심과 동일선상에 위치시킨다.

◎ 한 손은 라쳇 렌치의 손잡이 부분 끝을 잡고, 다른 손은 풀러 암을 견고하게 잡는다. 이때 핸들 방향은 작업대 모서리에서 20~30° 선회하여 작업한다.

자. 베어링 분해

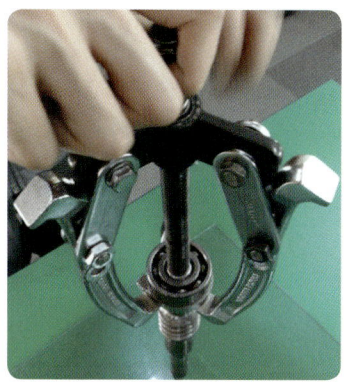

- 베어링 크기에 맞는 U자형 지그를 이용하여 종동축 엔드 측 베어링과 원동 축 베어링 2개를 분해한다.

- 풀러 조우의 간격을 일정하게 유지하고 풀러 스핀들을 축의 중심과 동일선상에 위치시킨다.

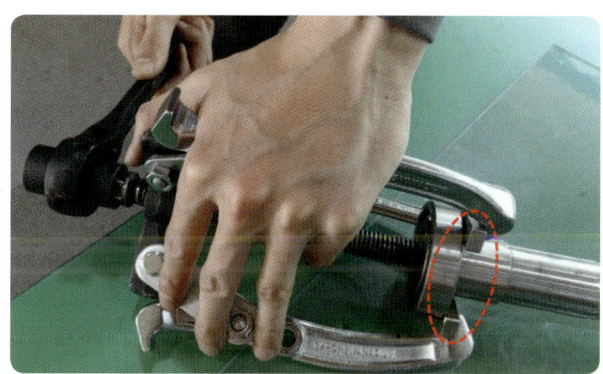

- 한 손은 라쳇 렌치의 손잡이 부분 끝을 잡고, 다른 손은 풀러 암을 견고하게 잡는다. 이때 핸들 방향은 작업대 모서리에서 20~30° 선회하여 작업한다.

차. 종동축 키 분해 및 정리

카. 스케치 작업 후 가스켓 제작·조립

가스켓 제작

가. 유지 가스켓 확인

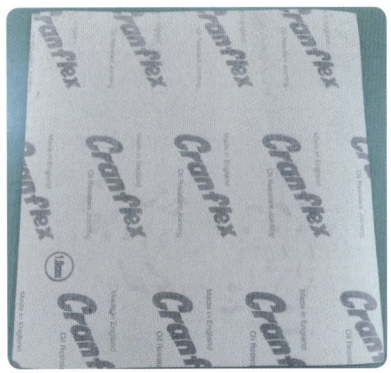

나. 원 그리기

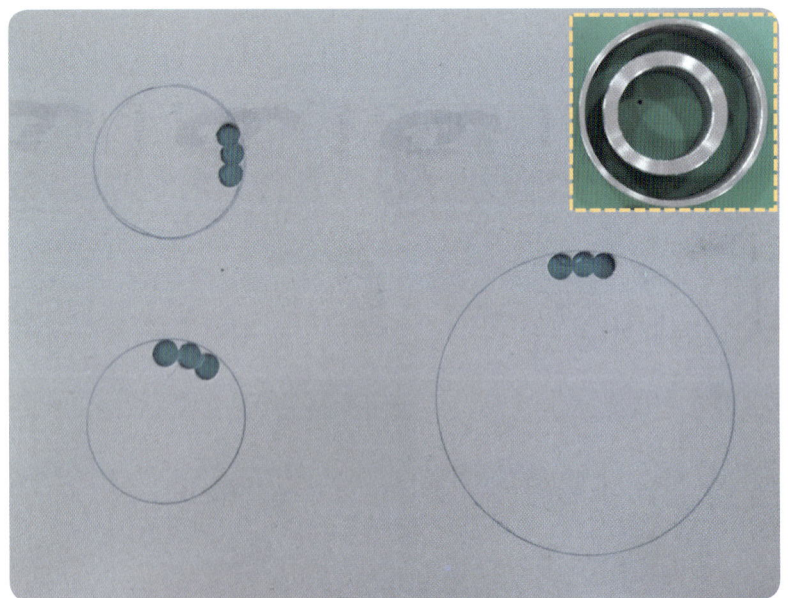

🔼 원동 축과 종동 축 내경 크기에 맞는 ○형 지그를 이용하여 원을 그린다. 천공 펀치를 이용하여 가위가 들어갈 정도의 구멍을 뚫는다.

다. 내경 원 자르기

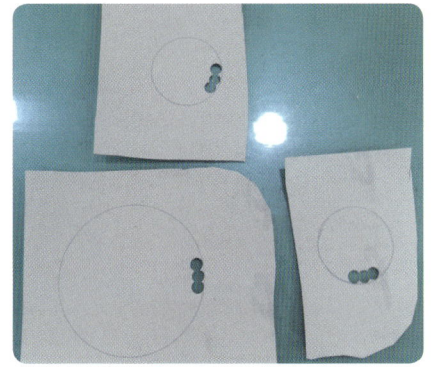 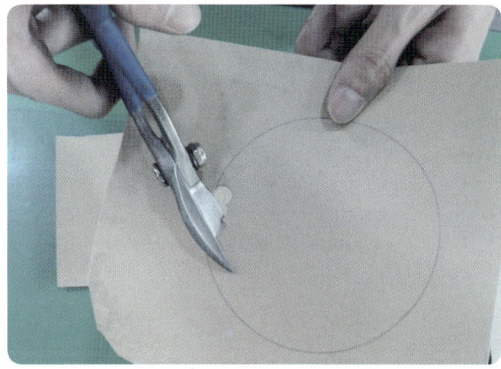

🔺 가스켓 재료가 찢어지지 않도록 항공가위를 이용하여 내경 원을 자른다.

라. 윤곽 및 볼트 구멍 그리기

🔺 자른 가스켓을 커버의 내경에 맞추어 조립한다. 조립 후 ○형 지그를 이용하여 가스켓을 밀착 후 뒤집는다.

🔺 ○형 지그로 밀착된 가스켓 위 커버 외형을 따라 윤곽과 볼트 구멍을 그린다.

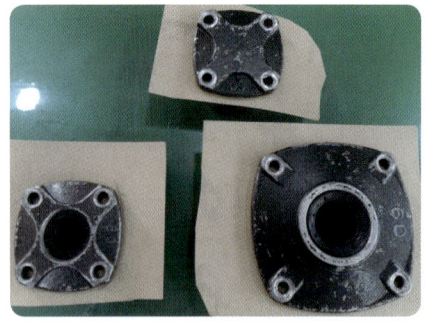 

◎ 결과

마. 펀칭 및 마무리 작업

◁ 천공 펀치를 이용하여 볼트 구멍을 뚫는다. 윤곽 마무리 가위질 후 조립준비 한다.

④ 감속기 조립

가. 원동 축 베어링 조립

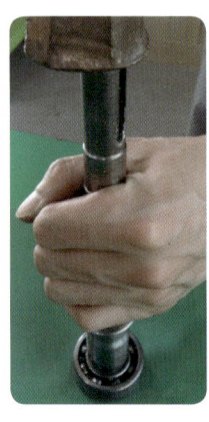 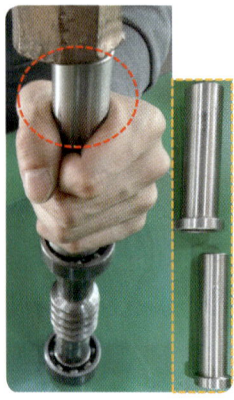

◁ 원동 축 엔드 측 베어링을 바닥에 위치시키고 조립 후 축의 끝단을 타격한다. 중간 베어링은 전용 지그를 삽입 후 타격한다.

나. 종동 축 ASS'Y 조립

◎ 종동 축 엔드 측 베어링을 바닥에 위치시키고 조립 후 축의 끝단을 타격한다. 키를 조립한다.

◎ 웜 휠 키아 키 홈이 위치를 정확히 하여 조립한다. 이때 보스의 방향에도 주의한다. 중간 베어링은 전용 지그를 삽입 후 타격한다.

◎ 결과

다. 케이스 조립(종동 축 ASS'Y)

🔺 종동 축 ASS'Y에 커버를 조립 후 케이스에 끼워 조립한다. 이때 볼트로 가볍게 체결한다.

라. 케이스 조립(원동 축 ASS'Y)

◀ 원동 축 ASS'Y를 종동 축 웜 휠에 맞게 조립 후 엔드 측 베어링과 커버를 조립한다.

◀ 엔드 측 커버를 볼트로 가볍게 체결한다.

마. 볼트 체결 및 동작 상태 점검

◐ 커버 볼트를 견고히 체결 후 키를 조립하고 손으로 돌려 동작 상태를 점검한다.

Ⅱ 기계요소 스케치

1 웜 기어 감속기

가. 웜 기어 감속기 구조

[모델명 : SY-WU-60]

나. 웜 기어 감속기 분해도

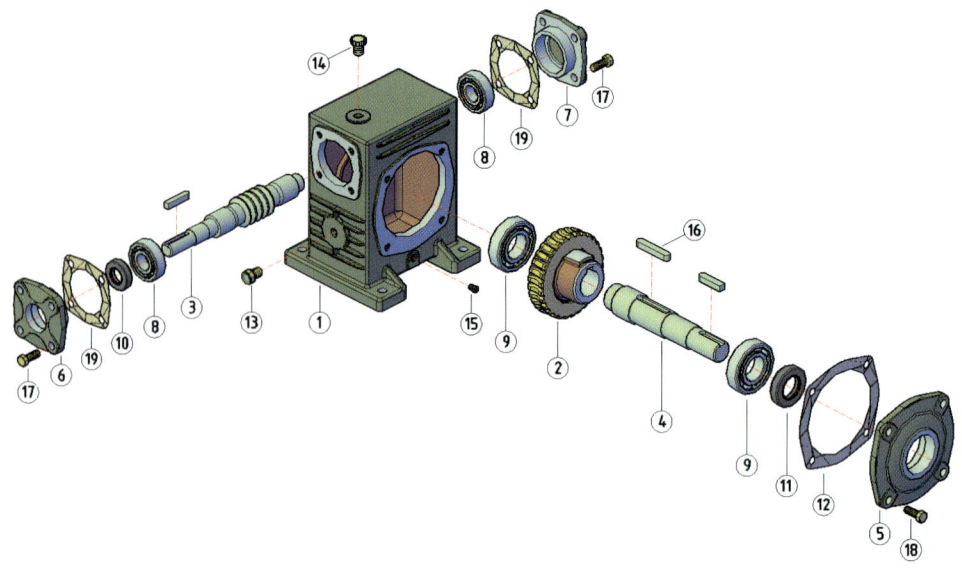

다. 웜 기어 감속기 부품표

번호	명칭	재질	번호	명칭	재질
1	케이스(Case)	FC 20	11	오일 시일(Oil Seal)	고무
2	웜휠(Worm Wheel)	BC 3	12	가스켓(Gasket)	유지
3	원동 축	SM 45 C	13	유면 창(유면계)	PC
4	종동 축	SM 45 C	14	오일 캡(에어벤트)	PE
5	종동 축 커버	FC 20	15	드레인 플러그	PE
6	원동 축 커버	AL 합금	16	키(Key)(7X7X45)	SM 25 C
7	원동 축 커버	AL 합금	17	볼트(M8 X 25L)	SS 400
8	베어링(Bearing)	6204	18	볼트(M8 X 25L)	SS 400
9	베어링(Bearing)	6206	19	가스켓(Gasket)	유지
10	오일 시일(Oil Seal)	고무			

라. 웜 기어 감속기 참고도

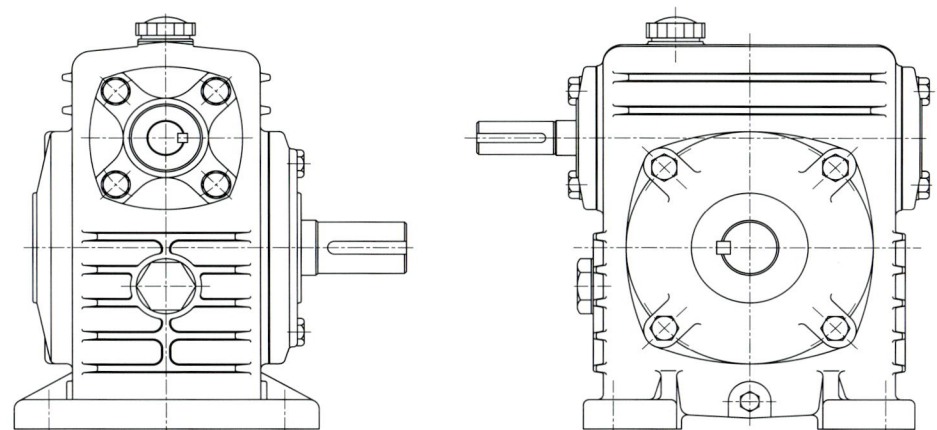

② 유형별 스케치

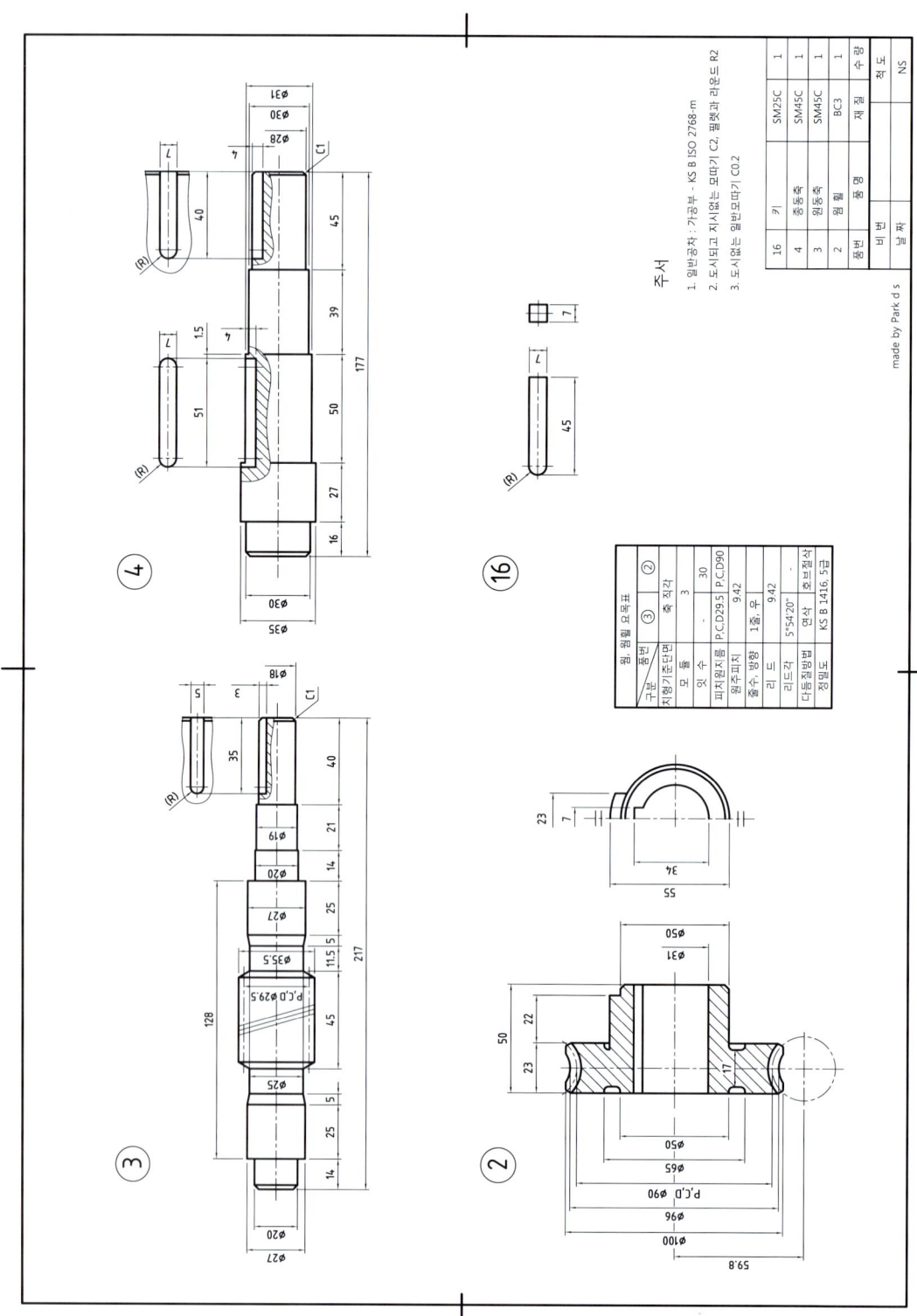

made by Park d s

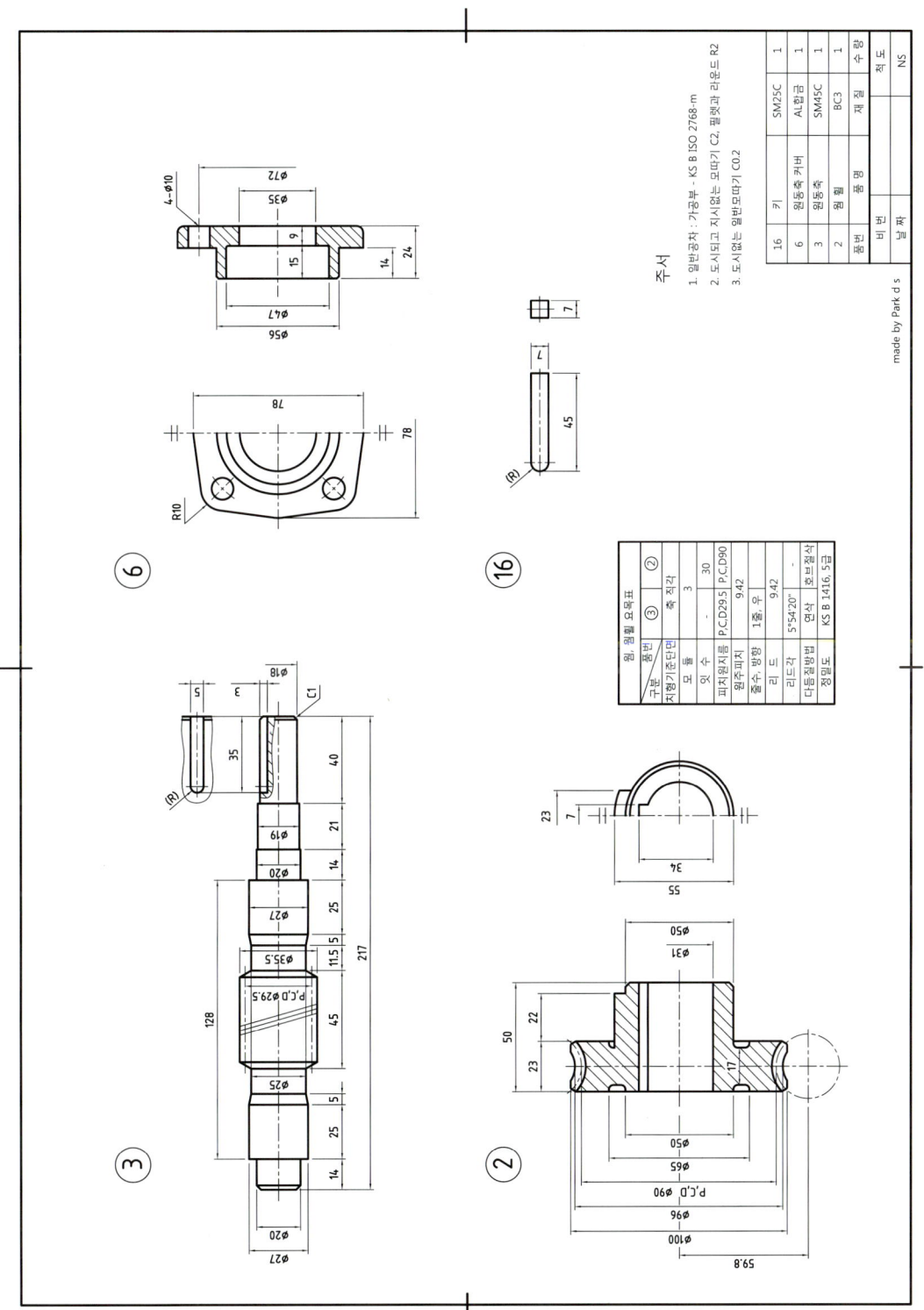

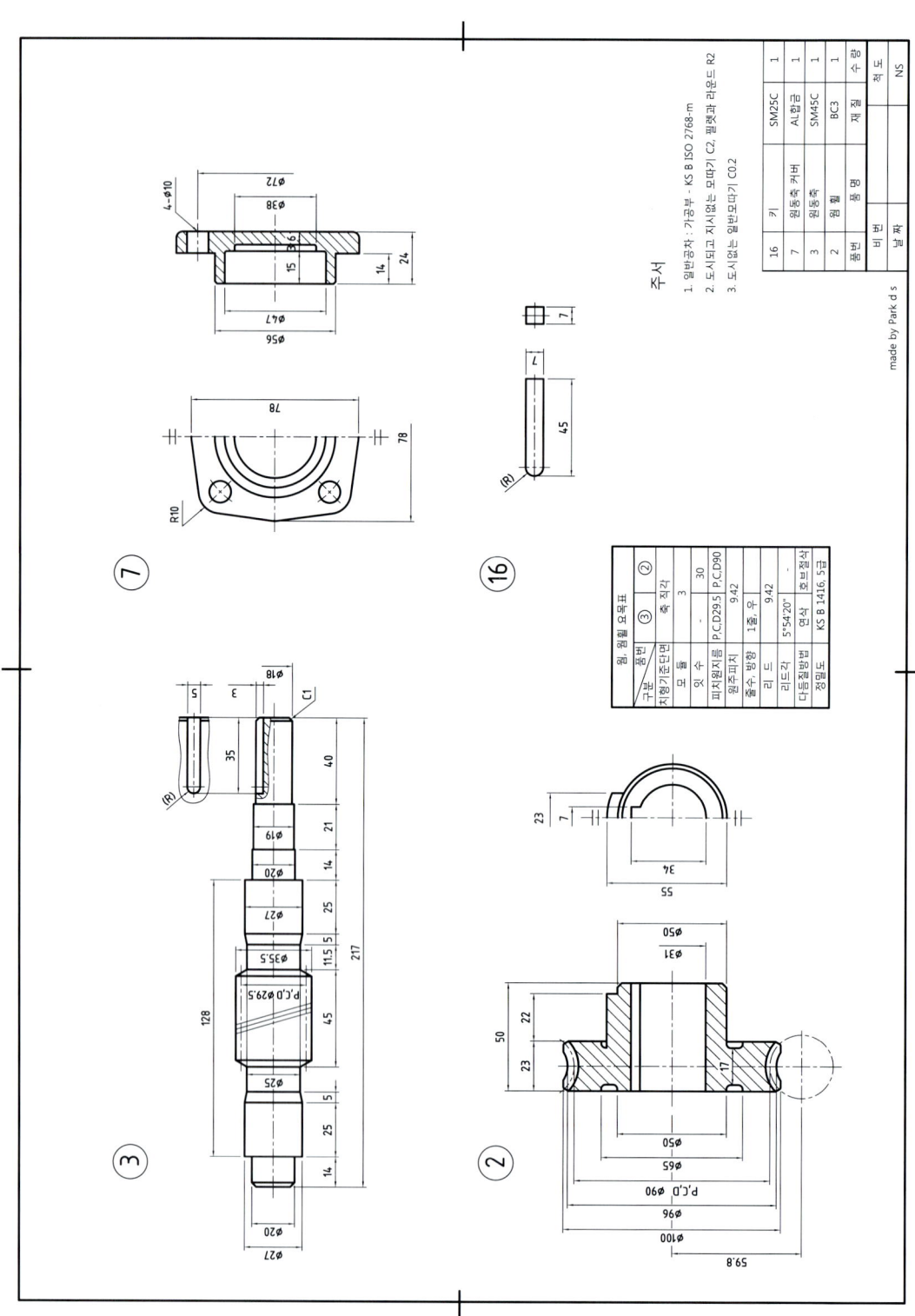

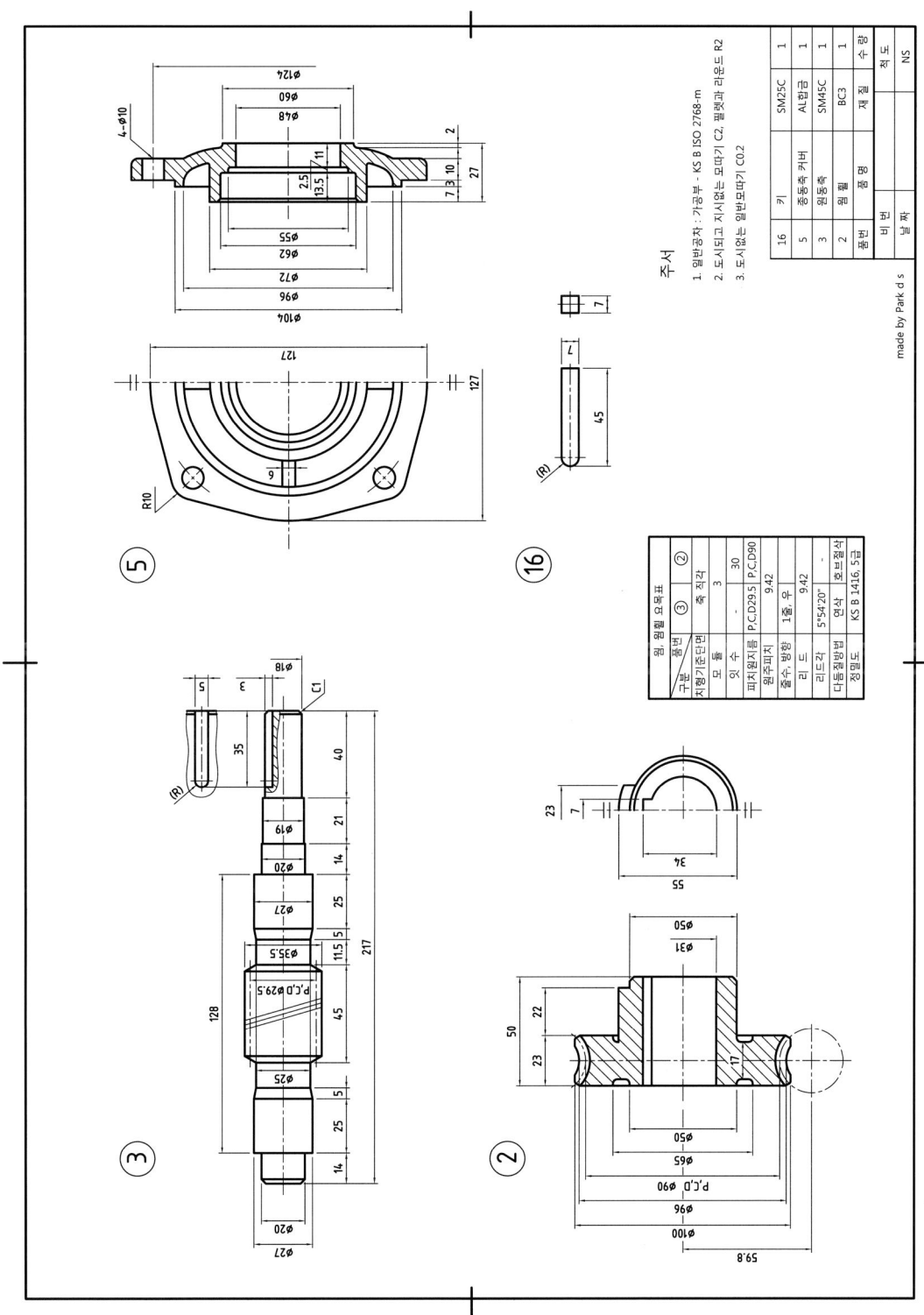

3 문제 예시

가. 연습문제

1) 도면의 감속기 구조도를 참조하여 ①, ②, ③, ④의 명칭과 질문을 답지에 기록하시오.

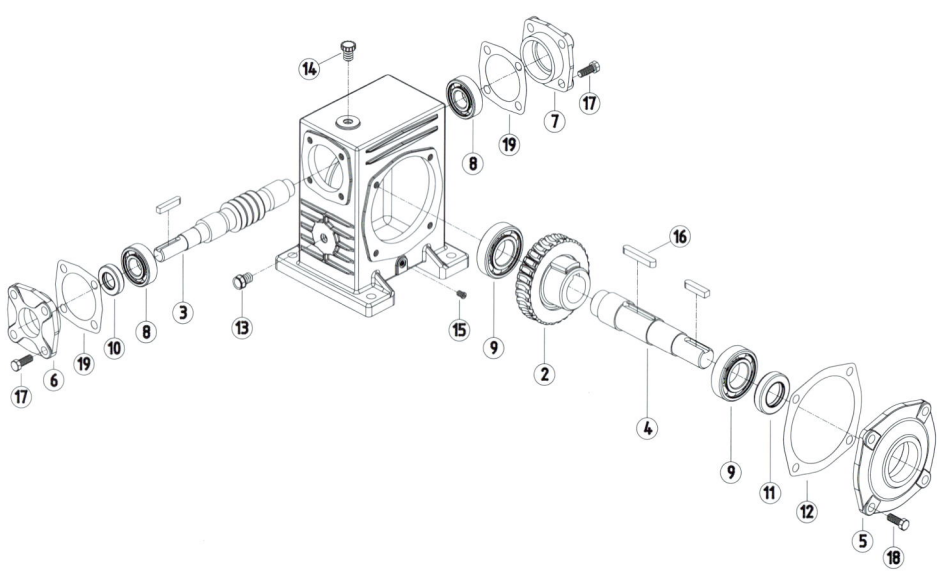

번호	부품명	번호	부품명
1	케이스(Case)	11	②
2	웜휠(Worm Wheel)	12	가스켓(Gasket)
3	원동 축	13	유면 창(유면계)
4	종동 축	14	③
5	종동 축 커버	15	④
6	원동 축 커버	16	키(Key)
7	원동 축 커버	17	볼트
8	베어링(Bearing)	18	볼트
9	①	19	가스켓(Gasket)
10	오일 시일(Oil Seal)	20	

2) 기계요소 정비 연습문제 답지

| 과제명 | 기계요소 정비 | 답지 |

1   ①의 부품 명을 적으시오.   _____

2   ②의 부품 명을 적으시오.   _____

3   ③의 부품 명을 적으시오.   _____

4   ④의 부품 명을 적으시오.   _____

5   부품 8번의 규격을 적으시오.   _____

정답

1   베어링(Bearing)
2   오일 시일(Oil Seal)
3   오일 캡(Oil Cap)
4   드레인 플러그(Drain Plug)
5   6204

나. 연습문제 ❷

1) 도면의 감속기 구조도를 참조하여 ①, ②, ③, ④의 명칭과 질문을 답지에 기록하시오.

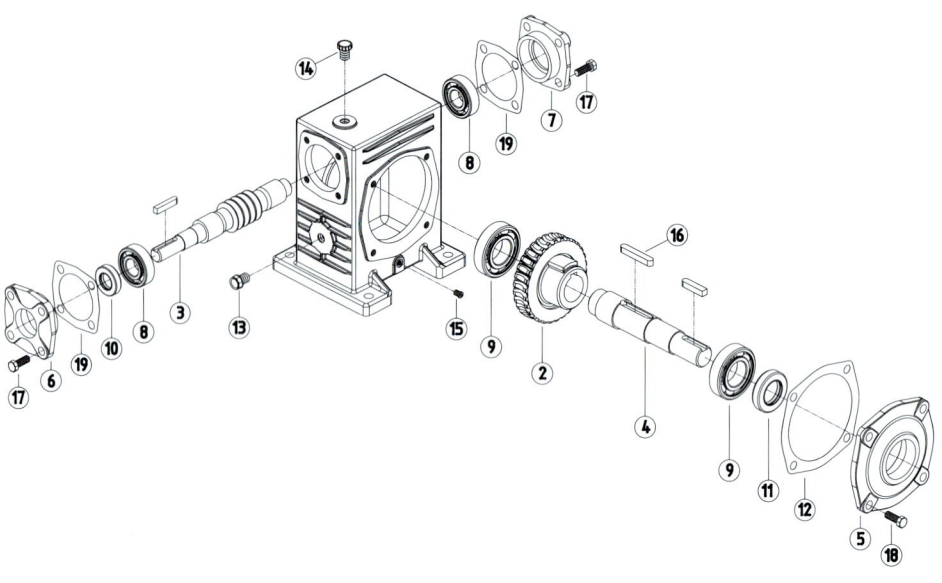

번호	부 품 명	번호	부 품 명
1	케이스(Case)	11	오일 시일(Oil Seal)
2	①	12	가스켓(Gasket)
3	②	13	유면 창(유면계)
4	종동 축	14	오일 캡(에어벤트)
5	③	15	드레인 플러그
6	원동 축 커버	16	④
7	원동 축 커버	17	볼트
8	베어링(Bearing)	18	볼트
9	베어링(Bearing)	19	가스켓(Gasket)
10	오일 시일(Oil Seal)	20	

2) 기계요소 정비 연습문제 답지

| 과제명 | 기계요소 정비 | 답지 |

1   ①의 부품 명을 적으시오.   _____

2   ②의 부품 명을 적으시오.   _____

3   ③의 부품 명을 적으시오.   _____

4   ④의 부품 명을 적으시오.   _____

5   부품 17번의 규격을 적으시오.   _____

정답

1   웜휠(Worm Wheel)
2   원동 축
3   종동 축 커버
4   키(묻힘 키)
5   M8 X 25L

다. 연습문제 ❸

1) 도면의 감속기 구조도를 참조하여 ①, ②, ③, ④의 명칭과 질문을 답지에 기록하시오.

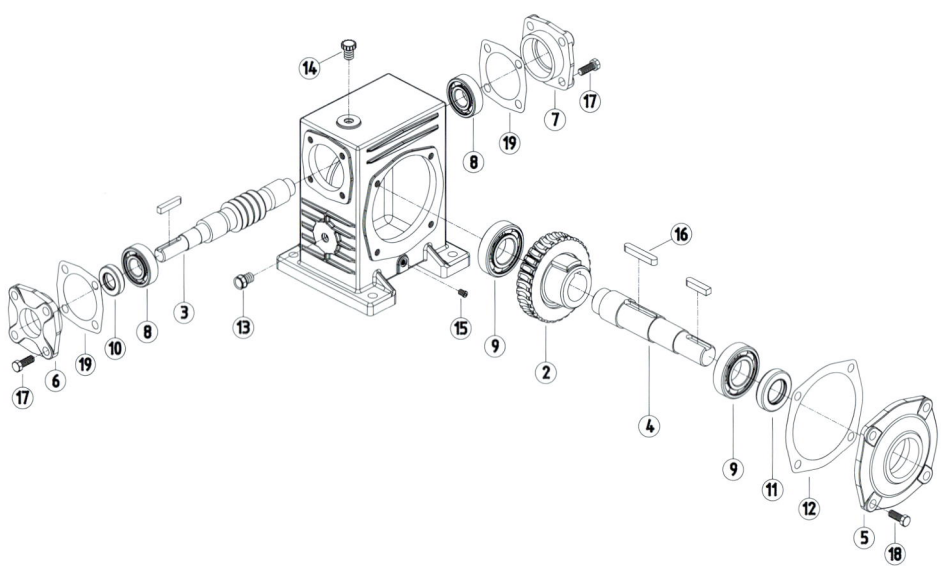

번호	부품명	번호	부품명
1	케이스(Case)	11	오일 시일(Oil Seal)
2	웜휠(Worm Wheel)	12	가스켓(Gasket)
3	원동 축	13	④
4	①	14	오일 캡(에어벤트)
5	종동 축 커버	15	드레인 플러그
6	②	16	키(Key)
7	원동 축 커버	17	볼트
8	베어링(Bearing)	18	볼트
9	베어링(Bearing)	19	가스켓(Gasket)
10	③	20	

2) 기계요소 정비 연습문제 답지

| 과제명 | 기계요소 정비 | 답지 |

1 ①의 부품 명을 적으시오.

2 ②의 부품 명을 적으시오.

3 ③의 부품 명을 적으시오.

4 ④의 부품 명을 적으시오.

5 부품 16번의 규격을 적으시오.

 정답

1 종동 축
2 원동 축 커버
3 오일 시일(Oil Seal)
4 유면창, 유면계
5 7 X 7 X 45

라. 연습문제 ❹

1) 도면의 감속기 구조도를 참조하여 ①, ②, ③, ④의 명칭과 질문을 답지에 기록하시오.

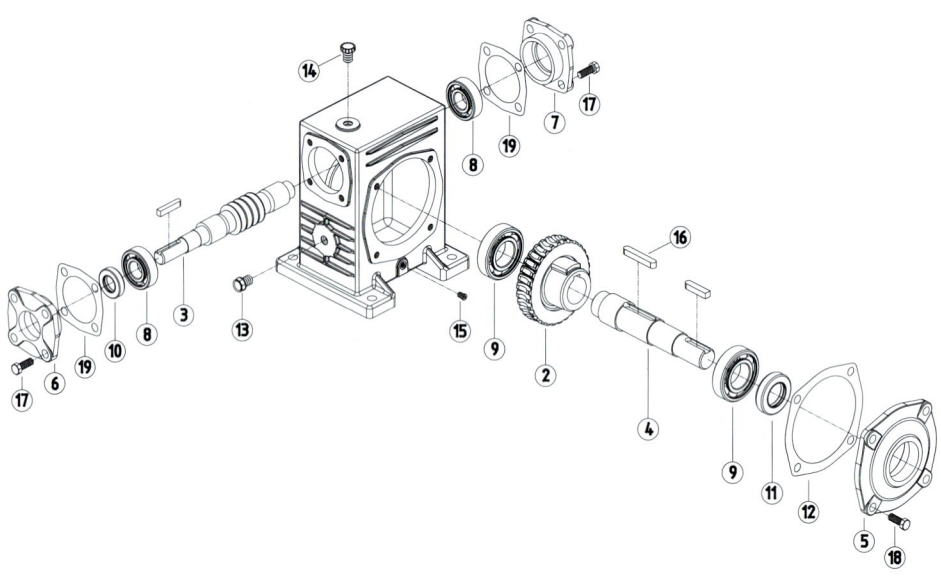

번호	부품명	번호	부품명
1	①	11	오일 시일(Oil Seal)
2	②	12	④
3	원동 축	13	유면 창(유면계)
4	종동 축	14	오일 캡(에어벤트)
5	종동 축 커버	15	드레인 플러그
6	원동 축 커버	16	키(Key)
7	원동 축 커버	17	볼트
8	③	18	볼트
9	베어링(Bearing)	19	가스켓(Gasket)
10	오일 시일(Oil Seal)	20	

2) 기계요소 정비 연습문제 답지

| 과제명 | 기계요소 정비 | 답지 |

1   ①의 부품 명을 적으시오. _____

2   ②의 부품 명을 적으시오. _____

3   ③의 부품 명을 적으시오. _____

4   ④의 부품 명을 적으시오. _____

5   부품 16번의 용도를 적으시오. _____

정답

1. 케이스(Case)
2. 웜휠(Worm Wheel)
3. 베어링(Bearing)
4. 가스켓(Gasket)
5. 동력 전달 시 축과 보스 고정

마. 연습문제 ❺

1) 도면의 감속기 구조도를 참조하여 ①, ②, ③, ④의 명칭과 질문을 답지에 기록하시오.

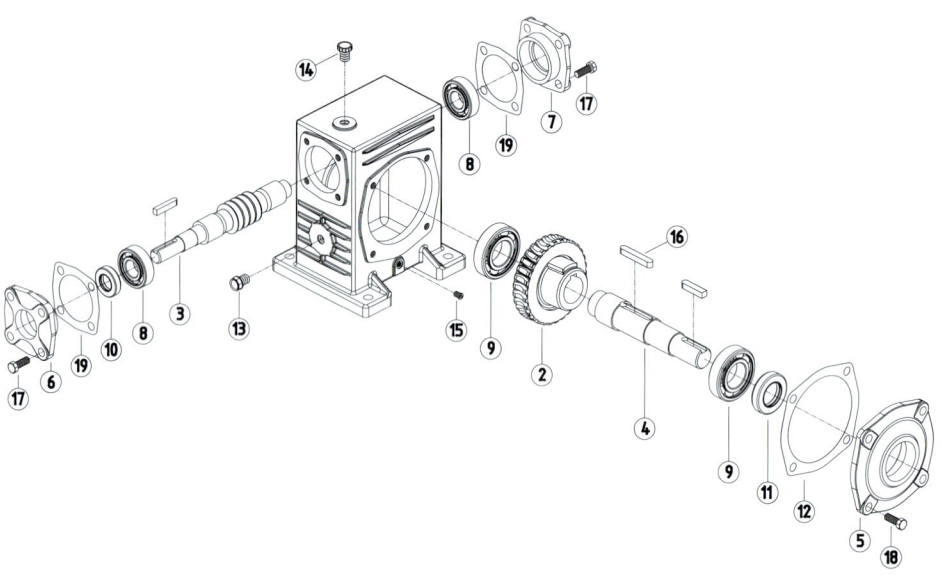

번호	부 품 명	번호	부 품 명
1	케이스(Case)	11	오일 시일(Oil Seal)
2	웜휠(Worm Wheel)	12	가스켓(Gasket)
3	원동 축	13	③
4	①	14	④
5	종동 축 커버	15	드레인 플러그
6	원동 축 커버	16	키(Key)
7	원동 축 커버	17	볼트
8	베어링(Bearing)	18	볼트
9	베어링(Bearing)	19	가스켓(Gasket)
10	②	20	

2) 기계요소 정비 연습문제 답지

| 과제명 | 기계요소 정비 | 답지 |

1 ①의 부품 명을 적으시오.

2 ②의 부품 명을 적으시오.

3 ③의 부품 명을 적으시오.

4 ④의 부품 명을 적으시오.

5 부품 9번의 규격을 적으시오.

정답

1 종동 축
2 오일 시일(Oil Seal)
3 유면창, 유면계
4 오일 캡(Oil Cap)
5 6206

바. 연습문제 ❻

1) 도면의 감속기 구조도를 참조하여 ①, ②, ③, ④의 명칭과 질문을 답지에 기록하시오.

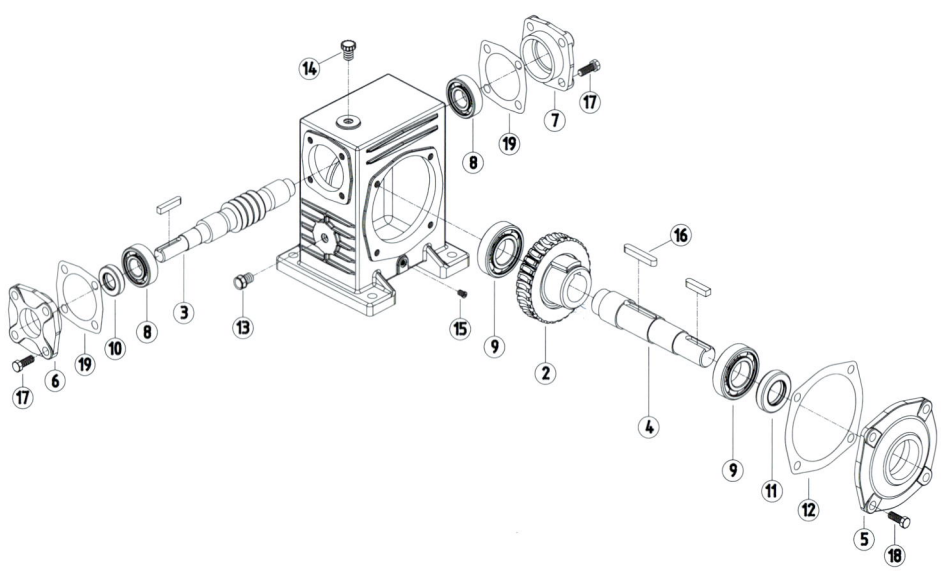

번호	부품명	번호	부품명
1	케이스(Case)	11	오일 시일(Oil Seal)
2	①	12	가스켓(Gasket)
3	원동 축	13	유면 창(유면계)
4	종동 축	14	오일 캡(에어벤트)
5	②	15	③
6	원동 축 커버	16	키(Key)
7	원동 축 커버	17	볼트
8	베어링(Bearing)	18	볼트
9	베어링(Bearing)	19	④
10	오일 시일(Oil Seal)	20	

2) 기계요소 정비 연습문제 답지

| 과제명 | 기계요소 정비 | 답지 |

1   ①의 부품 명을 적으시오.　　＿＿＿＿＿＿＿＿＿＿＿＿＿＿＿＿＿

2   ②의 부품 명을 적으시오.　　＿＿＿＿＿＿＿＿＿＿＿＿＿＿＿＿＿

3   ③의 부품 명을 적으시오.　　＿＿＿＿＿＿＿＿＿＿＿＿＿＿＿＿＿

4   ④의 부품 명을 적으시오.　　＿＿＿＿＿＿＿＿＿＿＿＿＿＿＿＿＿

5   부품 11번의 용도를 적으시오.　＿＿＿＿＿＿＿＿＿＿＿＿＿＿＿＿＿

정답

1   웜휠(Worm Wheel)
2   종동 축 커버
3   드레인 플러그(Drain Plug)
4   가스켓(Gasket)
5   누유 방지, 기밀 유지

사. 연습문제 ❼

1) 도면의 감속기 구조도를 참조하여 ①, ②, ③, ④의 명칭과 질문을 답지에 기록하시오.

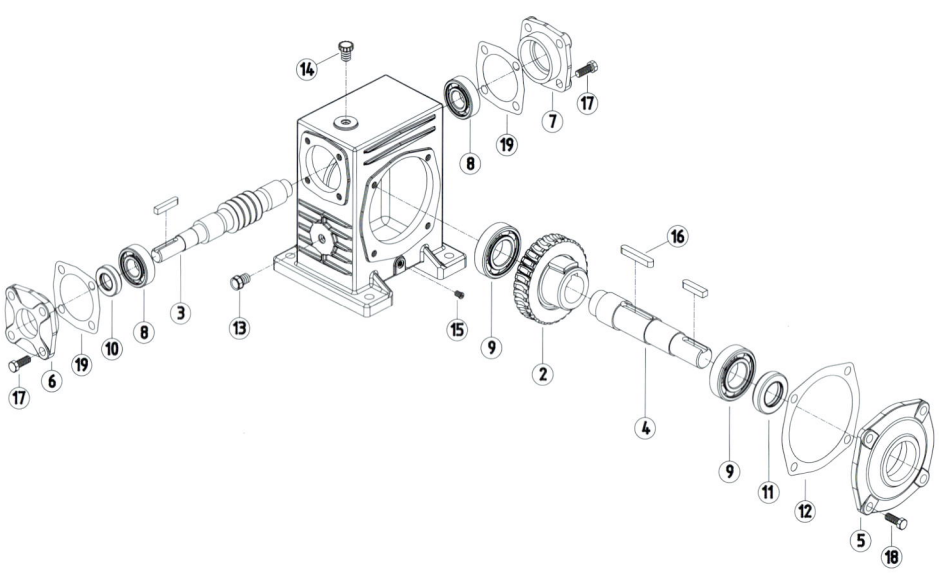

번호	부품명	번호	부품명
1	케이스(Case)	11	오일 시일(Oil Seal)
2	웜휠(Worm Wheel)	12	가스켓(Gasket)
3	①	13	③
4	②	14	④
5	종동 축 커버	15	드레인 플러그
6	원동 축 커버	16	키(Key)
7	원동 축 커버	17	볼트
8	베어링(Bearing)	18	볼트
9	베어링(Bearing)	19	가스켓(Gasket)
10	오일 시일(Oil Seal)	20	

2) 기계요소 정비 연습문제 답지

| 과제명 | 기계요소 정비 | 답지 |

1 ①의 부품 명을 적으시오. _____

2 ②의 부품 명을 적으시오. _____

3 ③의 부품 명을 적으시오. _____

4 ④의 부품 명을 적으시오. _____

5 부품 15번의 용도를 적으시오. _____

정답

1 원동 축
2 종동 축
3 유면창, 유면계
4 오일 캡(Oil Cap)
5 폐유, 이물질 배출

CHAPTER 4 전기장치 측정

I 전기장치 측정

CHAPTER 4 전기장치 측정

I. 전기장치 측정

1 Logic Lab Unit

가. Logic Lab Unit

1) Logic Lab Unit 이해

전자회로 구성 및 전기장치 측정 시 구멍이 뚫린 Bread Board에 부품을 조립하여 특성 실험 및 동작확인에 사용하는 장비이다.

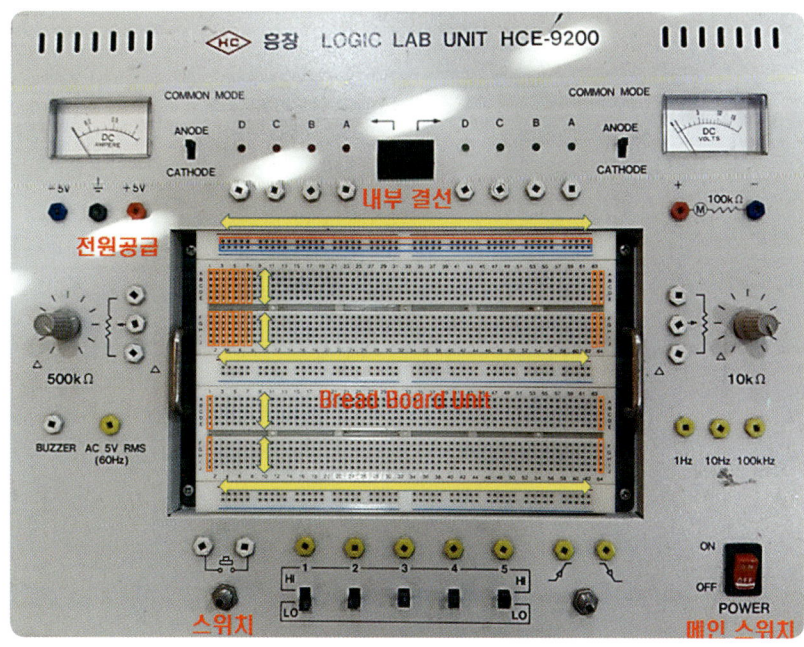

2) 브레드 보드 유닛 결선 이해

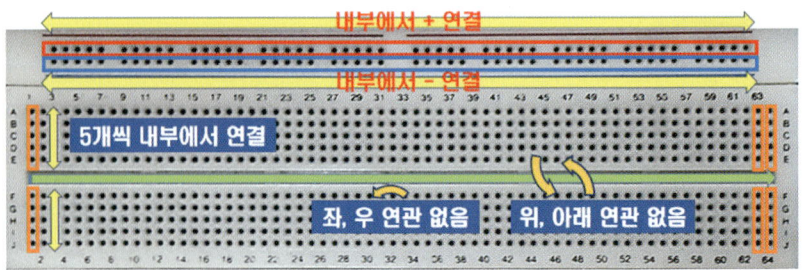

2 디지털 테스터기

가. 디지털 테스터기

1) 디지털 테스터기

2) 전압 조정

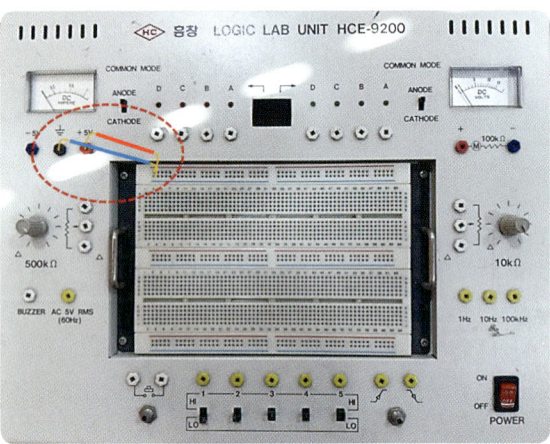

△ 결선으로 5V 인가

3) 측정 케이블 연결

◎ – 검은색 연결, + 빨강색 연결

4) 저항 측정

◎ 저항 측정 시 2kΩ 선택 측정, 저항 값이 낮을 경우 200Ω 변경 후 측정

5) 전압 측정

◎ 전압 측정 시 20V 선택 측정, 전압 값이 낮을 경우 2V 변경 후 측정

3 저항 측정 및 전압 측정

가. 저항(R) 측정

1) 저항 값 읽는 법

색	값	색	값
검정색	0	파랑색	6
갈색	1	보라색	7
빨강색	2	회색	8
주황색	3	흰색	9
노란색	4	은색	±10%
초록색	5	금색	±5%

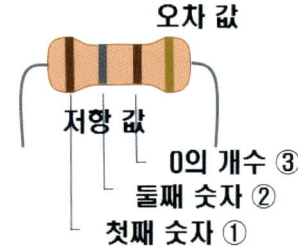

① ② X 10^{③}

갈 회 X 10^{갈}

1 8 X 10^{1} = 180Ω

2) 주요 저항

저항	색	저항 값	저항	색	저항 값
	초 갈 검	51Ω		주 검 갈	300Ω
	파 빨 검	62Ω		주 주 갈	330Ω
	회 빨 검	82Ω		주 흰 갈	390Ω
	갈 검 갈	100Ω		노 보 갈	470Ω
	갈 초 갈	150Ω		초 파 갈	560Ω

	갈 회 갈	180Ω		파 회 갈	680Ω
	빨 갈 갈	210Ω		보 초 갈	750Ω
	빨 빨 갈	220Ω		회 빨 갈	820Ω
	빨 보 갈	270Ω		갈 검 빨	1000Ω (1KΩ)

❹ 문제 예시

1) 연습문제 ❶

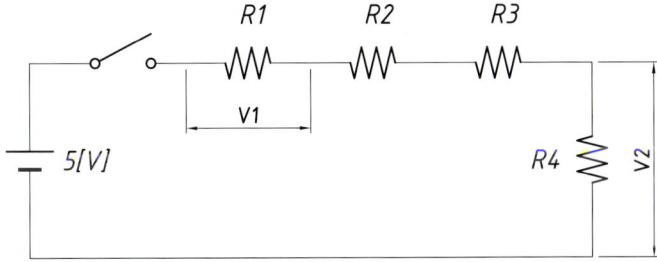

가) 회로 구성

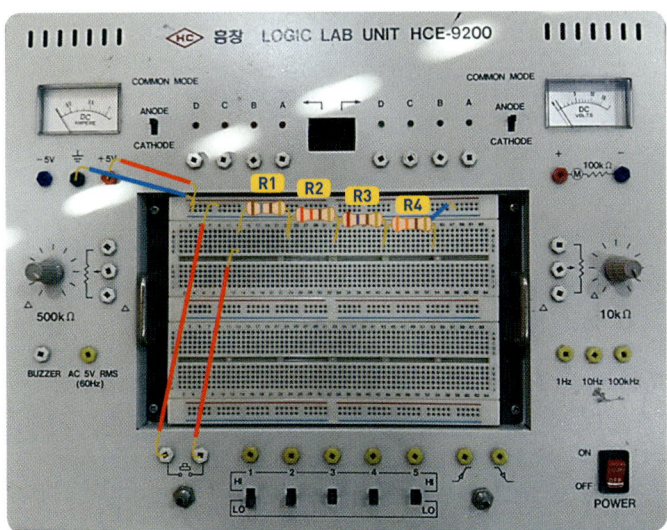

나) 전압 측정

다) 답안 작성

항목	R1	R2	R3	R4	V1	V2
측정치	180 Ω	220 Ω	270 Ω	330 Ω	0.9V	1.65V

2) 연습문제 ❷

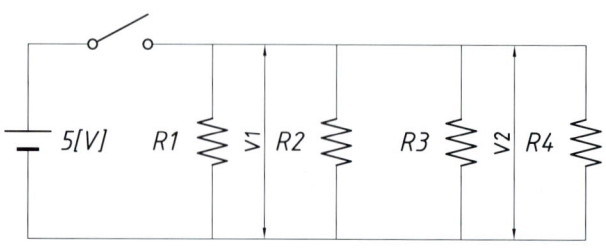

가) 회로 구성

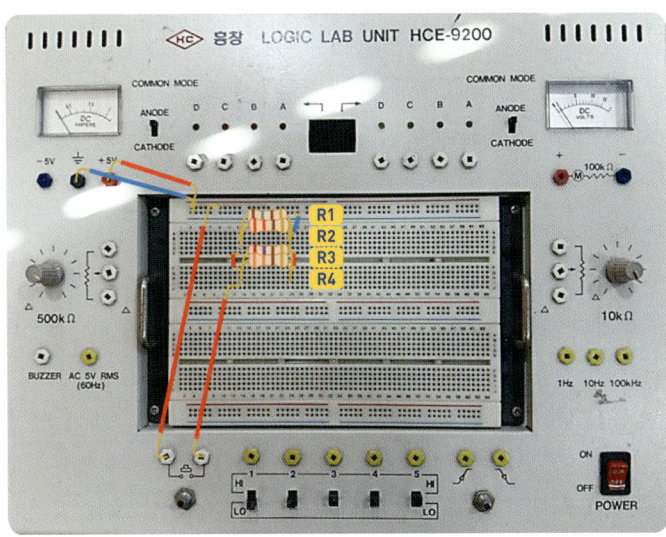

나) 전압 측정

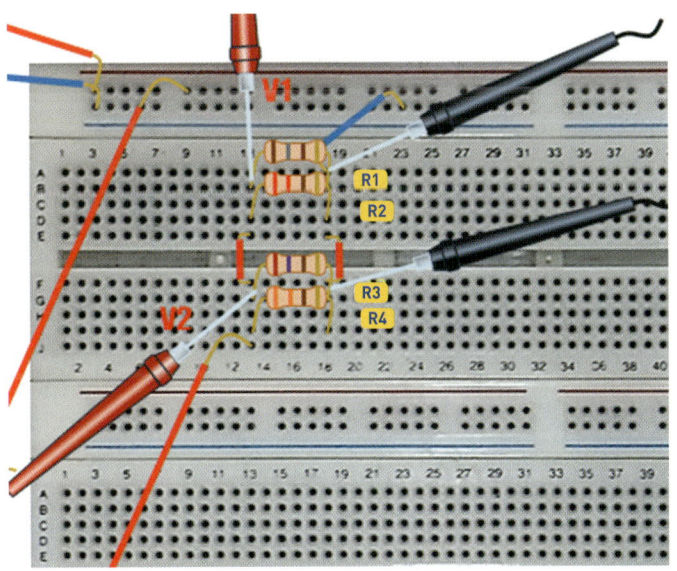

다) 답안 작성

항목	R1	R2	R3	R4	V1	V2
측정치	180 Ω	220 Ω	270 Ω	330 Ω	5 V	5 V

3) 연습문제 ❸

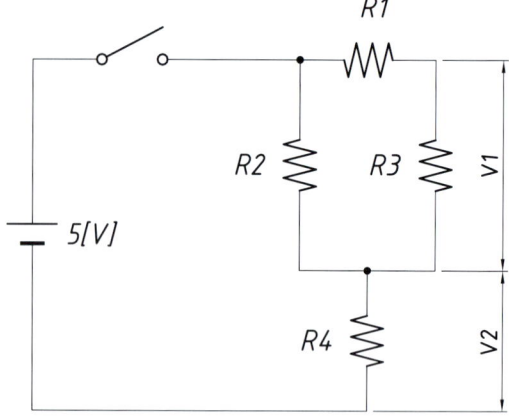

가) 회로 구성

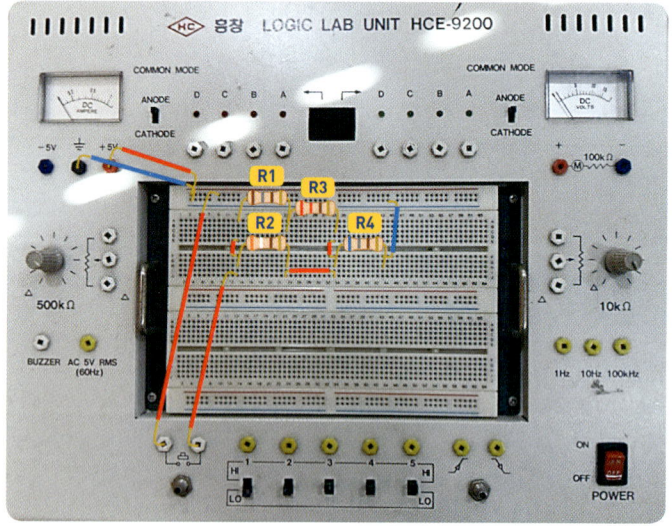

나) 전압 측정

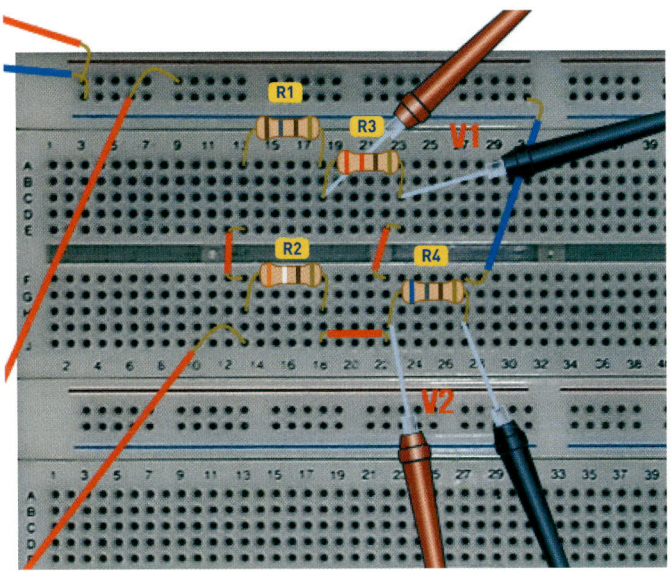

다) 답안 작성

항목	R1	R2	R3	R4	V1	V2
측정치	180 Ω	390 Ω	220 Ω	680 Ω	0.62 V	3.87 V

4) 연습문제 ❹

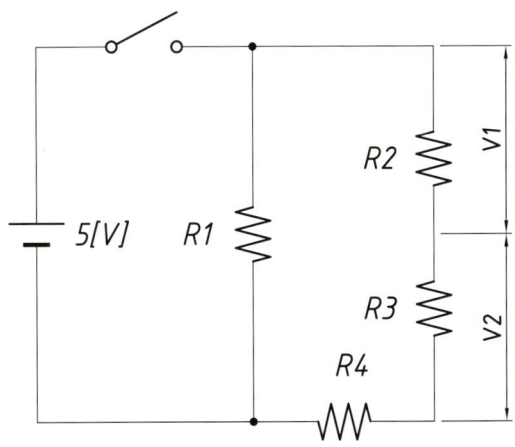

가) 회로 구성

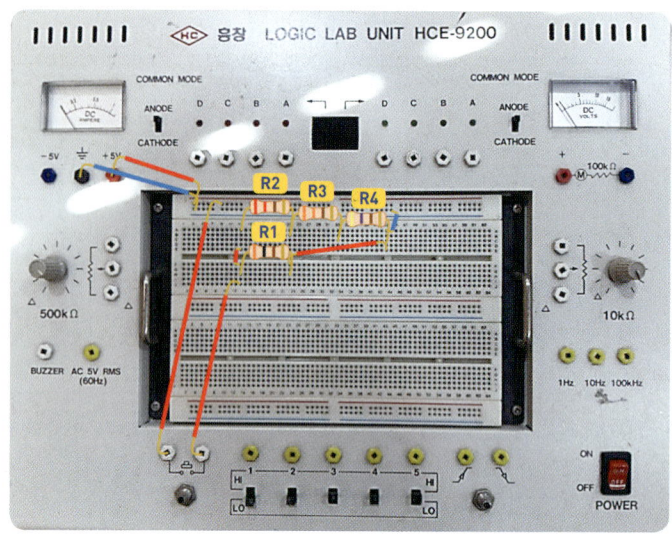

나) 전압 측정

다) 답안 작성

항목	R1	R2	R3	R4	V1	V2
측정치	300Ω	220Ω	330Ω	470Ω	1.08V	1.62V

5) 연습문제 ❺

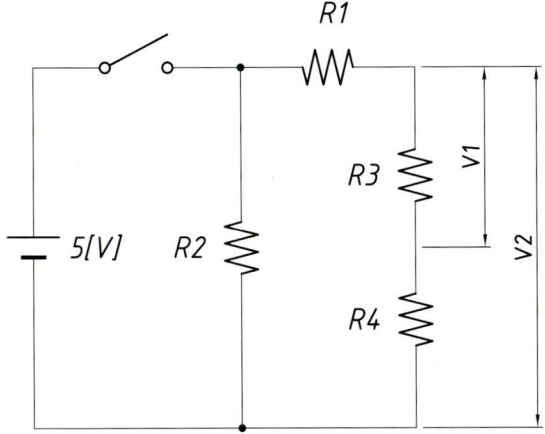

가) 회로 구성

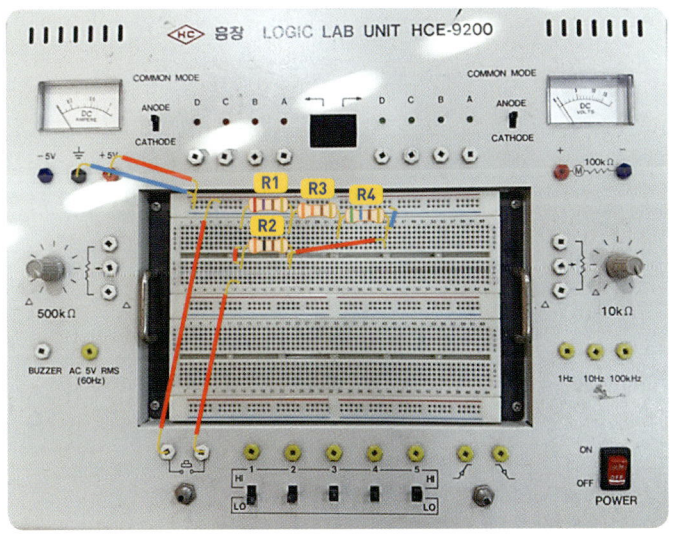

나) 전압 측정

다) 답안 작성

항목	R1	R2	R3	R4	V1	V2
측정치	270Ω	300Ω	330Ω	560Ω	1.42V	3.84V

6) 연습문제 ❻

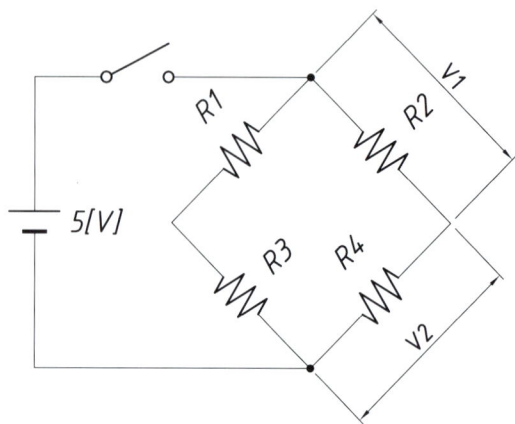

가) 회로 구성

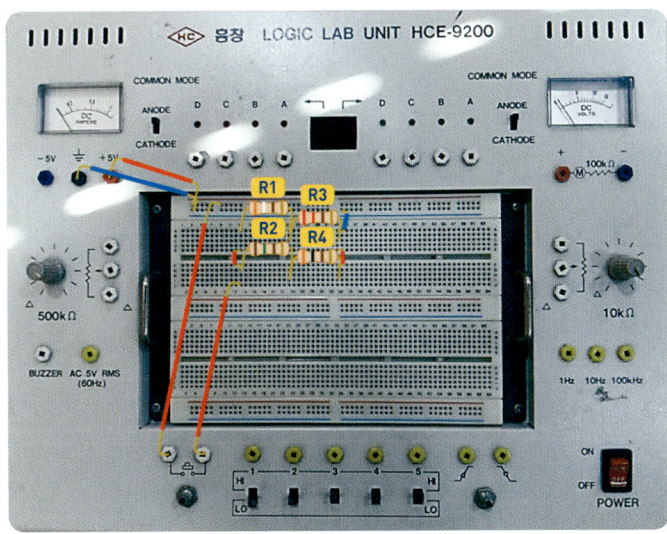

나) 전압 측정

다) 답안 작성

항목	R1	R2	R3	R4	V1	V2
측정치	390 Ω	150 Ω	220 Ω	300 Ω	1.67V	3.33V

7) 연습문제 ❼

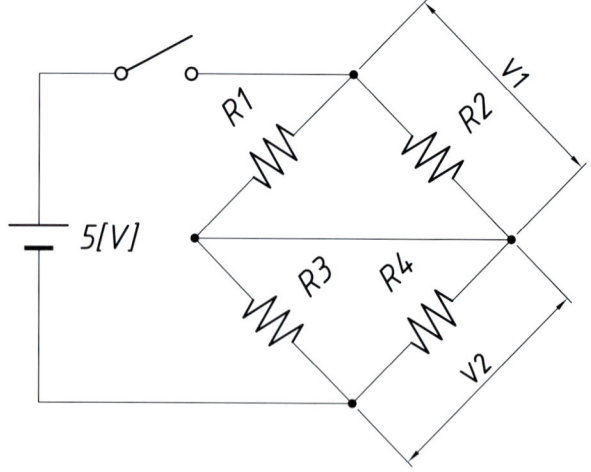

가) 회로 구성

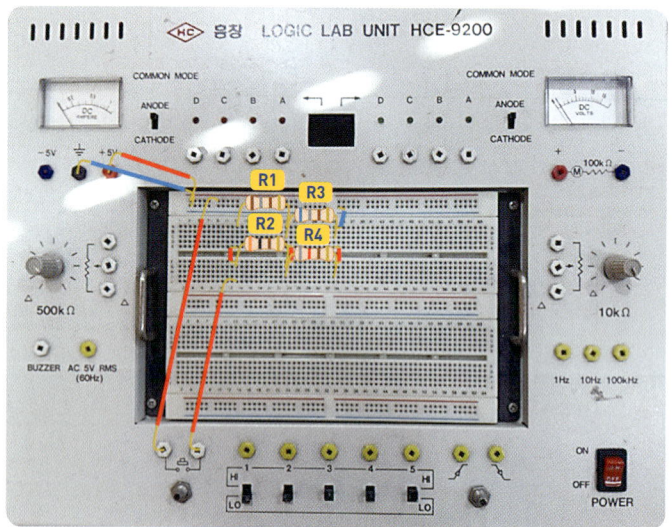

나) 전압 측정

다) 답안 작성

항목	R1	R2	R3	R4	V1	V2
측정치	180 Ω	300 Ω	680 Ω	820 Ω	1.16V	3.84V

8) 연습문제 ❽

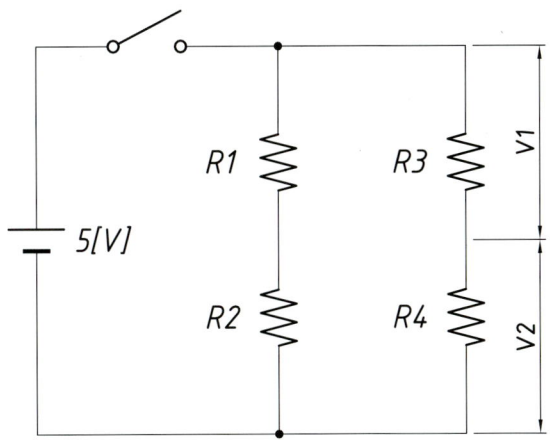

가) 회로 구성

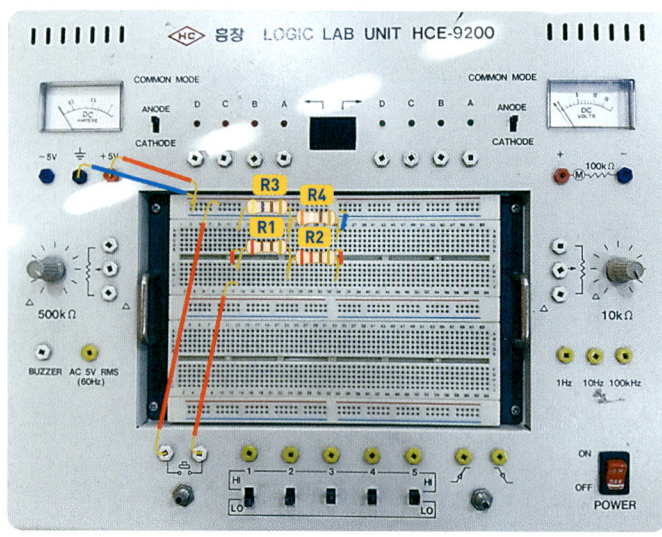

나) 전압 측정

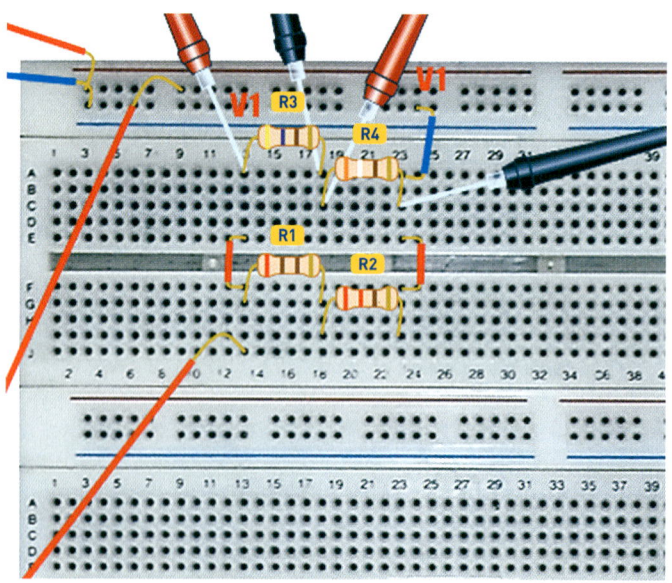

다) 답안 작성

항목	R1	R2	R3	R4	V1	V2
측정치	210Ω	220Ω	470Ω	390Ω	2.73V	2.27V

9) 연습문제 ❾

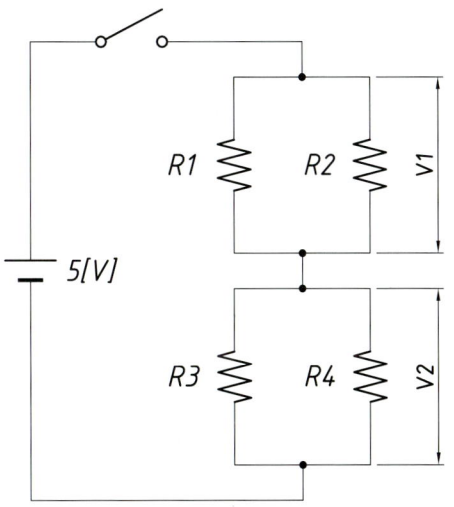

가) 회로 구성

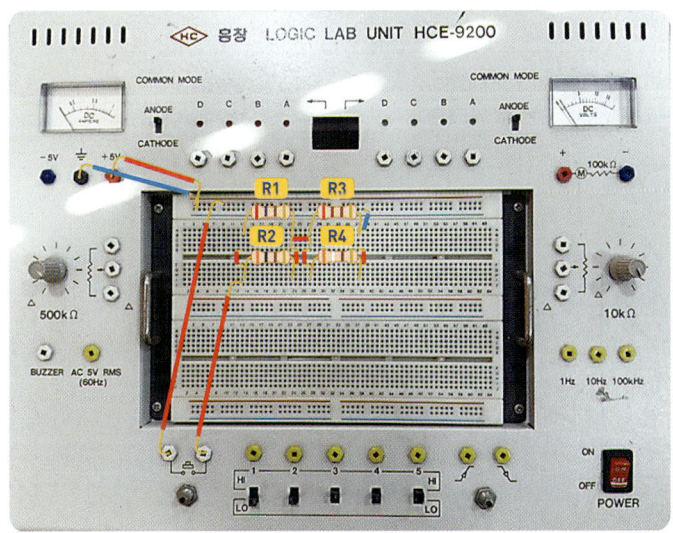

나) 전압 측정

다) 답안 작성

항목	R1	R2	R3	R4	V1	V2
측정치	270Ω	300Ω	210Ω	390Ω	2.55V	2.45V

10) 연습문제 ⑩

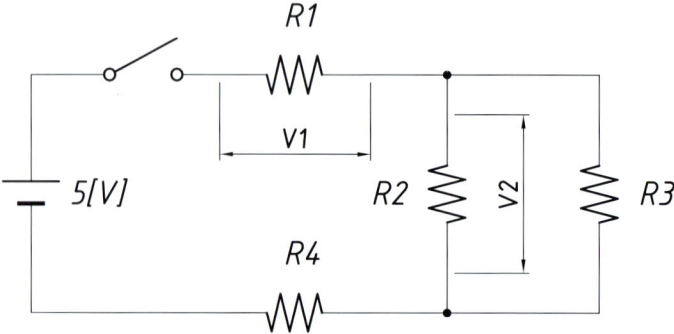

가) 회로 구성

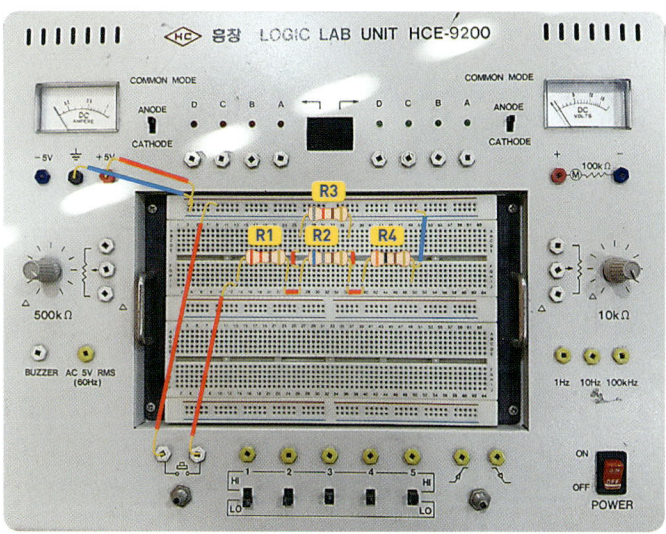

나) 전압 측정

다) 답안 작성

항목	R1	R2	R3	R4	V1	V2
측정치	220Ω	680Ω	820Ω	300Ω	1.23V	2.08V

11) 연습문제 ⑪

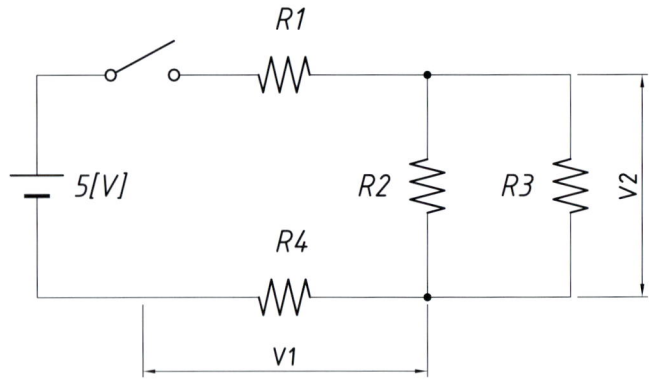

가) 회로 구성

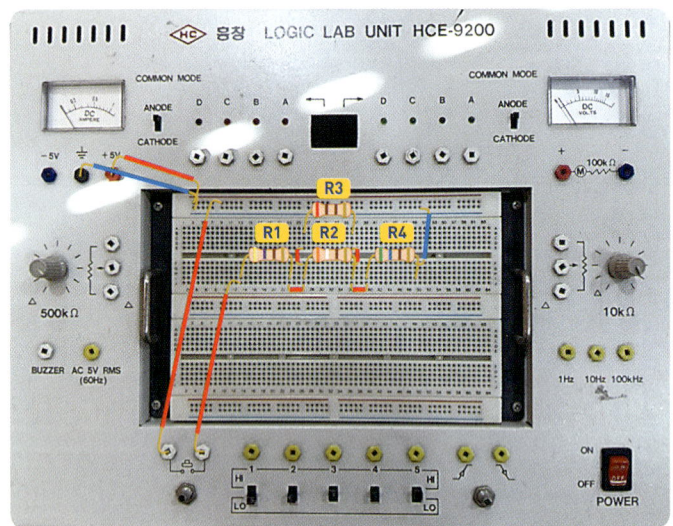

나) 전압 측정

다) 답안 작성

항목	R1	R2	R3	R4	V1	V2
측정치	470 Ω	390 Ω	210 Ω	560 Ω	2.4 V	0.59 V

12) 연습문제 ⑫

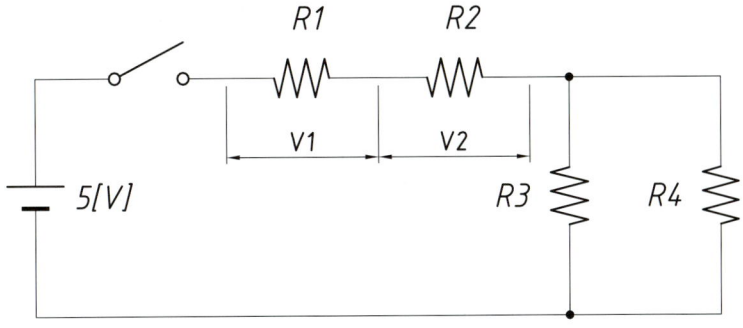

가) 회로 구성

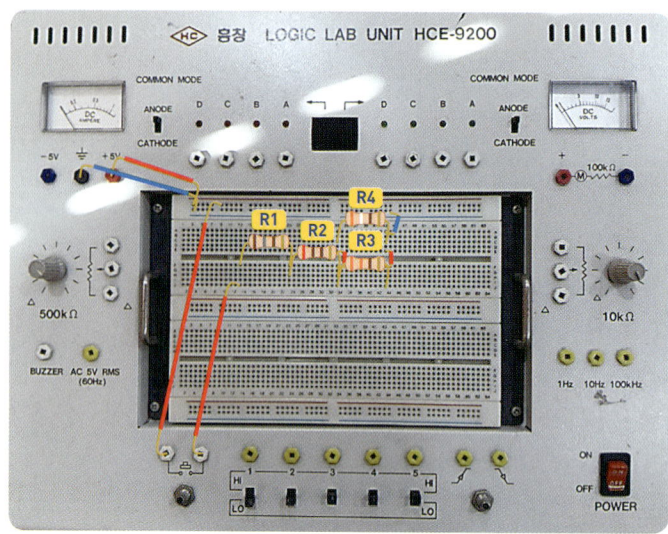

나) 전압 측정

다) 답안 작성

항목	R1	R2	R3	R4	V1	V2
측정치	180Ω	210Ω	330Ω	390Ω	1.58V	1.85V

13) 연습문제 ⓑ

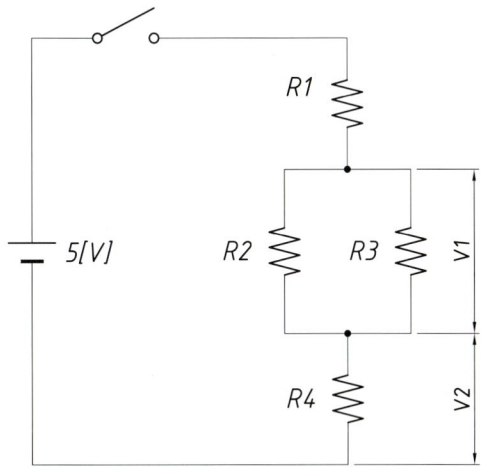

가) 회로 구성

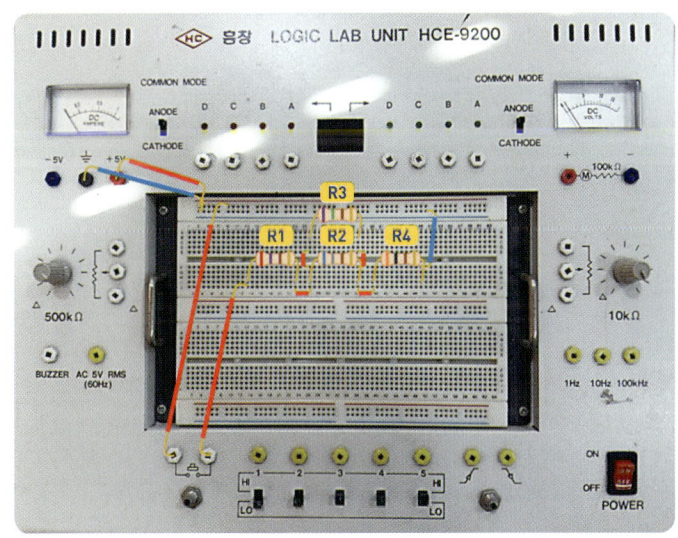

나) 전압 측정

다) 답안 작성

항목	R1	R2	R3	R4	V1	V2
측정치	270Ω	680Ω	750Ω	300Ω	1.92V	1.62V

14) 연습문제 ⓮

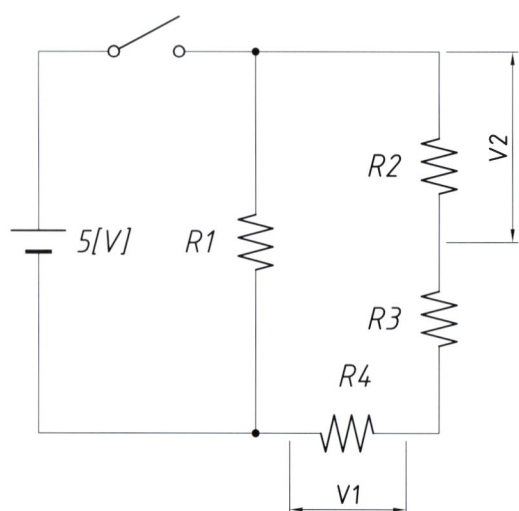

가) 회로 구성

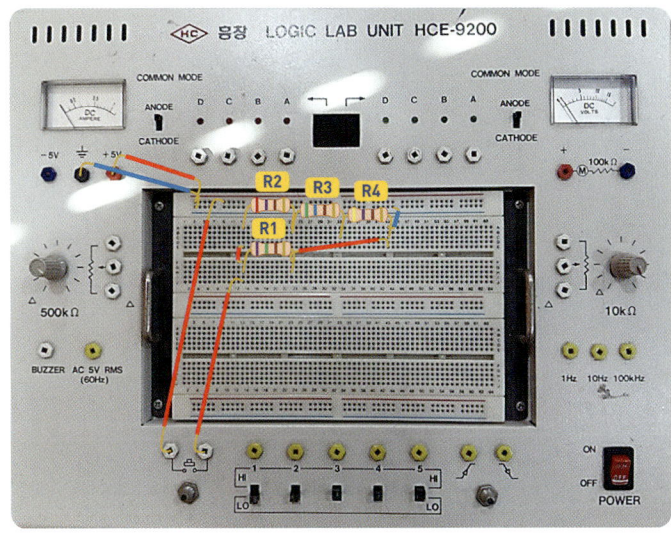

나) 전압 측정

다) 답안 작성

항목	R1	R2	R3	R4	V1	V2
측정치	750 Ω	270 Ω	560 Ω	470 Ω	0.9 V	1.65 V

15) 연습문제 ⑮

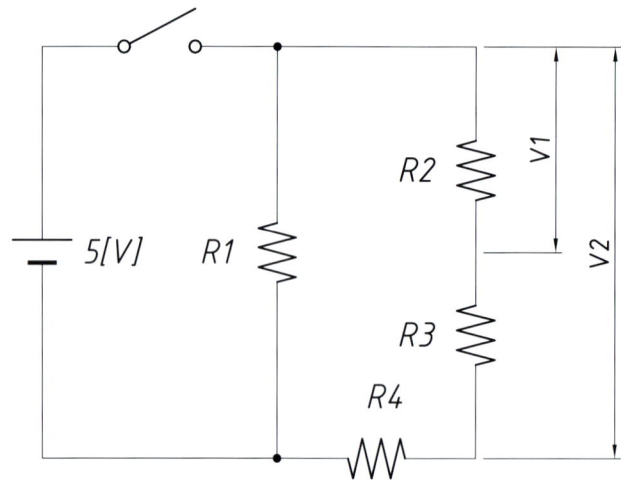

가) 회로 구성

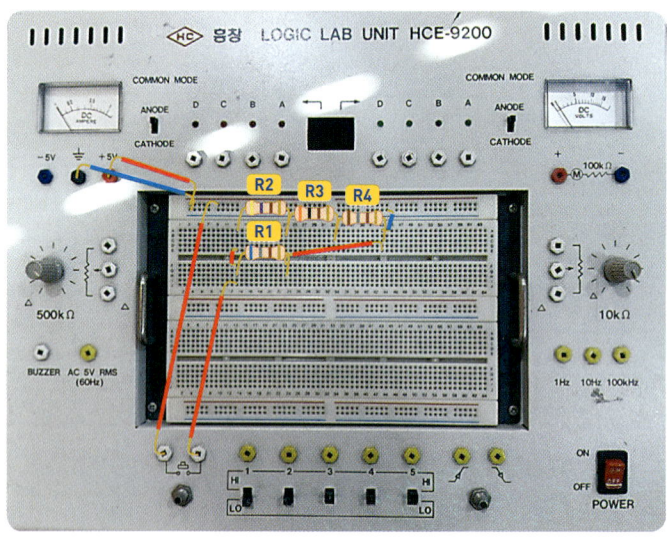

나) 전압 측정

다) 답안 작성

항목	R1	R2	R3	R4	V1	V2
측정치	680 Ω	470 Ω	300 Ω	180 Ω	2.47 V	4.05 V

16) 연습문제 ⓰

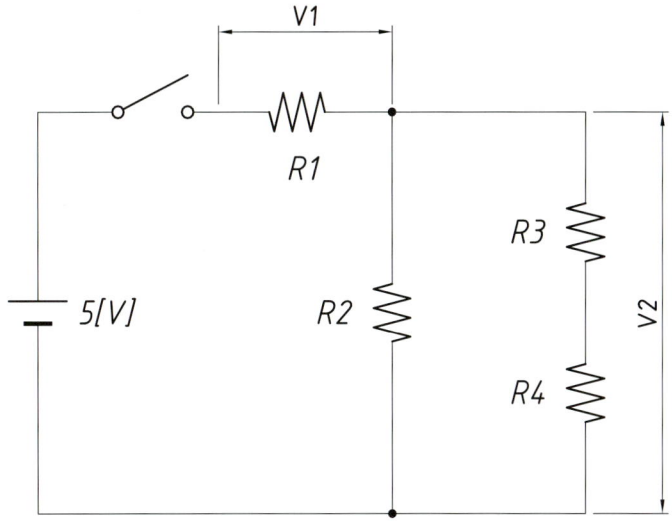

가) 회로 구성

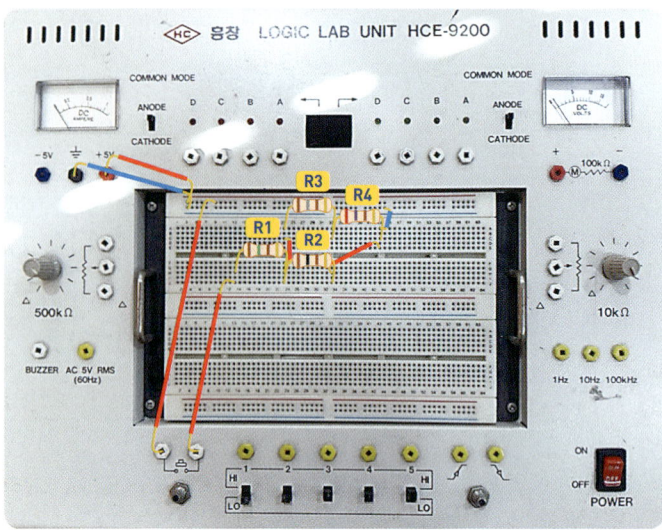

나) 전압 측정

다) 답안 작성

항목	R1	R2	R3	R4	V1	V2
측정치	150Ω	100Ω	180Ω	270Ω	3.24V	1.76V

17) 연습문제 ⑰

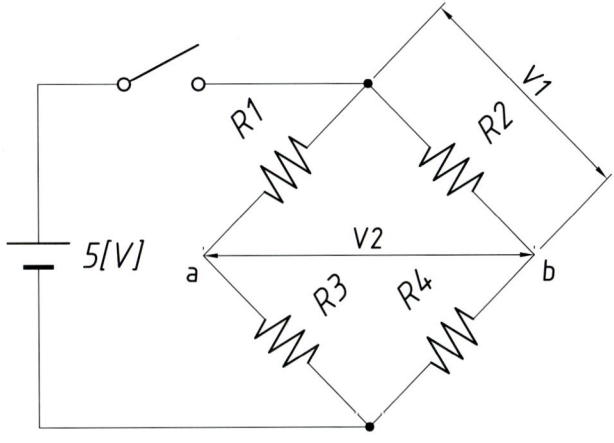

V2 측정시 전압계의 +단자 : a, 전압계의 −단자 : b

가) 회로 구성

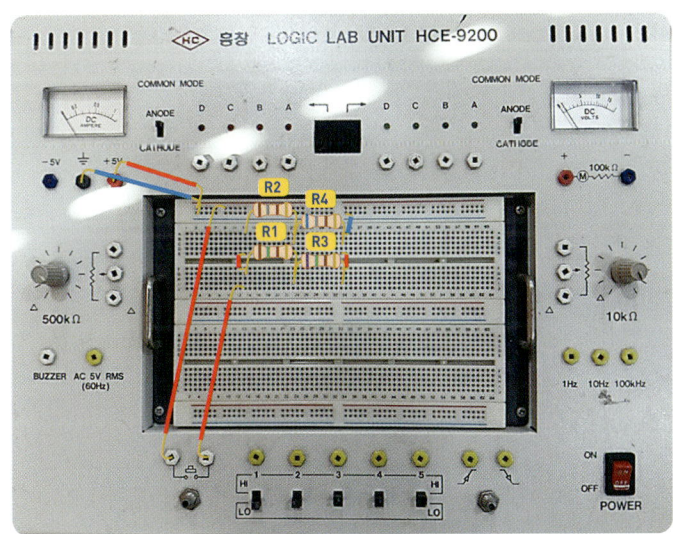

나) 전압 측정

다) 답안 작성

항목	R1	R2	R3	R4	V1	V2
측정치	150 Ω	180 Ω	750 Ω	680 Ω	1.05 V	1 V

18) 연습문제 ⑱

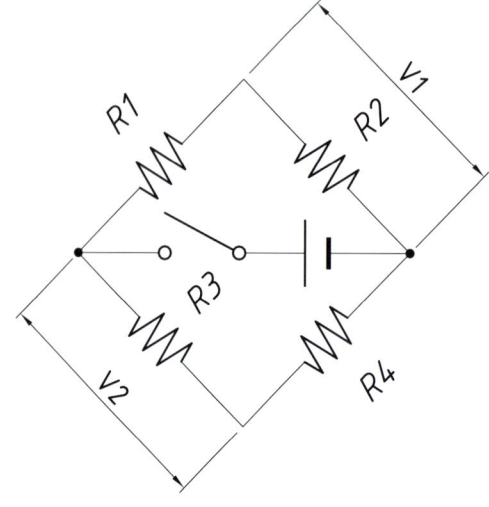

가) 회로 구성

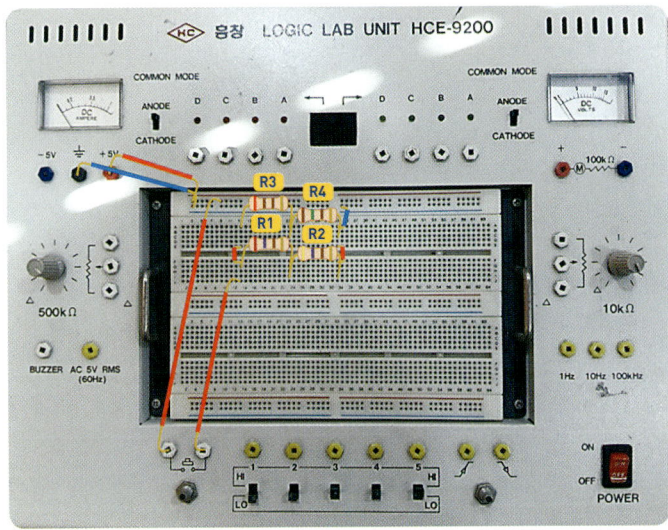

나) 전압 측정

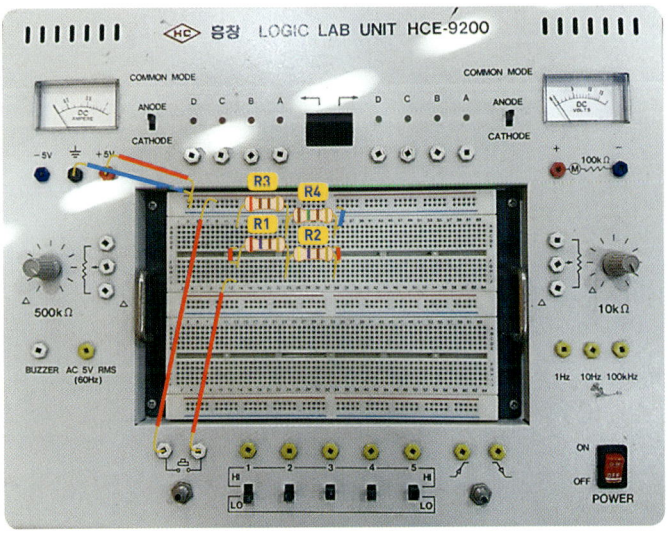

다) 답안 작성

항목	R1	R2	R3	R4	V1	V2
측정치	270Ω	470Ω	210Ω	150Ω	3.18V	2.92V

19) 연습문제 ⑲

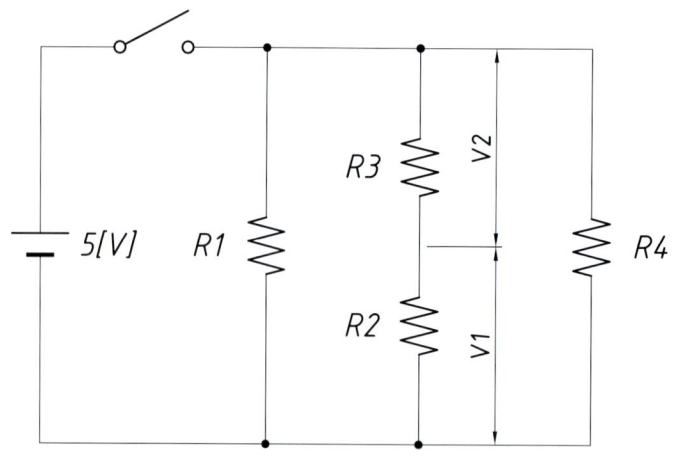

가) 회로 구성

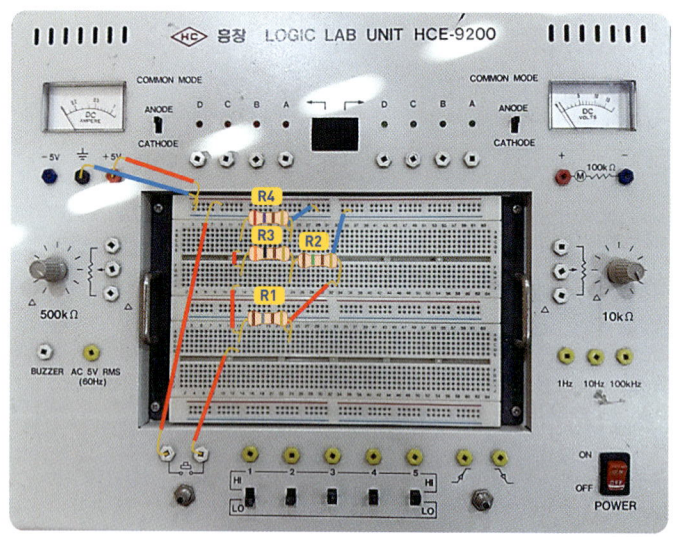

나) 전압 측정

다) 답안 작성

항목	R1	R2	R3	R4	V1	V2
측정치	180 Ω	150 Ω	300 Ω	270 Ω	1.67 V	3.33 V

20) 연습문제 ⑳

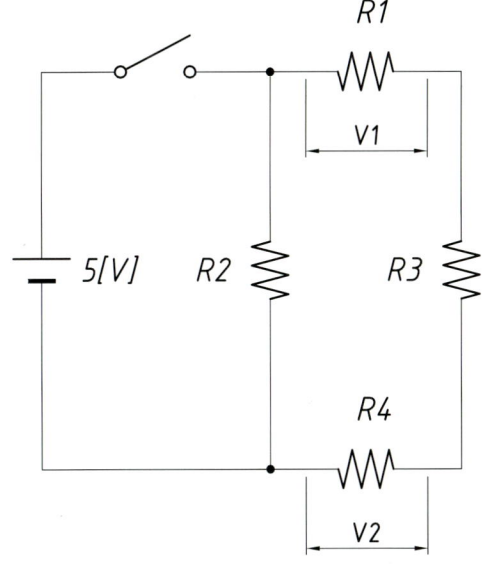

가) 회로 구성

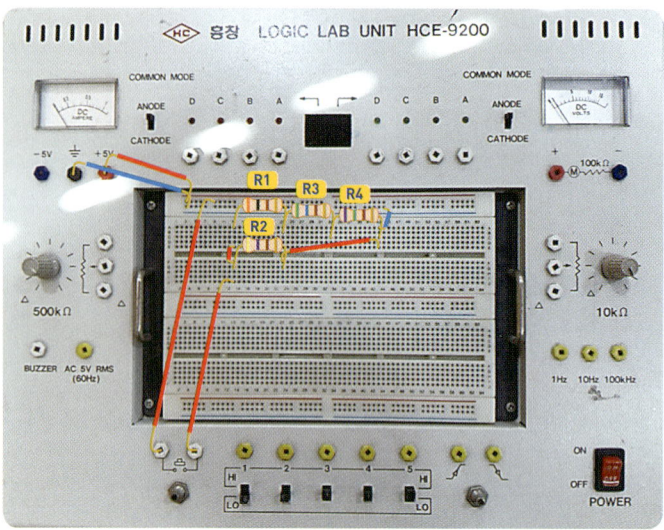

나) 전압 측정

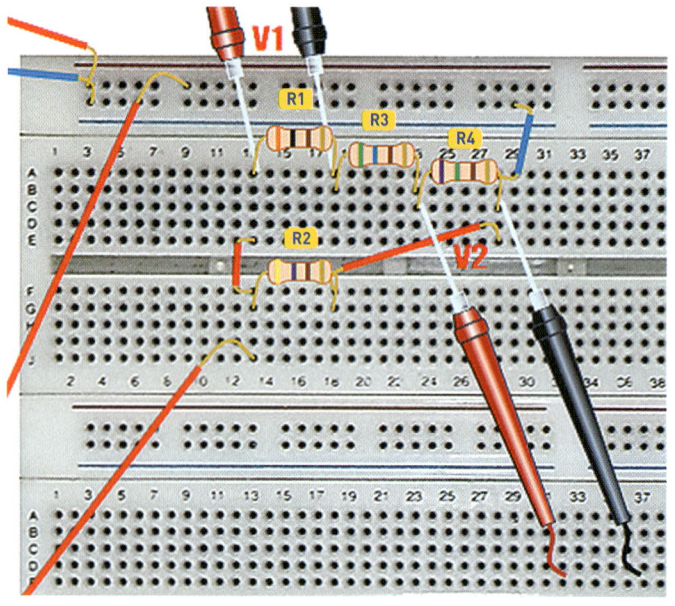

다) 답안 작성

항목	R1	R2	R3	R4	V1	V2
측정치	180 Ω	150 Ω	300 Ω	270 Ω	1.67 V	3.33 V

참고 문헌 및 자료

- ㉮ 박동순, 설비보전기능사 실기, 2018
- ㉯ 박동순·최년배, 공유압기능사 실기, 2018
- ㉰ ㈜인페이스, 진동분석시스템 사용절차서
- ㉱ 삼양모터 주식회사
- ㉲ FESTO 카달로그
- ㉳ FESTO 실습지시서
- ㉴ ED 카달로그

기|출|중|심 **기계 정비 실무**

정가 | 21,000원

지은이 | 박 동 순
펴낸이 | 차 승 녀
펴낸곳 | 도서출판 건기원

2018년 9월 28일 제1판 제1인쇄발행
2022년 10월 14일 제1판 제2인쇄발행

주소 | 경기도 파주시 연다산길 244(연다산동 186-16)
전화 | (02)2662-1874~5
팩스 | (02)2665-8281
등록 | 제11-162호, 1998. 11. 24.

- 건기원은 여러분을 책의 주인공으로 만들어 드리며 출판 윤리 강령을 준수합니다.
- 본 교재를 복제·변형하여 판매·배포·전송하는 일체의 행위를 금하며, 이를 위반할 경우 저작권법 등에 따라 처벌받을 수 있습니다.

ISBN 979-11-5767-341-4 (13550)